普通高等教育"十二五"规划教材

专业基础课教材系列

物理化学

侯 炜 主 编

温 泉 副主编

科学出版社

北 京

内 容 简 介

本书是针对高等职业教育对化工类各专业人才培养的需要，按照物理化学课程的教学基本要求编写的，重点阐述了物理化学的基本原理及应用，包括气体、热力学第一定律、热力学第二定律、相平衡、多组分系统热力学、化学平衡、化学动力学与催化作用、电解质溶液及电化学系统、界面现象与分散系统等。章前有学习目标，使读者一目了然；章后有小结、习题和自测题，便于掌握理论和课后训练。

本书适合作为高等职业院校化工类及相关专业的物理化学课程教学用书，也可供其他从事化工类及相关专业人员参考。

图书在版编目（CIP）数据

物理化学/侯炜主编 . —北京：科学出版社，2011.2
（普通高等教育"十二五"规划教材·专业基础课教材系列）
ISBN 978-7-03-030012-6

Ⅰ.①物… Ⅱ.①侯… Ⅲ.①物理化学-高等学校-教材 Ⅳ.①O64

中国版本图书馆 CIP 数据核字（2011）第 007705 号

责任编辑：沈力匀／责任校对：马英菊
责任印制：吕春珉／封面设计：东方人华平面设计部

科 学 出 版 社 出版
北京东黄城根北街 16 号
邮政编码：100717
http://www.sciencep.com

铭浩彩色印装有限公司印刷
科学出版社发行 各地新华书店经销
*

2011 年 2 月第 一 版 开本：787×1092 1/16
2017 年 1 月第六次印刷 印张：13 3/4
字数：320 000

定价：27.00 元
（如有印装质量问题，我社负责调换〈铭浩〉）
销售部电话 010-62134988 编辑部电话 010-62135235（VP04）

前　言

本书是结合高职高专院校化工类专业教学领域的改革和实践，根据高职高专院校化工类专业"物理化学"的基本要求而编写的。内容从培养高等职业技术应用型人才的目标出发，以"必须、够用"为度，讲清概念、强化应用为教学重点，力求从理论到例题、习题、自测题都注重与生产实际紧密结合。

本书针对高等职业教育对化工类各专业人才培养的需要，对内容进行了合理的编排和增减。

（1）精简了热力学基础理论中部分传统内容，强化热力学基础理论在相关章节中的应用。

（2）将相平衡一章放在多组分系统热力学之前，使读者对相及相平衡、相图初步认识后再学习二组分液体的气液平衡及相图，内容更紧凑简练。

（3）在相关章节中加入工业生产应用实例，强化应用，锻炼学生分析、解决实际生产问题的能力。

（4）为适应工业分析类专业的需要，强化了电化学的内容。

（5）每章开篇设有学习目标，指出该章应了解、掌握的内容，使学生有的放矢地学习。章末设有习题和自测题，便于学生进行练习和自我检测，学以致用，巩固提高。

本书编写时力求由浅入深、循序渐进，不同专业、不同层次的学生可根据学习要求自行取舍。

全书共分9章，其中第1章、第9章由内蒙古化工职业学院戴莹莹编写；第2章、第3章由三门峡职业技术学院李景侠编写；第4章、第5章由辽宁石化职业技术学院温泉编写；第6章、第7章由内蒙古化工职业学院侯炜编写；第8章由河北化工医药职业技术学院许新芳编写。全书由侯炜统稿。编写过程中，济源职业技术学院周鸿燕为本书提供了大量资料和宝贵意见，在此也向她表示感谢。

由于编者的水平有限，书中难免有不妥或错误之处，恳请读者批评指正。

目　　录

第1章 气 体

☞ **学习目标**

1. 理解理想气体的概念和特点，掌握理想气体状态方程及相关计算。
2. 掌握分压定律和分体积定律及其应用。
3. 了解真实气体与理想气体相比产生偏差的原因，了解真实气体状态方程的应用。
4. 了解气体液化的规律及其临界状态。
5. 理解饱和蒸气压的概念。

自然界的物质都是由大量的分子、原子等微观粒子组成的。根据分子间距离的大小，一般可以将物质分为三种聚集状态，即气态、液态和固态。在一定条件下这三种状态可以相互转化。

气体广泛存在于自然界，与我们的日常生活、工业生产和科学研究都有紧密的关系。学习气体的性质及变化规律是学习物理化学不可缺少的基础知识，在研究液体和固体所服从的规律时往往需要借助它们与气体的关系进行研究。

1.1 理想气体状态方程

1.1.1 压力、体积和温度

气体具有三个最基本的性质，即压力、体积和温度。

1. 压力

由于分子的热运动，气体分子间不断地与容器壁碰撞，对器壁产生作用力。单位面积器壁上所受的力称为压力，用符号"p"表示。在国际单位制中，压力的单位是 Pa（帕斯卡，简称帕），$1Pa=1N/m^2$。以前人们习惯用 atm（大气压）和 mmHg（毫米汞柱）表示压力。三者之间的换算关系式为

$$1atm = 760mmHg = 101325Pa$$

2. 体积

气体所占据的空间即为气体的体积，用符号"V"表示。由于气体的扩散性，能充满

整个容器,所以容器的体积就是气体的体积。在国际单位制中,体积的单位是 m^3 (立方米),此外,人们也习惯用 L(升)和 mL(毫升)表示体积。三者之间的换算关系为

$$1m^3 = 10^3L = 10^6mL$$

3. 温度

反映气体冷热程度的物理量即为温度,国际单位制中规定使用热力学温度,用符号"T"表示,单位为 K(开尔文)。此外,摄氏温度也是一种常用的温度表示法,符号为"t",单位是℃。热力学温度与摄氏温度的关系为

$$T(K) = t(℃) + 273.15$$

1.1.2 理想气体

1. 理想气体状态方程

在 17 世纪中期,人们就开始寻找气体的 p、V、T 关系。通过大量实验,归纳出各种低压气体都服从同一个方程

$$pV = nRT \qquad\qquad (1.1)$$

式中:p——压力,Pa;

$\quad V$——体积,m^3;

$\quad T$——热力学温度,K;

$\quad n$——气体的物质的量,mol。

其中的 R 称为摩尔气体常数,其值等于 $8.314J \cdot K^{-1} \cdot mol^{-1}$,且与气体种类无关。

实验证明,气体在温度较高而压力较低即气体十分稀薄时,才能较好地符合这个关系式,而在这种条件下,气体分子间的平均距离很远,分子间的作用力可以忽略,而分子本身体积与气体体积相比较也可以忽略。由此,人们假设了一种气体简单模型,将其称为理想气体,式(1.1)则称为理想气体状态方程。客观上,理想气体是不存在的,但是它代表了气体在低压下行为的共性,对研究实际气体的基本规律具有指导性意义。

2. 理想气体模型

理想气体在微观上具有以下两个特征:

(1)分子本身的大小比分子间的平均距离小得多,因此分子可视为质点。

(2)分子间无相互作用力。

【例 1.1】计算 8.00mol 理想气体在 35℃和压力为 13025Pa 时所占有的体积。

解:根据式(1.1)

$$pV = nRT$$
$$V = nRT/p$$
$$= 8 \times 8.314 \times (35 + 273.15)/13025$$
$$= 1.57(m^3)$$

【例 1.2】求在 293.15K、压力为 260kPa 时某钢瓶中所装 CH_4 气体的密度。

解：

$$pV = nRT$$

$$p = \frac{mRT}{VM} = \rho \frac{RT}{M}$$

$$\rho = \frac{pM}{RT} = \frac{260 \times 10^3 \times 0.016}{8.314 \times 293.15} = 1.71(\text{kg} \cdot \text{m}^{-3})$$

1.2　混合气体的分压定律与分体积定律

1.2.1　混合气体

人们在生产和生活中遇到的大多数气体都是混合气体，如空气、天然气、煤气等。对于混合气体在低压条件下同样可以用理想气体状态方程计算。混合气体所表现出的压力、体积、质量是由其中各气体组分贡献的，贡献的大小与该组分在混合气体中所占的比例有关。

1. 摩尔分数

混合气体中各组分含量的多少常用摩尔分数表示，即混合气体中某种组分的物质的量与混合气体总的物质的量之比，用公式表示为

$$y_B = \frac{n_B}{\sum n} \tag{1.2}$$

式中：y_B——混合气体中任一组分 B 的摩尔分数，无量纲；

n_B——混合气体中任一组分 B 的物质的量，mol；

n——混合气体总的物质的量，mol。

显然，所有组分的摩尔分数之和等于 1，即

$$y_1 + y_2 + y_3 + \cdots = \sum_B y_B = 1$$

【例 1.3】 在 298K、845.5kPa 下，某气柜中有氮气 0.140kg、氧气 0.480kg，求 N_2 和 O_2 的摩尔分数。

解：

$$n_{N_2} = \frac{0.140}{0.028} = 5.0(\text{mol})$$

$$n_{O_2} = \frac{0.480}{0.032} = 15.0(\text{mol})$$

$$y_{N_2} = \frac{n_{N_2}}{n_{N_2} + n_{O_2}} = \frac{5.0}{5.0 + 15.0} = 0.25$$

$$y_{O_2} = 1 - 0.25 = 0.75$$

2. 混合气体的平均摩尔质量

混合气体没有固定的摩尔质量，它随着气体组成及组分的变化而变，因此只能称为平均摩尔质量。

混合气体的平均摩尔质量是 1mol 混合气体所具有的质量。

$$\overline{M} = \frac{m_{总}}{n_{总}} = \frac{m_1 + m_2 + \cdots + m_i}{n_{总}}$$

$$= \frac{n_1 M_1 + n_2 M_2 + \cdots + n_i M_i}{n_{总}}$$

$$= y_1 M_1 + y_2 M_2 + \cdots + y_i M_i$$

$$= \sum_{1 \sim i} y_B M_B \tag{1.3}$$

式 (1.3) 表明混合气体的平均摩尔质量等于混合气体中的每个组分的摩尔分数与它们的摩尔质量乘积的总和。

对于混合气体，理想气体状态方程可写成

$$pV = \frac{mRT}{\overline{M}} \quad \text{或} \quad \rho = \frac{p\overline{M}}{RT}$$

1.2.2 分压定律

在一定温度下，将两种气体分别放入体积相同的两个容器中，在保持两种气体的温度和体积相同的情况下，测得他们的压力分别为 p_1 和 p_2。保持温度不变，将其中一个容器中的气体全部抽出并充入到另一个容器中，如图 1.1 所示。混合后气体的总压力约为 $p_1 = p_2 + p_3$。

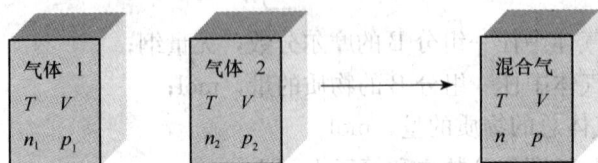

图 1.1 混合气体的分压与总压示意图

混合气体的总压等于组成混合气体的各组分分压之和，这个经验定律称为道尔顿分压定律，通式为

$$p = \sum p_B \tag{1.4}$$

式中：p_B——组分 B 的分压。

根据理想气体状态方程有

$$p_B = \frac{n_B}{V} RT \qquad p_{总} = \frac{n_{总}}{V} RT$$

$$\frac{p_B}{p_{总}} = \frac{n_B}{n_{总}} = y_B$$

即

$$p_B = y_B p_{总} \tag{1.5}$$

式 (1.5) 表明混合气体中气体的压力分数等于摩尔分数，某组分的分压是该组分的摩尔分数与混合气体总压的乘积。理想气体在任何条件下都能适用分压定律，而实际气体只有在低压下才能适用。在温度、体积恒定的情况下，某气体组分在混合前后的压力保持不变。

【例 1.4】 在 300K 时，将 101.3kPa、2.00×10^{-3} m³ 的氧气与 50.65kPa、2.00×10^{-3} m³ 的氮气混合，混合后温度为 300K，总体积为 4.00×10^{-3} m³，求总压力。

解：

$$p_1 V_1 = p_2 V_2 \qquad p_2 = p_1 V_1 / V_2$$

$$p_{O_2} = \frac{101.3 \times 10^3 \times 2.00 \times 10^{-3}}{4.00 \times 10^{-3}} = 50.65 \times 10^3 (\text{Pa})$$

$$p_{N_2} = \frac{50.65 \times 10^3 \times 2.00 \times 10^{-3}}{4.00 \times 10^{-3}} = 25.325 \times 10^3 (\text{Pa})$$

根据分压定律：

$$p = p_{O_2} + p_{N_2} = 50.65 \times 10^3 + 25.325 \times 10^3 = 75.975 \times 10^3 (\text{Pa})$$

1.2.3 分体积定律

如图 1.2 所示，在恒温、恒压条件下，将体积分别为 V_1 和 V_2 的两种气体混合，在压力很低的条件下，可得 $V = V_1 + V_2$，即混合气体的总体积等于所有组分的分体积之和，称为阿马格分体积定律，通式为

$$V = \sum V_B \tag{1.6}$$

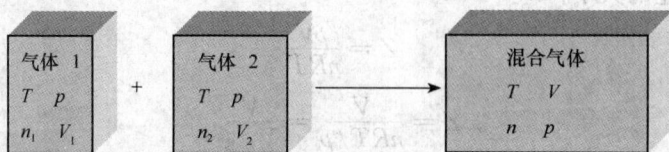

图 1.2 混合气体的分体积与总体积示意图

式中：V_B——组分 B 的分体积。

根据理想气体状态方程有

$$V_B = \frac{n_B}{p} RT, \quad V_{总} = \frac{n_{总}}{p} RT$$

$$\frac{V_B}{V_{总}} = \frac{n_B}{n_{总}} = y_B \tag{1.7}$$

即

$$V_B = y_B V_{总}$$

式 (1.7) 表明混合气体中气体的体积分数等于摩尔分数，某组分的分体积是该组分的摩尔分数与混合气体总体积乘积。理想气体在任何条件下都能适用分体积定律，实际气体只有在低压下才能适用。需要说明的是分体积是指某气体混合前在指定温度、压力下所占有的体积，混合后没有分体积。

【例 1.5】 某烟道气中各组分的体积分数为 CO_2 0.131，O_2 0.077，N_2 0.792。求此烟道气在 273.15K、101.325kPa 下的密度。

解：

$$\overline{M} = \sum_B y_B M_B = y_{CO_2} M_{CO_2} + y_{O_2} M_{O_2} + y_{N_2} M_{N_2}$$

$$= 0.131 \times 44 + 0.077 \times 32 + 0.792 \times 28$$

$$= 30.4 (\text{g} \cdot \text{mol}^{-1})$$

将烟道气视为理想气体

$$\rho = \frac{p\overline{M}}{RT} = \frac{101.325 \times 10^3 \times 30.4 \times 10^{-3}}{8.314 \times 273.15} = 1.356(\text{kg} \cdot \text{m}^{-3})$$

1.3　真实气体与范德华方程

从理想气体的定义可以看出，现实生活中不存在理想气体，真实气体压力越低越接近理想气体的状态，因此低压下真实气体的 p、V、T 关系可以用理想气体状态方程做近似计算，产生的偏差较小。但是随着压力增大，分子间作用力增大，分子本身占有体积，而且不能忽略，使得真实气体在中、高压条件下相对理想气体产生很大的偏差，不能再用理想气体状态方程进行处理。而现实生产中许多过程都是在高压下完成的，例如，石油气体的深度冷冻分离，甲醇、氨合成等。因此以理想气体状态方程为基础，进一步研究中、高压气体的特点及其 p、V、T 关系是十分必要的。

1.3.1　真实气体对理想气体的偏差

在压力较高或温度较低时，真实气体与理想气体的偏差较大。定义"压缩因子 (Z)"来衡量偏差的大小，即

$$Z = \frac{pV}{nRT}$$

$$Z = \frac{V}{nRT/p} = \frac{V}{V_{理想}}$$

由此可见 Z 等于同温、同压下，相同物质量的真实气体与理想气体的体积之比。理想气体的 $pV=nRT$，$Z=1$。对于真实气体，若 $Z>1$，则 $V>V_{理想}$，即真实气体的体积大于理想气体的体积，说明真实气体比理想气体难于压缩；若 $Z<1$，则 $V<V_{理想}$，即真实气体的体积小于理想气体的体积，说明真实气体比理想气体易于压缩。由此可见，Z 反映了实际气体与理想气体在压缩性上的偏差，因此称为压缩因子。

图 1.3 列举出几种气体在 0℃时压缩因子随压力变化的关系。从图中可以看出：

(1) 如果是理想气体，应如图 1.3 中水平虚线所示。

(2) 不同的气体在同一温度时，具有不同的曲线，即对理想气体产生不同的偏差。

一般来说，曲线具有如下特征：一种类型压缩因子 Z 始终随压力增加而增大，如 H_2。另一种是压缩因子 Z 在低压时先随压力增加而变小，到达一最低点之后开始转折，随着压力的增加而增大，如 CO_2、CH_4 和 NH_3。

事实上，对于同一种气体，随着温度条件不同，以上两种情况都可能发生。图 1.4 为氮气在不同温度下的 Z-p 曲线，温度高于 327.22K 时属于第一种类型，低于 327.22K 时则属于第二种类型。

不同类型偏差的产生，正是由于实际气体分子间存在相互作用力和分子本身占有体积所引起的。分子间引力的存在，使真实气体比理想气体容易压缩；而分子体积的存在，使气体可压缩的空间减小，且当气体压缩到一定程度时，分子间距离很小，将产生相互的排斥力，此时真实气体又比理想气体难压缩。这两种因素同时存在，相互作用。在低温下，低、中压时，分子本身的体积可以忽略，引力因素起主导作用，

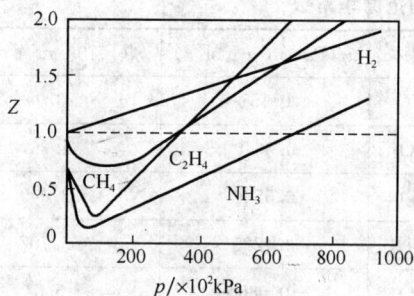

图 1.3　0℃几种气体的 Z-p 曲线

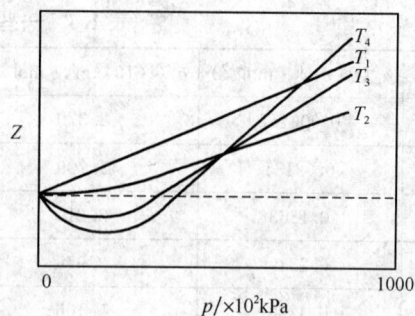

图 1.4　N_2 在不同温度下的 Z-p 曲线

$T_1 > T_2 > T_3 > T_4$

$T_2 = T_B = 327.22K$

$Z < 1$；当压力足够高、分子间距离足够小时，分子本身所具有的体积不容忽视，分子间斥力占主导因素，$Z > 1$；在高温下，分子热运动加剧，分子间作用力被大大削弱，甚至可以忽略，体积因素成为主导因素，Z 总是大于 1，而各种气体在相同温度、压力下，Z 值偏离 1 的程度不同，则反映出不同气体在微观结构和性质上的个性差异。

1.3.2　范德华方程

为了能够比较准确地描述真实气体的 p、V、T 关系，人们在大量实验基础上，提出了许多种真实气体状态方程，各方程所适用的气体种类、压力范围、计算结果等与实际测定的值之间的偏差也各不相同。这里重点介绍范德华方程。

范德华在修正理想气体状态方程时分别提出了两个具有物理意义的修正因子 a 和 b，是对理想气体中的 p、V 两项进行修正得到的。具体形式如式 (1.8a) 所示，即

$$\left(p + \frac{n^2 a}{V^2}\right)(V - b) = nRT \tag{1.8a}$$

对 1mol 气体有

$$\left(p + \frac{a}{V_m^2}\right)(V_m - b) = RT \tag{1.8b}$$

式中：$\dfrac{a}{V_m^2}$——压力修正项，由于分子间引力造成的压力减小值，称为内压力，Pa；

b——范德华常数，体积修正因子，由于真实气体具有体积对 V_m 的修正项，也称为已占体积或排除体积，$m^3 \cdot mol^{-1}$。

a——范德华常数，是 1mol 单位体积的气体，由于分子间的引力存在而对压力的校正，$Pa \cdot m^6 \cdot mol^{-2}$。

范德华认为 a 和 b 的值不随温度而变。表 1.1 给出了由实验测得的部分气体的范德华参数值。从表中的数值可以看出，对于较易液化的气体，如 Cl_2、SO_2 等，这些气体分子间的引力较强，对应的 a 值也较大；而对于 H_2、He 等不易液化的气体，分子间的引力很弱，对应的 a 值也较小。

表 1.1 一些气体的范德华常数

气体	$a/(Pa \cdot m^6 \cdot mol^{-2})$	$b/(\times 10^{-5} m^3 \cdot mol^{-1})$	气体	$a/(Pa \cdot m^6 \cdot mol^{-2})$	$b/(\times 10^{-5} m^3 \cdot mol^{-1})$
He	0.003457	2.370	CO	0.151	3.99
Ne	0.02135	1.709	CO_2	0.3640	4.267
Ar	0.1363	3.219	H_2O	0.5536	3.049
Kr	0.2349	3.978	NH_3	0.4225	3.707
Xe	0.4250	5.105	SO_2	0.680	5.64
H_2	0.02476	2.661	CH_4	0.2283	4.278
O_2	0.1378	3.183	C_2H_4	0.4530	5.714
N_2	0.1408	3.913	C_2H_6	0.5562	6.380
Cl_2	0.6579	5.622	C_6H_6	1.824	11.54

【例 1.6】 分别应用范德华方程和理想气体状态方程计算甲烷 CH_4 在 203K、摩尔体积为 $0.7232dm^3 \cdot mol^{-1}$ 时的压力，并与实验值 2.027MPa 对比。已知 CH_4 的范德华常数 $a = 0.2283 Pa \cdot m^6 \cdot mol^{-2}$，$b = 4.278 \times 10^{-5} m^3 \cdot mol^{-1}$。

解： 按范德华方程计算

$$\left(p + \frac{a}{V_m^2}\right)(V_m - b) = RT$$

$$\left(p + \frac{0.2283}{0.7232 \times 10^{-3}}\right)(0.7232 \times 10^{-3} - 4.278 \times 10^{-5}) = 8.314 \times 203$$

$$p = 2.044 \times 10^6 Pa = 2.044(MPa)$$

与实验值的相对误差为 $\dfrac{\Delta p}{p} = \dfrac{2.044 - 2.027}{2.027} \times 100\% = 0.8\%$

若按理想气体状态方程计算

$$p = \frac{RT}{V_m} = \frac{8.314 \times 203}{0.7232 \times 10^{-3}} Pa = 2.334 \times 10^6 Pa = 2.334(MPa)$$

与实验值的相对误差为

$$\frac{\Delta p}{p} = \frac{2.344 - 2.027}{2.027} \times 100\% = 15.6\%$$

计算结果表明，在低压和中压范围内（约为若干个 MPa 以下），用范德华方程计算真实气体的 pVT 行为，得到的结果优于理想气体状态方程计算的结果。但对于更高的压力，用范德华方程计算也会产生较大的偏差。

1.4 气体的液化与饱和蒸气压

1.4.1 气体的液化

理想气体由于分子间无相互作用力，分子本身不占有体积，故不能液化，并且可以无限压缩，任何条件下都服从理想气体状态方程。$pV_m = RT$，若温度恒定，则有 pV_m 值恒定。若以压力为纵坐标，体积为横坐标作图，为图1.5所示的一系列双曲线。因为同一条曲线上的温度相等，因此每一条曲线称为 p-V_m 等温线。

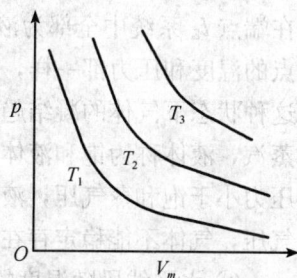

图1.5 理想气体等温线

真实气体与理想气体的不同之处除了分子本身占有体积之外，还有真实气体分子间存在作用力，这种作用力随着温度的降低和压力的升高而加强。当达到一定程度时，聚集状态将发生变化——液化。同一种物质的气态和液态之间的相互转变是相变。液态转化为气态的过程称为蒸发或气化，气态转化为液态的过程称为凝结或液化。蒸发和凝结是化工生产中的重要操作。生产上气体液化的途径有两条，一是降温，二是加压。但实践表明，降温可以使气体液化，但单凭加压不一定能使气体液化，要视加压时的温度而定，因此气体液化是有条件的。

1.4.2 气体的临界状态及其液化条件

1. 气体的临界状态

一定条件下实际气体的液化过程以及存在临界点的情况，可以从根据实验数据绘制的 p-V_m 图上清楚的看出来。

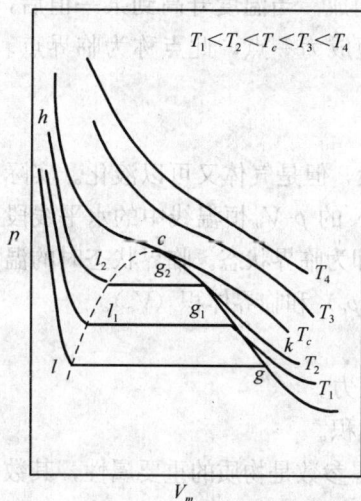

图1.6 CO_2 的 p-V_m 等温线

图1.6为不同温度下 CO_2 的 p-V_m 等温线。等温线以 T_c 为界，分为 T_c 以上的等温线、T_c 以下的等温线和 T_c 等温线三种情况，T_c 所对应的温度为304.2K。

(1) $T>T_c$ 的等温线

在温度高于304.2K的 p-V_m 等温线为一连续的光滑曲线。p-V_m 的连续变化说明气体无论在多大压力下均不出现液化现象。这表明此时的气体与理想气体类同，但是 p-V_m 等温线还不是真正的双曲线，只是在温度高、压力低时才近似为双曲线。

(2) $T<T_c$ 的等温线

温度小于304.2K的等温线都有一个共同的规律。曲线是非连续变化的，在曲线中都有一个水平段。

① 水平线段是气体能液化的特征。现以温度 T_2 为286.15K的等温线为例进行讨论。设想一个浸于温度为286.15K的恒温槽的汽缸中充满 CO_2 气体，在压力较小时，体积较大，位于图中的 k 点。如果将气体的压力逐渐增加，则系统的状态将沿着曲线 kg_2 移动而减少体积。当到达图中的 g_2 点时，气体开始凝结为液体。此时再压缩汽缸，气体的压力并不发生变化，只是系统中气体的量不断减少，液体的量不断增加，从而使得系统的体积沿着 g_2l_2 线减少。若到达 l_2 点后，气体凝结完毕，汽缸中全是 CO_2 液体，如果再增加较大的压力，体积也只有微小的变化。如曲线中陡峭上升段 l_2h 所示。

由此可知，水平线段 g_2l_2 表示了气体的液化过程。在端点 g_2 系统中全部为气体，

在端点 l_2 系统中全部为液体，而线段中的任何一点，均同时存在着气、液两相，每一点的温度和压力都一样，只是由于气、液两相的相对数量不同，而具有不同的体积。在这种状态下气体的凝结趋势与液体的挥发趋势正好相当，故这种平衡态的气体称为饱和蒸汽，液体称为饱和液体，此时的压力称为该温度时液体的饱和蒸气压。在图中的 k 点压力小于饱和蒸气压，液体不能稳定存在，系统中只有气体；而在 h 点压力大于饱和蒸气压，气体不能稳定存在，系统中只有液体。

　　② 水平线段随温度的升高而缩短，说明随温度的上升，饱和液体与饱和气体的摩尔体积互相趋近。

　　由图 1.6 可以看出随着温度的升高，在 $p\text{-}V_m$ 等温线中作为气体液化的特征的水平线段逐渐缩短，而使得两个端点逐渐趋近。这说明温度高时，饱和气体的摩尔体积与饱和液体的摩尔体积差别小，而温度低时，两者的差别要大。换句话说，随着温度的升高，气体和液体的差别越来越小，可以这样解释，温度升高时气体分子的热运动增强了，要使气体液化就需要更高的压力。压力的增加使气体的摩尔体积减少，故饱和气体的摩尔体积随温度升高而减少。对于液体来说，温度的升高，由于热膨胀使得饱和液体的摩尔体积随温度的升高而上升，从而使得气体和液体的摩尔体积随温度的升高而靠近，水平线段缩短。

　　③ 临界点是由代表气体液化特征的水平线段的缩短而成。当温度升高到某一值后，饱和液体与饱和气体的摩尔体积完全相同，水平线段缩短成为一点，此点称为临界点。CO_2 的临界温度为 304.2K。

　　(3) T_c 等温线

　　当温度为临界温度时，$p\text{-}V_m$ 等温线不再出现水平线段，但是气体又可以液化。实际上，此时 $p\text{-}V_m$ 等温线中存在一个拐点，它是由 $T<304.2K$ 的 $p\text{-}V_m$ 恒温线中的水平线段缩短而成，此点叫做临界点。气体在临界点时所处的状态即为临界状态。临界状态时的温度、压力和摩尔体积分别称为临界温度（T_c）、临界压力（p_c）和临界体积（V_c）。

　　临界温度：使气体能够液化的最高温度。

　　临界压力：在临界温度下，使气体液化所需的最低压力。

　　临界体积：在临界温度和临界压力下，气体的摩尔体积。

　　临界温度、临界压力和临界体积统称为临界参数。临界参数是物质的重要属性，其数值由实验确定。如 CO_2 气体的 $T_c=304.2K$、$p_c=7.383MPa$、$V_c=0.0944dm^3 \cdot mol^{-1}$。

　　物质处于临界点时的特点是物质气-液相间的差别消失，两相的摩尔体积相等，密度等物理性质相同，处于气液不分的混沌状态。

　　在 $p\text{-}V_m$ 图中，若将每个温度下饱和气体的状态点连接成一条曲线，将各温度的饱和液体的状态点连接成一条曲线，则两曲线交于临界点，并形成一个帽形区域，如图 1.6 中虚线所示。这样将 $p\text{-}V_m$ 平面分成三个区域，分别为气相区，液相区和气液两相区。

　　2. 气体的液化条件

　　由以上分析可知，气体的温度高于其临界温度时，无论施加多大的压力，都不能使气体液化，所以气体液化的必要条件是气体的温度低于临界温度，充分条件是压力大于该温度下的饱和蒸气压。

1.4.3 液体的饱和蒸气压

气体在一定温度、压力下可以液化，同样液体在一定温度、压力下也可以气化。当物质处于气液平衡共存时，液体蒸发成气体的速率与气体凝聚成液体的速率相等。此时，若不改变外界条件，气体和液体可以长期稳定地共存，其状态和组成均不发生改变。在某一温度下，液体与其自身蒸气达到平衡状态时，平衡蒸气的压力称为这种液体在该温度下的饱和蒸气压，简称蒸气压。

饱和蒸气压是液体物质的一种重要属性，可以用来量度液体分子的逸出能力，即液体的挥发能力。饱和蒸气压值的大小与物质本性和温度有关。

(1) 温度升高，分子热运动加剧，单位时间内能够摆脱分子间引力而逸出进入气相的分子数增加，饱和蒸气压增大。

(2) 相同温度下，不同物质之间，分子间作用力越小，分子越易逸出，物质挥发性越强饱和蒸气压越大。

(3) 随温度升高，液体的饱和蒸气压逐渐增大，当饱和蒸气压等于外压时，液体便沸腾，此时所对应的温度称为该液体的沸点。显然液体的沸点的高低也是由物质分子间作用力决定的，还与液体所受的外压有关，外压越大，沸点越高。通常在 101.3kPa 下的沸点称为正常沸点。

(4) 相同外压下，饱和蒸气压越大的液体，挥发性越强，沸点越低。

(5) 值得强调的是，不但液体有饱和蒸气压，固体同样也有饱和蒸气压，其数值也是由固体的本质和温度决定。

📖 小结

(1) 理想气体状态方程：$pV=nRT$

(2) 理想气体模型：分子间无作用力，分子本身无体积。

(3) 摩尔分数：$y_B=\dfrac{n_B}{\sum\limits_n}$

(4) 混合气体的平均摩尔质量：$\overline{M}=\sum\limits_B y_B M_B$

(5) 混合气体的理想气体状态方程：$pV=\dfrac{mRT}{M}$ 或 $\rho=\dfrac{p\overline{M}}{RT}$

(6) 分压定律：混合气体的总压等于组成混合气体的各组分分压之和。
$$p=\sum p_B, \qquad \frac{p_B}{p_{总}}=\frac{n_B}{n_{总}}=y_B, \qquad p_B=y_B p_{总}$$

(7) 分体积定律：即混合气体的总体积等于所有组分的分体积之和。
$$V=\sum V_B, \qquad \frac{V_B}{V_{总}}\frac{n_B}{n_{总}}=y_B, \qquad V_B=y_B V_{总}$$

（8）真实气体状态方程：$\left(p+\dfrac{n^2a}{V^2}\right)(V-b)=nRT$

$$\left(p+\dfrac{a}{V_m^2}\right)(V_m-b)=RT$$

（9）气体的临界状态：

临界温度：使气体能够液化的最高温度。

临界压力：在临界温度下，使气体液化所需的最低压力。

临界体积：在临界温度和临界压力下，气体的摩尔体积。

（10）气体的液化条件：

气体液化的必要条件是气体的温度低于临界温度，充分条件是压力大于该温度下液体的饱和蒸气压。

（11）饱和蒸气压：在某一温度下，液体与其自身蒸气达到平衡状态时，平衡蒸气的压力称为这种液体在该温度下的饱和蒸气压，简称蒸气压。

习题

1．凡是符合理想气体状态方程的气体就是理想气体吗？

2．什么是理想气体？为什么真实气体在低压下可近似看做理想气体？

3．应用分压定律和分体积定律的条件是什么？

4．真实气体与理想气体产生偏差的原因何在？

5．什么是液体的饱和蒸气压？它与哪些因素有关？

6．气体的液化有几种途径，为什么液化温度不能高于临界温度？

7．80°C 体积为 40dm^3、压力为 120kPa 的 $CO_2(g)$ 的质量为多少？密度为多少？

8．有一气柜容积为 2000m^3，气柜中压力保持在 104.0kPa，内装氢气。设夏季最高温度为 42°C，冬季最低温度为 -38°C，问：气柜在冬季最低温度时比夏季最高温度时多装多少氢气？

9．在一个容积为 1.00cm^3 的密闭玻璃容器中放入 $5.00\text{g}C_2H_6(g)$，该容器能耐压 1.013MPa，试问：$C_2H_6(g)$ 在此容器中允许加热的最高温度是多少？

10．已知某混合气体的体积分数：CH_4 为 50%，C_2H_6 为 35%，C_3H_8 为 15%，求在 380kPa 下各组分的分压力及气体混合物的平均摩尔质量。

11．体积为 $5.00\times10^{-3}\text{m}^3$ 的高压消毒锅内有 0.142kg 氯气，温度为 350K，适用范德华方程计算氯气的压力。

12．25°C，50dm^3 的钢瓶中装有 $5\text{kg}N_2(g)$，分别用（a）理想气体状态方程；（b）范德华方程，求气体的压力。

自测题

一、选择题

1. 对于实际气体，处于下列（　　）情况时，其行为与理想气体相近。

    A. 高温高压　　　　B. 高温低压　　　　C. 低温高压　　　　D. 低温低压

2. 当用压缩因子 $Z=\dfrac{pV}{nRT}$ 来讨论实际气体时，若 $Z>1$，则表示该气体（　　）。

    A. 易于压缩　　　　B. 不易压缩　　　　C. 易于液化　　　　D. 不易液化

3. 某实际气体的体积小于同温同压同量的理想气体的体积，则其压缩因子为（　　）。

    A. 等于零　　　　B. 等于 1　　　　C. 小于 1　　　　D. 大于 1

4. 物质能以液态形式存在的最高温度是（　　）。

    A. 沸腾温度　　　　B. 凝固温度　　　　C. 任何温度　　　　D. 临界温度

5. 在恒定温度下向一个容积为 $2dm^3$ 的抽空容器中依次充入初始状态为 100kPa，$2dm^3$ 的气体 A 和 200kPa，$1dm^3$ 的气体 B，A、B 均可当作理想气体且 A、B 间不发生化学反应则容器中混合气体总压力为（　　）。

    A. 300kPa　　　　B. 200kPa　　　　C. 150kPa　　　　D. 100kPa

6. 50℃时，10g 水的饱和蒸气压为 p_1，100g 水的饱和蒸汽压为 p_2，则 p_1 与 p_2 的关系是（　　）。

    A. $p_1>p_2$　　　　B. $p_1=p_2$　　　　C. $p_1<p_2$　　　　D. 不能确定

7. 在范德华方程式中：把实际气体作为理想气体处理时，应引入校正因子的数目为（　　）。

    A. 4　　　　B. 3　　　　C. 2　　　　D. 1

二、判断题

1. 在任何温度及压力下都严格服从 $pV=nRT$ 的气体叫理想气体。　　　　（　　）

2. 分压定律和分体积定律只适用于理想气体。　　　　（　　）

3. 理想气体混合物的平均摩尔质量不随组成的变化而变化。　　　　（　　）

4. 范德华参数 a 与气体分子间作用力大小有关；b 与分子本身的体积大小有关。

    （　　）

5. 液体的饱和蒸汽压与温度无关。　　　　（　　）

6. 某一温度下，液体的饱和蒸汽压越大说明其挥发性越强。　　　　（　　）

7. 临界温度是气体可被液化的最高温度，高于此温度无论施加多大的压力都不能使气体液化。　　　　（　　）

8. 固体没有饱和蒸气压。　　　　（　　）

三、计算题

1. 20℃时，把乙烷和丁烷的混合气体充入一个抽成真空的 $2.00m^3$ 的容器中，充入气体质量为 3897g 时，压力达到 101.325kPa，试计算混合气体中乙烷和丁烷的摩尔分数与分压力。

2. 298.15K 时，在一抽空的烧瓶中充入 2.00g 的 A 气体，此时瓶中压力为 $1.00\times$

10^5Pa。今若再充入 3.00g 的 B 气体，发现压力上升为 1.50×10^5Pa，试求两物质 A、B 的摩尔之比。

3. 由 1kg 的 N_2(g) 和 1kg 的 O_2(g) 混合形成理想气体混合物，在 25℃、85kPa 下的体积是多少？两种气体的分压力各是多少？

4. 3.00molSO_2(g) 在 1.52MPa 压力下体积为 10.0dm³，试用范德华方程计算在上述状态下气体的温度。

5. 在生产中用电石 CaC_2 分析碳酸氢氨产品中水分的含量其反应式如下

$$CaC_2(s) + 2H_2O(l) = C_2H_2(g) + Ca(OH)_2$$

现称取 2.000g 碳酸氢氨样品与过量的电石完全作用，在 27℃，101.325kPa 时测得 C_2H_2(g) 的体积为 50.0cm³，试计算碳酸氢氨样品中水分的质量分数。

6. 利用范德华方程计算 150g 的 H_2(g) 在 45dm³ 容器中，压力为 4MPa 时的温度。

7. 300K 时 0.040m³ 的钢瓶中储存 C_2H_4(g) 压力为 14.7MPa，提取 101.3kPa、300K 时的 C_2H_4 气体 1.20m³，试求钢瓶中剩余乙烯气体的压力。

第2章 热力学第一定律

☞ **学习目标**

　　1. 掌握热力学基本概念：系统与环境，宏观性质，状态与状态函数，热力学平衡态，过程与功，内能；着重理解状态函数的特点。

　　2. 理解可逆过程的特点。

　　3. 理解并掌握热力学第一定律的数学表达式，了解热力学第一定律的其他表述。

　　4. 掌握理想气体的特性、恒容热、恒压热及焓的定义和计算。

　　5. 掌握摩尔恒压与摩尔恒容热容的关系，了解摩尔热容随温度的关系。

　　6. 掌握不同过程中各种能量的计算。

　　7. 掌握相变焓的定义及可逆相变焓与不可逆相变焓的计算。

　　8. 准确理解标准摩尔反应焓、标准摩尔生成焓、标准摩尔燃烧焓的定义，盖斯定律及标准摩尔反应焓随温度的变化关系（基希霍夫公式），掌握标准摩尔反应焓的计算方法。

　　9. 掌握化学反应恒压热与恒容热的关系。

　　在生产和科学研究中，经常会遇到这样一些问题：一个物理变化或化学变化伴随着怎样的能量交换，是放热还是吸热，是对外做功还是要消耗功；设计一个物理或化学变化过程在理论上是否可行，从理论上如何选择化学反应最佳条件等。解决这些问题的重要理论工具就是热力学。

　　热力学是研究物理变化与化学变化过程中热、功及其相互转换关系的一门自然科学。任何形式能量之间的相互转换必然伴随着系统状态的改变，广义的说，热力学是研究系统宏观状态性质变化之间关系的学科。

　　热力学的基本原理应用于化学变化过程及与化学有关的物理变化过程，即构成化学热力学。化学热力学有三大基本定律，它们的主要作用分别是：利用热力学第一定律来研究化学变化过程以及与之密切相关的物理变化过程中的能量效应；利用热力学第二定律来研究指定条件下某热力学过程的方向和限度以及研究多相平衡和化学平衡；利用热力学第三定律来确定规定熵的数据，再结合其他热力学数据从而解决有关化学平衡的计算问题。

　　热力学的基本定律是人类实践经验的科学总结，具有高度的普遍性和可靠性。以这些定律为基础，根据给定的条件，通过严密的数理逻辑推理，所得结论必然亦具有高度的普遍性和可靠性。

　　利用热力学基本定律及其推论作指导，使我们在设计新的化学反应路线或试制新的化学产品时，能够事先在理论上做出判断，从而避免因盲目实验所造成的大量人力、物力和时间的耗费。因此可以毫不夸张地说，热力学已经和仍将极大地推动社会生产及相关科学的发展。

　　应当强调指出，热力学只能解决在给定条件下变化的可能性问题，欲将可能性转变为现实性，尚需众多学科知识的相互配合。

2.1　基 本 概 念

2.1.1　系 统 与 环 境

　　在热力学中，把研究的对象称为系统，而把与系统密切相关的外界称为环境。系统与环境之间通过界面隔开。这种界面可以是真实的物理界面，也可以是假想的界面。例如，一钢瓶氧气，当研究其中的氧气时就将氧气定为系统，将钢瓶以及钢瓶以外的物质当作环境，这时系统与环境两者之间有真实的物理界面——钢瓶壁。可是如果把上述钢瓶中的氧气喷至空气中，我们在研究某一瞬间瓶中残余的氧气时，则该残余氧气就是系统，离开钢瓶的氧气则为环境，它与残余氧气之间没有实际的物理界面，只是假想的界面。

　　根据系统与环境之间联系情况的不同，可以把系统分为三类。

　　（1）敞开系统：与环境既有能量交换又有物质交换的系统。

　　（2）封闭系统：与环境只有能量交换而没有物质交换的系统。

　　（3）隔离系统：与环境既没有能量交换又没有物质交换的系统。

　　在热力学研究中系统与环境的划分完全是根据解决问题的需要与方便而人为确定的。因此在处理实际问题时，如何合理地划分系统与环境，使问题能够最方便、最迅速地得到解决，往往是我们首要的工作。

2.1.2　状 态 函 数

1. 系统的宏观性质

　　热力学系统是由大量微观粒子组成的宏观集合体。这个集合体所表现出来的集体行为，就称为热力学系统的宏观性质，简称为热力学性质，包括温度、压力、体积、密度等可以通过实验直接测定的物理量；也包括内能、焓、熵、亥姆霍兹函数、吉布斯函数等无法通过实验测定的物理量。

　　系统的热力学性质按其是否具有加和性可以将它们分为两类：

　　（1）广度性质。广度性质的数值与系统中物质的总量有关，具有加和性。例如，体积、质量、内能、熵等，整个系统的某广度性质的数值是系统中各部分该种性质的总和。

(2) 强度性质。强度性质的数值与系统中物质的总量无关，不具有加和性。例如，密度、温度、压力等。整个系统的某强度性质的数值与系统中各部分该种性质的数值完全相同。

广度性质的摩尔量是强度性质，如摩尔质量、摩尔体积、摩尔热容等。

2. 状态函数

热力学系统的状态是系统所有宏观性质的综合表现。系统所有的性质确定之后，系统的状态就完全确定。反之，系统的状态确定之后，它的所有性质均有唯一确定的值。鉴于状态与性质之间的这种单值对应关系，将系统的每一种热力学性质称做状态函数。状态函数的一个重要特点就是其数值只取决于系统当时所处的状态，而与系统在此之前所经过的历程无关。例如，一杯 298.15K、101.325kPa 的水，它的密度是 9.970×10^2 $kg \cdot m^{-3}$，它的比热容是 $4.177 \times 10^3 J \cdot K^{-1} \cdot kg^{-1}$，但上述状态函数的数值并不因这杯水的来源不同而异。

另外，描述一个系统的状态并不需要将该系统的全部性质列出。因为系统的宏观性质是互相关联、互相制约的，我们只需要确定几个独立的状态性质，其他的所有状态性质也就随之而定，系统的状态也就确定了。例如，理想气体的某一状态可以具有压力 (p)、体积 (V)、温度 (T)、物质的量 (n) 等多种状态性质，这些性质之间存在着由理想气体状态方程所反映的相互依赖关系，即

$$pV = nRT$$

所以要确定系统的状态并不需要知道全部四个状态性质，而只要知道其中三个就可以了，第四个状态性质由状态方程即可确定。

由以上表述可知，系统的宏观性质、热力学性质、状态性质、状态函数实际上是同义语。

3. 状态函数法

正因为状态函数的数值只决定于系统所处的状态，所以当系统由一个状态变化到另一个状态时，状态函数的变化值（热力学规定：状态函数的变化值必须是终态值减去始态值）只决定于系统的始态和终态，而与实现这一变化的途径无关，因此我们在计算系统的状态函数的变化值时，可以在给定的始、终态之间设计方便的途径去计算，完全不必拘泥于实际变化的过程，这是热力学研究中一个极其重要的方法，通常称为状态函数法。例如图 2.1，下述理想气体的 pVT 变化可通过两个不同途径来实现：即途径 I 仅由恒容过程组成；途径 II 则由恒压及恒温两个过程组合而成。在两种变化途径中，系统的状态函数的变化值，如 $\Delta T = 100K$，$\Delta p = 10kPa$，$\Delta V = 0m^3$ 却是相同的，不因途径不同而改变。这套处理方法是热力学中的重要方法，在热力学中有着广泛的应用，在我们今后的学习中将经常接触和利用这种方法。

始　态　　　　　　　　　　　　　　　　　　　　终　态

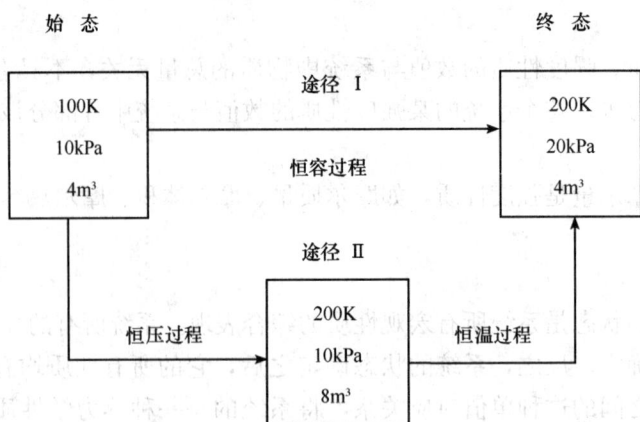

途径　Ⅰ

100K	200K
10kPa	20kPa
4m³	4m³

恒容过程

途径　Ⅱ

恒压过程　　　　200K　　　　恒温过程
　　　　　　　　10kPa
　　　　　　　　8m³

图 2.1　状态函数法

2.1.3　过程

当系统的状态发生变化时，我们称之为经历了一个过程。前一个状态称为始态，后一个状态称为终态。实现这一过程的具体步骤称为途径。为了便于叙述，按照变化的性质，可将过程分为三类：单纯 pVT 变化过程、相变化过程和化学变化过程。

1. 单纯 pVT 变化过程

系统中没有发生任何化学变化和相变化，只有单纯的压力、体积、温度变化称为单纯的 pVT 变化过程，又称简单变化过程。热力学常见单纯的 pVT 变化过程如下：

（1）恒温过程。系统与环境的温度相等且恒定不变的过程，即

$$T = T_外 = 定值$$

下角标外表示环境，下同。

（2）恒外压过程。环境的压力（也称为外压）保持不变的过程，即

$$p_外 = 定值$$

（3）恒压过程。系统与环境的压力相等且恒定不变的过程，即

$$p = p_外 = 定值$$

（4）恒容过程。系统的体积始终恒定不变的过程，即

$$V = 定值$$

（5）绝热过程。系统与环境之间没有热交换的过程，即

$$Q = 0$$

理想的绝热过程在实际中是不存在的，但当系统被一良好的绝热壁所包围，或当系统内经历一些速率极快的过程，如爆炸、压缩机气缸中的气体被压缩等，在过程中热几乎来不及传递时，可以近似当做绝热过程处理。绝热过程中系统与环境之间有功的传递。

（6）循环过程。系统由某一状态出发，经历了一系列具体途径后又回到原来状态的过程。循环过程的特点是：系统的状态函数变化量均为零，如 $\Delta p = 0$，$\Delta U = 0$，$\Delta H = 0$ 等，但变化过程中，系统与环境交换的功与热却往往不为零。

2. 相变化过程

系统中发生聚集状态的变化过程称为相变化过程，如气体的液化、气体的凝华、液体的汽化、液体的凝固、固体的熔化、固体的升华以及固体不同晶型间的转化等。通常，相变化是在恒温、恒压的条件下进行的。

3. 化学变化过程

系统中发生化学反应，致使物质的种类和数量都发生了变化的过程称为化学变化过程。化学变化过程一般是在恒温恒压或恒温恒容的条件下进行的。

2.1.4 可逆过程

系统由状态Ⅰ按一定的方式变为状态Ⅱ后，如果回复到状态Ⅰ时，系统与环境都恢复原状，不留下任何变化，则系统由状态Ⅰ变为状态Ⅱ的过程为热力学可逆过程，简称可逆过程。用任何方法都不可能使系统和环境完全复原的过程称为不可逆过程。

热力学可逆过程具有如下特点：

（1）可逆过程进行时，系统状态变化的动力与阻力相差无限小，所以在恒温条件下，系统可逆膨胀时对环境所做的功最大，系统可逆压缩时从环境得到的功最小。

（2）可逆过程进行时，系统与环境始终无限接近于平衡态；或者说，可逆过程是由一系列连续的、渐变的平衡态所构成。因此，可逆即意味着平衡。

（3）若变化循原过程的逆向进行，系统和环境可同时恢复到原态。同时复原后，系统与环境之间没有热和功的交换。

（4）可逆过程变化无限缓慢，完成任一有限量变化所需时间无限长。

可逆过程是热力学中一个极其重要的概念，然而实际上并不存在。事实上，一切实际过程都是以有限的速率进行的，因此都不会是可逆过程。可逆过程是一种科学的抽象，有着重大的理论意义和实际意义。在比较了可逆过程和实际过程以后，可以确定提高实际过程效率的可能性；某些重要热力学函数的变化值，只有通过可逆过程方能求算，而这些函数的变化值在解决实际问题中起着重要的作用。例如，系统与环境压力相差无限小的无摩擦气体膨胀或压缩、沸点时的液体蒸发、电池在电流无限小时的放电等均可看作可逆过程。

2.2 能量的转化与热力学第一定律

2.2.1 热与功

热与功是系统状态发生变化时，与环境交换能量的两种不同形式。因热与功只是能量交换形式，而且只有系统进行某一过程时才能以热与功的形式与环境进行能量的交换，因此，热与功的数值不仅与系统始、终状态有关，而且还与状态变化时所经历的途径有关，故将热与功称做途径函数。热与功具有能量的单位，为焦耳（J）或千焦（kJ）。

1. 热

系统状态变化时，因其与环境之间存在温度差而引起的能量传递形式称为热。以符号 Q 表示。热力学规定：系统从环境吸热，$Q>0$；系统向环境放热，$Q<0$。状态函数的微量变化值用 d 表示，如 dT、dH 等，具有全微分的性质。为了与状态函数相区别，微量的热用 δQ 表示，它不是全微分。

在系统不发生化学变化和相变化，仅发生因温度变化而吸收或放出的热，叫做显热；系统发生相变化时所吸收或放出的热，叫做相变热或潜热；系统发生化学变化时所吸收或放出的热，叫做化学反应热。

2. 功

系统状态变化时，除热以外，系统与环境之间进行的其他形式的能量交换均称为功。以符号 W 表示。热力学规定：系统从环境得功（环境对系统做功），$W>0$；系统对环境做功，$W<0$。微量的功以 δW 表示。

功可以分为两大类：

(1) 体积功。系统在外压力作用下，体积发生改变时与环境交换的功，其定义式为

$$\delta W = -p_{外}dV \tag{2.1}$$

式中：p_{su}——环境的压力。若系统体积从 V_1 变化到 V_2，则所做的功为

$$W = -\int_{V_1}^{V_2} p_{外}dV \tag{2.2}$$

式 (2.2) 可用于任何过程体积功的计算。

(2) 非体积功。除体积功之外的所有其他功（如机械功、电功、表面功等）都称为非体积功。用符号 W' 表示。

在热力学中，如不特别指明，提到的功均指体积功。功是一个与途径有关的物理量，若系统由始态 1 变至终态 2 所经历的途径不同，体积功的大小也不一样，下面介绍几种体积功的计算。

① 自由膨胀过程（即气体向真空膨胀）

$$p_{外} = 0, \qquad W = -\int_{V_1}^{V_2} p_{外}dV = 0$$

② 恒容过程

$$dV=0 \text{（即 } V_1=V_2=\text{定值），} \qquad W = -\int_{V_1}^{V_2} p_{外}dV = 0$$

③ 恒外压过程

$$p_{外}=\text{定值}, \qquad W = -\int_{V_1}^{V_2} p_{外}dV = -p_{外}(V_2 - V_1) = -p_{外}\Delta V$$

④ 恒压过程，$p=p_{外}=$ 定值，如果为理想气体等压过程，则

$$W = -\int_{V_1}^{V_2} p_{外}dV = -\int_{V_1}^{V_2} pdV = -p(V_2 - V_1) = -p\Delta V = -nR(T_2 - T_1)$$

2.2.2　内能

内能是指除了宏观动能与势能之外，系统内部粒子所具有能量的总和，包括分子运动的平动能、转动能、振动能、分子间相互作用的势能、电子运动能及核能等，用符号 U 表示。单位为焦耳（J）或千焦（kJ）。随着对微观世界认识的深入，还会不断发现新的运动形式的能量。系统的内能其绝对值无法确定。内能是状态函数，属于广度性质，具有加和性。

系统内能的变化量仅取决于始、终态而与变化途径无关，即 $\Delta U = U_2 - U_1$。当 $\Delta U > 0$ 时，表示系统的内能增加；当 $\Delta U < 0$ 时，表示系统的内能减少。

纯物质单相封闭系统的内能是温度和体积的函数，即 $U = f(T, V)$。理想气体分子之间没有相互作用力，因而没有分子间相互作用的势能，所以理想气体的内能只是温度的函数，与压力体积无关，即 $U = f(T)$。

2.2.3　热力学第一定律的表述

人类经过长期实践，总结出极其重要的经验规律——能量转化与守恒定律。该定律指出：能量既不可以无中生有，也不可以凭空消灭，只能从一个物体转移到另一个物体，或者从一种形式转变为另一种形式，但在转变过程中能量的总值保持不变。将能量转化与守恒定律应用于宏观的热力学系统，就称为热力学第一定律。

1. 热力学第一定律的文字表述

热力学第一定律的文字表述形式很多，诸如：隔离系统中能量的形式可以相互转化，但是能量的总值不变；

第一类永动机不可能制造成功。所谓第一类永动机，就是　种无需消耗任何燃料或能量而能不断循环做功的机器。它显然与能量转化与守恒定律相矛盾。

无论何种表述，它们都是等价的，从本质上反映了同一个规律，即能量转化与守恒定律。

2. 封闭系统热力学第一定律的数学表达式

当封闭系统发生某热力学过程从始态 1 变至终态 2 时，系统与环境之间既有热的传递也有功的传递。设封闭系统始态的内能为 U_1，终态的内能为 U_2。根据热力学第一定律，显然有

$$U_2 = U_1 + Q + W$$

移项后得

$$U_2 - U_1 = Q + W$$

亦即

$$\Delta U = Q + W \tag{2.3}$$

而对于封闭系统的微小变化过程，则有：

$$\mathrm{d}U = \delta Q + \delta W \tag{2.4}$$

式（2.3）及式（2.4）均为封闭系统的热力学第一定律的数学表达式。它表明封闭系统中内能的改变量等于变化过程中系统与环境之间传递的热与功的总和。

2.3　热容与焓

2.3.1　恒容热、恒压热与焓

1. 恒容热

系统在恒容且没有非体积功的过程中与环境间传递的热称为恒容热，以符号 Q_V 表示。根据热力学第一定律

$$\Delta U = Q + W$$

式中：W 是总功，包括体积功与非体积功。在恒容且没有非体积功的过程中，其 $W=0$，于是有

$$Q_V = \Delta U \tag{2.5}$$

式（2.5）表明：在恒容且没有非体积功的过程中，封闭系统吸收的热量在数值上等于系统内能的增加，放出的热量在数值上等于系统内能的减小。

对于微小的变化过程，则有

$$\delta Q_V = \mathrm{d}U \tag{2.6}$$

2. 恒压热及焓

系统在恒压且没有非体积功的过程中与环境间传递的热称为恒压热，以符号 Q_p 表示。在恒压过程中，体积功 $W=-p\Delta V$，根据热力学第一定律有

$$\Delta U = Q_p - p\Delta V$$
$$U_2 - U_1 = Q_p - (p_2 V_2 - p_1 V_1)$$

或

$$(U_2 + p_2 V_2) - (U_1 + p_1 V_1) = \Delta(U + pV) = Q_p$$

定义

$$H = U + pV \tag{2.7}$$

则

$$\Delta H = Q_p \tag{2.8}$$

我们将 H 叫做焓。由定义式（2.7）可知，焓是状态函数，属于广度性质，单位为焦耳（J）或千焦（kJ）。焓是一个导出函数，没有明确的物理意义（由于处理热力学问题的需要，而由一些基本的热力学函数组合而成的状态函数），由于内能的绝对值不可知，焓的绝对值也不可知。对于理想气体，H 只是温度的函数。式（2.8）表明：在恒压且没有非体积功的过程中，封闭系统吸收的热量在数值上等于系统焓的增加。

对于微小的变化过程，则有

$$\delta Q_p = \mathrm{d}H \tag{2.9}$$

2.3.2　热容

1. 热容、比热容与摩尔热容

（1）热容

一个没有非体积功的封闭系统，在不发生相变化和化学变化的情况下，温度每升高 1K 所需要吸收的热量称为热容，用符号 C 表示，根据定义则有

$$C = \frac{\delta Q}{dT} \tag{2.10}$$

热容 C 的单位是 $J \cdot K^{-1}$。

（2）比热容（质量热容）

1kg 物质所具有的热容，称为比热容，用符号 "c" 表示。

$$c = \frac{C}{m} \tag{2.11}$$

式中：m 是系统中物质的质量，比热容 c 的单位是 $J \cdot K^{-1} \cdot kg^{-1}$。

（3）摩尔热容

1mol 物质所具有的热容，称为摩尔热容，用符号 "C_m" 表示。

$$C_m = \frac{C}{n} = \frac{1}{n} \frac{\delta Q}{dT} \tag{2.12}$$

式中：n 是系统中物质的物质的量，摩尔热容 C_m 的单位是 $J \cdot K^{-1} \cdot mol^{-1}$。

2. 摩尔恒容热容与摩尔恒压热容

一个没有非体积功的封闭系统，在不发生相变化和化学变化的情况下，1mol 物质恒容时温度升高 1K 与恒压时温度升高 1K 所吸收的热不同，分别称为摩尔恒容热容与摩尔恒压热容，分别以符号 $C_{V,m}$ 与 $C_{p,m}$ 表示，它们的单位都是 $J \cdot K^{-1} \cdot mol^{-1}$。其定义式为

$$C_{V,m} = \frac{1}{n} \frac{\delta Q_V}{dT} = \frac{1}{n} \left(\frac{\partial U}{\partial T} \right)_V \tag{2.13}$$

$$C_{p,m} = \frac{1}{n} \frac{\delta Q_p}{dT} = \frac{1}{n} \left(\frac{\partial H}{\partial T} \right)_P \tag{2.14}$$

将式（2.13）及式（2.14）分离变量积分，分别得

$$Q_V = \Delta U = n \int_{T_1}^{T_2} c_{V,M} dT \tag{2.15}$$

若：$c_{V,M}$ 可看作常数

则

$$Q_V = \Delta U = nc_{V,M} dT$$

$$Q_p = \Delta H = n \int_{T_1}^{T_2} c_{p,M} dT \tag{2.16}$$

若：$c_{p,M}$ 可看作常数

则　　　　　　　　　　　　　$$Q_p = \Delta H = nc_{p,M}dT$$

式（2.15）及式（2.16）对气体、液体和固体分别在恒容、恒压条件下单纯发生温度改变时计算 Q_V、ΔU、Q_p 及 ΔH 均适用。

在标准压力 $p^{\ominus} = 100\text{kPa}$ 下的摩尔恒压热容为标准摩尔恒压热容，用符号 $C_{p,m}^{\ominus}$ 表示。本书后面附录中所给的热容为 298K 温度下的标准摩尔恒压热容 $C_{p,m}^{\ominus}$。

3. 摩尔热容与温度的关系

物质的热容不仅与物质的种类有关，而且与温度有关，是温度的函数，其值随温度的升高而逐渐增大。摩尔恒压热容通常所采用的经验公式有下列三种形式：

$$C_{p,m} = a + bT + cT^2 \tag{2.17}$$

或

$$C_{p,m} = a + bT + c'T^{-2} \tag{2.18}$$

或

$$C_{p,m} = a + bT + cT^2 + dT^3 \tag{2.19}$$

式中：a、b、c、c'、d 是经验常量，随物质的种类、相态及使用温度范围的不同而异。式（2.17）～式（2.19）均是经验公式，在各种化学、化工手册中均能查到。本书附录中列出了部分物质以式（2.17）计算的 a、b、c 的经验数值。

使用上述经验公式，应注意以下几点：

（1）查表所得数据通常均是摩尔恒压热容，在具体的计算中，应考虑系统中该物质的量。

（2）所查得的常量的数值只能在指定的温度范围内使用，超出范围则误差较大。

（3）从不同资料上查得的经验公式或常量的数值不尽相同，但多数情况下其计算结果相近；在高温下不同公式之间的误差可能较大。

4. $C_{V,m}$ 与 $C_{p,m}$ 的关系

（1）对于理想气体

$$C_{p,m} - C_{V,m} = R \tag{2.20}$$

单原子分子理想气体：

$$C_{V,m} = \frac{3}{2}R, \quad C_{p,m} = \frac{5}{2}R$$

双原子分子理想气体：

$$C_{V,m} = \frac{5}{2}R, \quad C_{p,m} = \frac{7}{2}R$$

理想气体混合物的恒压热容 C_p 等于形成该混合物各气体的摩尔恒压热容 $C_{p,m}$（B）与其在混合物中物质的量 n_B 的乘积之和，即

$$C_p = \sum_B n_B C_{p,m}(B) \tag{2.21}$$

式（2.21）可近似用于低压下的实际气体混合物。

（2）凝聚系统：因液态物质与固态物质的摩尔体积随温度的变化可忽略，因此对于液态物质与固态物质来说其 $C_{V,m} \approx C_{p,m}$。

2.4　热力学第一定律的应用

2.4.1　理想气体的单纯 pVT 变化过程

定量、定组成的理想气体的内能和焓仅是温度的函数，而与体积、压力无关，即

$$U = f(T) \tag{2.22}$$

$$H = f(T) \tag{2.23}$$

所以式（2.15）及式（2.16）适合理想气体恒温、恒压、恒容及绝热等任何单纯 pVT 变化过程中内能 U 和焓 H 的计算。在通常温度下，若温度变化不大，理想气体的 $C_{V,m}$ 和 $C_{p,m}$ 可视为常量，则有

$$\Delta U = n\int_{T_1}^{T_2} C_{V,m} dT = nC_{V,m}(T_2 - T_1) \tag{2.24}$$

$$\Delta H = n\int_{T_1}^{T_2} C_{p,m} dT = nC_{p,m}(T_2 - T_1) \tag{2.25}$$

1. 等温过程

$$\Delta U = \Delta H = 0, \quad Q = -W$$

（1）理想气体恒温恒外压过程

$$W = -\int_{V_1}^{V_2} p_{外} dV = -p_{外}(V_2 - V_1) = -p_{外}nRT\left(\frac{1}{p_2} - \frac{1}{p_1}\right) \tag{2.26}$$

（2）理想气体恒温可逆过程

$$W = -\int_{V_1}^{V_2} p_{外} dV = -\int_{V_1}^{V_2} p\, dV = -\int_{V_1}^{V_2} \frac{nRT}{V} dV$$

$$= -nRT\int_{V_1}^{V_2} \frac{dV}{V} = nRT\ln\frac{V_1}{V_2} = nRT\ln\frac{p_2}{p_1} \tag{2.27}$$

【例 2.1】4mol 理想气体由 27℃，100kPa 恒温可逆压缩到 1000kPa，求该过程的 Q，W，ΔU 和 ΔH。

解：本题变化过程可用图 2.2 表示：

```
┌─────────┐              ┌─────────┐
│ 理想气体 │              │ 理想气体 │
│  4mol   │   恒温可逆    │  4mol   │
│  27℃    │ ───────────→ │  27℃    │
│ 100kPa  │              │1000kPa  │
└─────────┘              └─────────┘
```

图 2.2　气体变化过程

因理想气体恒温过程：$\Delta U = 0$，$\Delta H = 0$，对于理想气体恒温可逆过程

$$Q = -W = -nRT \ln \frac{p_2}{p_1} = -4 \times 8.314 \times (27 + 273.15) \times \ln \frac{1000}{100}$$

$$= -22.98 \times 10^3 J = -22.98 kJ$$

2. 恒容过程

$$W = -\int_{V_1}^{V_2} p_{\text{外}} dV = 0$$

$$Q_V = \Delta U = n\int_{T_1}^{T_2} C_{V,m} dT = nC_{V,m}(T_2 - T_1)$$

$$\Delta H = n\int_{T_1}^{T_2} C_{p,m} dT = nC_{p,m}(T_2 - T_1)$$

3. 恒压过程

$$W = -\int_{V_1}^{V_2} p_{\text{su}} dV = -\int_{V_1}^{V_2} p dV = -p(V_2 - V_1) = -nR(T_2 - T_1)$$

$$Q_p = \Delta H = n\int_{T_1}^{T_2} C_{p,m} dT = nC_{p,m}(T_2 - T_1)$$

$$\Delta U = n\int_{T_1}^{T_2} C_{V,m} dT = nC_{V,m}(T_2 - T_1)$$

【例 2.2】 1mol 的理想气体 $H_2(g)$ 由 202.65kPa、10dm³ 恒容升温，压力增大到 2026.5kPa，再恒压压缩至体积为 1dm³。求整个过程的 Q、W、ΔU 和 ΔH。

解：全过程的状态变化 I→II→III 如图 2.3 所示：

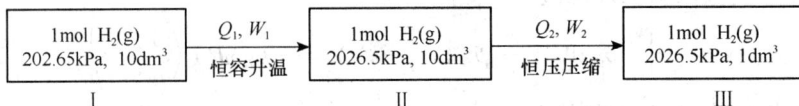

1mol $H_2(g)$ 202.65kPa, 10dm³	Q_1, W_1 恒容升温	1mol $H_2(g)$ 2026.5kPa, 10dm³	Q_2, W_2 恒压压缩	1mol $H_2(g)$ 2026.5kPa, 1dm³
I		II		III

图 2.3　气体全过程变化图

方法一：分步计算法

$$T_1 = \frac{pV}{nR} = \frac{202.65 \times 10^3 \times 10 \times 10^{-3}}{1 \times 8.314} = 243.7K$$

$$T_2 = \frac{pV}{nR} = \frac{2026.5 \times 10^3 \times 10 \times 10^{-3}}{1 \times 8.314} = 2437K$$

$$T_3 = \frac{pV}{nR} = \frac{2026.5 \times 10^3 \times 1 \times 10^{-3}}{1 \times 8.314} = 243.7K$$

I→II过程

$$W_1 = 0$$

$$Q_1 = nc_{V,M}(T_2 - T_1)$$

$$= 1 \times \frac{5}{2} \times 8.314 \times (2437 - 243.7) = 45588(J)$$

$$\Delta U_1 = Q_1 = 45588(J)$$

$$\Delta H_1 = n c_{p,m}(T_2 - T_1)$$
$$= 1 \times \frac{7}{2} \times 8.314 \times (2437 - 243.7) = 62823(J)$$

Ⅱ→Ⅲ过程

$$Q_2 = n c_{p,m}(T_3 - T_2)$$
$$= 1 \times \frac{7}{2} \times 8.314 \times (243.7 - 2437) = -63823(J)$$
$$\Delta H_2 = Q_2 = -63823(J)$$
$$\Delta U_2 = n c_{V,m}(T_3 - T_2)$$
$$= 1 \times \frac{5}{2} \times 8.314 \times (243.7 - 2437) = -45588(J)$$
$$W_2 = \Delta U_2 - Q_2$$
$$= -45588 - (-63823) = 18235(J)$$

整个过程的

$$\Delta H = \Delta H_1 + \Delta H_2 = 63823 + (-63823) = 0$$
$$\Delta U = \Delta U_1 + \Delta U_2 = 45588 + (-45588) = 0$$
$$W = W_1 + W_2 = 0 + 18235 = 18235(J) \approx 18.24(kJ)$$
$$Q = Q_1 + Q_2 = 45588 + (-63823) = -18235(J) = -18.24(kJ)$$

方法 2：整体过程计算法

因为 $p_3 V_3 = 2026.5 \times 1 = p_1 V_1 = 202.65 \times 10$，所以 $T_3 = T_1$，故整个过程的

$$\Delta U = n C_{V,m}(T_3 - T_1) = 0$$
$$\Delta H = n C_{p,m}(T_3 - T_1) = 0$$
$$W_1 = -p_{su}(V_2 - V_1) = 0$$
$$W_2 = -p_{su}(V_3 - V_2) = p_2(V_3 - V_2)$$
$$= -2026.5 \times 10^3 \times (1 - 10) \times 10^{-3} = 18238.5J = 18.24(kJ)$$
$$W = W_1 + W_2 = 0 + 18.24 = 18.24(kJ)$$
$$Q = \Delta U - W = 0 - 18.24 = -18.24(kJ)$$

4. 绝热过程

绝热过程 $Q = 0$ 系统与环境之间没有热的交换，由热力学第一定律可得

$$W = \Delta U = n \int_{T_1}^{T_2} C_{V,m} dT = n C_{V,m}(T_2 - T_1)$$

$$\Delta H = n \int_{T_1}^{T_2} C_{p,m} dT = n C_{p,m}(T_2 - T_1)$$

可以看出，在绝热过程中环境得到或消耗的功只能来源于系统内能的减少或系统内能增大，这必然使系统的温度降低或升高。

【例 2.3】 2mol 理想气体 $H_2(g)$ 自 $10^5 Pa$，273K 的始态经过绝热过程到达终态，压力为 $5 \times 10^5 Pa$，温度为 432K，求该过程的 Q、W、ΔU 和 ΔH。

解：过程如图 2.4 所示。

图 2.4 气体始态到终态图示

因为 H_2 为双原子分子，故其

$$C_{p,m} = \frac{7}{2}R, C_{V,m} = \frac{5}{2}R$$

$$\Delta U = nC_{V,m}(T_2 - T_1)$$
$$= 2 \times \frac{5}{2} \times 8.314 \times (432 - 273)$$
$$= 6609.63\text{J} = 6.61\text{kJ}$$

$$\Delta H = nC_{p,m}(T_2 - T_1)$$
$$= 2 \times \frac{7}{2} \times 8.314 \times (432 - 273)$$
$$= 9253.48\text{J} = 9.25\text{kJ}$$

$$Q = 0$$
$$W = \Delta U - Q = \Delta U = 6.61(\text{kJ})$$

2.4.2 相变化过程

1. 相与相变化

相是指系统中物理性质及化学性质完全均匀的部分。例如，用暖水瓶盛满 100℃ 的热水并盖上瓶塞，此时瓶内任何一部分水的物理及化学性质均相同，故为一相。但如果将瓶内少部分水极快速倒出（假设空气没有进入）后重新盖上瓶塞，此时瓶内的水会蒸发成水蒸气。当达到相平衡时，瓶内有液态的水和气态的水蒸气，虽然两者的化学性质相同，但因它们的物理性质不同，系统内存在的则是两相。又如，石墨与金刚石均由碳原子构成，化学性质相同，但两者的结晶构造不同，物理性质差异极大，故石墨与金刚石是两个不同的相。

系统中物质从一相变为另一相，称为相变化。上述暖瓶中水变为水蒸气，用石墨制金刚石，均称为相变化过程。化工生产中，系统的状态变化时，常常有蒸发、冷凝、熔化、凝固等相变化过程。

在相平衡温度、相平衡压力下进行的相变为可逆相变，否则为不可逆相变。例如，在 100℃、101.325kPa 下水和水蒸气之间的相变，在 0℃、101.325kPa 下水和冰之间的相变，均为可逆相变；而在 100℃ 下水向真空中蒸发，在 101.325kPa 下 −10℃ 的过冷水结冰均为不可逆相变。

2. 相变热与相变焓

计算各种相变过程的热以及系统在相变过程中的内能变 ΔU、焓变 ΔH 等状态函数的变化值时，需要用到摩尔相变焓。

摩尔相变焓是指 1mol 纯物质于恒定温度及该温度的平衡压力下发生相变时之焓变，以符号 $\Delta_\alpha^\beta H_m$ 表示，其单位为 $J \cdot mol^{-1}$ 或 $kJ \cdot mol^{-1}$。符号的下标"α"表示相变的始态，上标"β"表示相变的终态。

我们通常所说的相变热均是指一定量的物质在恒定的温度及压力下（通常是在相平衡温度、压力下）且没有非体积功时发生相变化的过程中，系统与环境之间传递的热。由于上述相变过程能满足等压且没有非体积功的条件，所以相变热在数值上等于过程的相变焓。

$$Q_p = \Delta_\alpha^\beta H = n\Delta_\alpha^\beta H_m \tag{2.28}$$

一些物质在某些条件下的摩尔相变焓的实测数据可以从化学、化工手册查到。在使用这些数据时要注意条件（温度、压力）及单位。此外，如果所求的相变过程为手册上所给的相变过程的逆过程，则在同样的温度、压力下，二者的相变焓数值相等，符号相反。例如，$\Delta_l^s H_m = -\Delta_s^l H_m$。固体的升华过程可看作是熔化和蒸发两个过程的加和，故有 $\Delta_s^g H_m = \Delta_s^l H_m + \Delta_l^g H_m$。

3. 相变过程中各种能量的计算

若系统在恒温、恒压条件下由 α 相变为 β 相，分以下几种情况讨论：

（1）对于始、终态都是凝聚相（固相和液相统称为凝聚相）的可逆相变过程，因为 $V_S \approx V_l$，都有

$$\Delta V = V_\beta - V_\alpha \approx 0$$
$$W = -p(V_\beta - V_\alpha) \approx 0$$
$$\Delta U = Q = \Delta H = n\Delta_\alpha^\beta H_m$$

（2）对于始态 α 相为凝聚相，终态 β 相为气相的可逆相变过程，且气相可视为理想气体则有

$$\Delta V = V_\beta - V_\alpha \approx V_\beta = V_g$$
$$W = -p(V_\beta - V_\alpha) \approx -pV_g = -nRT$$
$$Q = \Delta H = n\Delta_\alpha^\beta H_m$$
$$\Delta U = Q + W = \Delta H - nRT = n\Delta_\alpha^\beta H_m - nRT$$

（3）对于始态 α 相为气相，终态 β 相为凝聚相的可逆相变过程，且气相可视为理想气体则有

$$\Delta V = V_\beta - V_\alpha \approx -V_\alpha = -V_g$$
$$W = -p(V_\beta - V_\alpha) \approx pV_g = nRT$$
$$Q = \Delta H = n\Delta_\alpha^\beta H_m$$
$$\Delta U = Q + W = \Delta H + nRT = n\Delta_\alpha^\beta H_m + nRT$$

【例 2.4】 在 101.325kPa 恒定压力下逐渐加热 2mol、0℃的冰，使之成为 100℃的水蒸气。求该过程的 Q、W 及 ΔU、ΔH。

已知冰熔化的摩尔相变焓 $\Delta_s^l H_m$ (0℃) $= 6.02kJ \cdot mol^{-1}$，水汽化的摩尔相变焓 $\Delta_l^g H_m$ (100℃) $= 40.6kJ \cdot mol^{-1}$，液态水的摩尔恒压热容 $C_{p,m} = 75.3J \cdot K^{-1} \cdot mol^{-1}$。设水蒸气为理想气体，冰和水的体积可忽略。

解：此过程涉及熔化、蒸发和升温，可认为此过程分三步进行（图 2.5）。

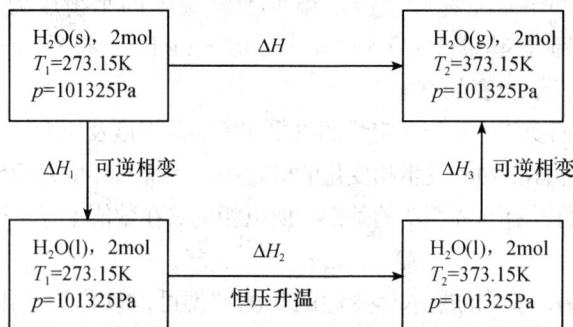

图 2.5　冰加热至水蒸气变化过程

$$\Delta H_1 = n\Delta_s^l H_m = 2 \times 6.02 = 12.04 (\text{kJ})$$

$$\Delta H_2 = nC_{p,m}(T_2 - T_1) = 2 \times 75.3 \times (373.15 - 273.15) \times 10^{-3} = 15.06 (\text{kJ})$$

$$\Delta H_3 = n\Delta_l^g H_m = 2 \times 40.6 = 81.2 (\text{kJ})$$

$$\Delta H = \Delta H_1 + \Delta H_2 + \Delta H_3 = 12.04 + 15.06 + 81.2 = 108.3 (\text{kJ})$$

由于整个过程是一个恒压过程，所以

$$Q_p = \Delta H = 108.3 (\text{kJ})$$

$$W = -p(V_g - V_s) \approx -pV_g \approx -nRT_2 = -2 \times 8.314 \times 373.15 = -6.2 \times 10^3 \text{J} = -6.2 \text{kJ}$$

$$\Delta U = Q_p + W = 108.3 - 6.2 = 102.1 (\text{kJ})$$

2.4.3　化学变化过程

1. 化学反应热效应的计算

（1）物质的标准态

化学反应系统一般是混合物，为避免同一物质的某热力学量如内能 U、焓 H 等在不同反应系统中数值不同，热力学规定了一个公共的参考状态——热力学标准状态，或简称标准态，以使同一物质在不同的化学反应系统中具有同一数值。标准压力规定 $p^\ominus = 100\text{kPa}$，右上标"$\ominus$"为标准态的符号。

气体的标准态：在任一温度 T、标准压力 $p^\ominus$ 下表现出理想气体特性的纯气体状态为气体物质的标准态。

液体（或固体）的标准态：在任一温度 T、标准压力 $p^\ominus$ 下的纯液体（或纯固体）状态。

物质的热力学标准态的温度 T 是任意的，未做具体的规定。不过，通常查表所得的热力学标准态的有关数据大多是在 $T = 298.15\text{K}$ 时的数据。

（2）化学反应的标准摩尔反应焓 $\Delta_r H_m^\ominus$（T）的计算

系统进行化学反应时，能量发生了变化并与环境进行了热与功的交换。

对于任一化学反应

$$a\text{A} + b\text{B} = y\text{Y} + z\text{Z}$$

若各物质 A、B、Y、Z 皆处于温度为 T 的标准状态且按化学反应计量方程式完成了一个完整的化学反应时，反应系统焓的变化值称为反应的标准摩尔反应焓，以符号 $\Delta_r H_m^{\ominus}(T)$ 表示，单位是 $J \cdot mol^{-1}$ 或 $kJ \cdot mol^{-1}$。符号中的下标 "r" 表示化学反应，"m" 表示摩尔反应，右上标 "$\ominus$" 为标准态的符号。注意：$\Delta_r H_m^{\ominus}(T)$ 的数值与反应计量方程式的写法有关。

(1) 由物质的标准摩尔生成焓 $\Delta_f H_m^{\ominus}$（B，相态，T）求算 $\Delta_r H_m^{\ominus}(T)$。

① $\Delta_f H_m^{\ominus}(B，相态，T)$ 的定义。在温度为 T 的标准状态下由最稳定相态单质生成 1mol 指定相态的某物质所对应的焓变，称为指定相态的该物质在温度 T 下的标准摩尔生成焓，用符号 $\Delta_f H_m^{\ominus}$（B，相态，T）表示，单位为 $J \cdot mol^{-1}$ 或 $kJ \cdot mol^{-1}$。符号中的下标 "f" 表示生成。由定义可知稳定相态单质的标准摩尔生成焓 $\Delta_f H_m^{\ominus}=0$。例如，碳在 298.15K 时有石墨、金刚石与无定形碳三种相态，其中以石墨为最稳定。例如，上述 298.15K 时，石墨的标准摩尔生成焓为零，而金刚石与无定形碳的标准摩尔生成焓则不为零。有关 298.15K 时各种化合物的 $\Delta_f H_m^{\ominus}$（B，相态，298K）的数值可见附录。

② 由 $\Delta_f H_m^{\ominus}$（B，相态，T）求算 $\Delta_r H_m^{\ominus}(T)$。对于任一化学反应

$$aA(g) + bB(s) = yY(g) + zZ(s)$$

$$\Delta_r H_m^{\ominus}(T) = y\Delta_f H_m^{\ominus}(Y,g) + z\Delta_f H_m^{\ominus}(Z,s) - a\Delta_f H_m^{\ominus}(A,g) - b\Delta_f H_m^{\ominus}(B,s)$$

$$= \sum_B \nu_B \Delta_f H_m^{\ominus}(B,相态) \tag{2.29}$$

即在温度 T 下任一反应的标准摩尔反应焓等于产物的标准摩尔生成焓之和减去反应物的标准摩尔生成焓之和。

由附录可查得 298.15K 时某些物质的 $\Delta_f H_m^{\ominus}$（B，相态，298K）数据。

(2) 由物质 B 的标准摩尔燃烧焓 $\Delta_c H_m^{\ominus}$（B，相态，T），求算 $\Delta_r H_m^{\ominus}(T)$。

① $\Delta_c H_m^{\ominus}$（B，相态，T）的定义。在温度 T 下，参与反应的各物质均处于标准态时，1mol 物质 B 在纯氧中完全氧化成相同温度下指定产物时的标准摩尔反应焓，称为该物质在温度 T 下的标准摩尔燃烧焓，以符号 $\Delta_c H_m^{\ominus}$（B，相态，T）表示，单位为 $J \cdot mol^{-1}$ 或 $kJ \cdot mol^{-1}$。符号中的下标 "c" 表示燃烧。

定义中 C、H、N、S、Cl 完全氧化的指定产物通常是指 $CO_2(g)$、$H_2O(l)$、$N_2(g)$、$SO_2(g)$、HCl（水溶液），这些指定产物的 $\Delta_c H_m^{\ominus}=0$。需要注意，不同手册所指定的氧化产物可能会不相同，利用标准摩尔燃烧焓数据时，应先查看氧化的产物是什么物质。

② 由 $\Delta_c H_m^{\ominus}$（B，相态，T）求算 $\Delta_r H_m^{\ominus}(T)$。对于任一化学反应

$$aA(g) + bB(s) = yY(g) + zZ(s)$$

$$\Delta_r H_m^{\ominus}(T) = a\Delta_c H_m^{\ominus}(A,g) + b\Delta_c H_m^{\ominus}(B,s) - y\Delta_c H_m^{\ominus}(Y,g) - z\Delta_c H_m^{\ominus}(Z,s)$$

$$= -\sum_B \nu_B \Delta_c H_m^{\ominus}(B,相态) \tag{2.30}$$

即在温度 T 下任一反应的标准摩尔反应焓等于反应物的标准摩尔燃烧焓之和减去产物的标准摩尔燃烧焓之和。

由附录可查得 298.15K 时某些物质的 $\Delta_f H_m^{\ominus}$（B，相态，298K）数据。

【例 2.5】已知反应 $CO(g) + 2H_2(g) \rightarrow CH_3OH(g)$，在 298.15K 时 $CO(g)$ 和

$CH_3OH(g)$ 的标准摩尔生成焓分别为 $-110.5kJ \cdot mol^{-1}$、$-201.0kJ \cdot mol^{-1}$，求该反应在 298.15K 时的标准摩尔反应焓 $\Delta_r H_m^{\ominus}$。

解

$$\Delta_r H_m^{\ominus}(298.15K) = \Delta_f H_m^{\ominus}(CH_3OH,g) - \Delta_f H_m^{\ominus}(CO,g) - 2 \times \Delta_f H_m^{\ominus}(H_2,g)$$
$$= -201.0 - (-110.5) - 2 \times 0$$
$$= 90.5(kJ \cdot mol^{-1})$$

【例 2.6】 已知 $C_2H_5OH(l)$ 在 25℃时，$\Delta_c H_m^{\ominus} = -1366.8kJ \cdot mol^{-1}$，试用 $CO_2(g)$ 和 $H_2O(l)$ 在 25℃时的 $\Delta_f H_m^{\ominus}$ 求算 C_2H_5OH (l) 在 25℃时的 $\Delta_f H_m^{\ominus}$。已知：$298KF\Delta_f H_m^{\ominus}(CO_2, g) = -393.5kJ \cdot mol^{-1}$，$\Delta_f H_m^{\ominus}(H_2O, l) = -285.83 = kJ \cdot mol^{-1}$。

解： C_2H_5OH (l) 的燃烧反应如下：

$$C_2H_5OH(l) + 3O_2(g) \longrightarrow 2CO_2(g) + 3H_2O(l)$$

由式（2.30）可知，该反应的

$$\Delta_r H_m^{\ominus}(298.15K) = \Delta_c H_m^{\ominus}(C_2H_5OH,l) + 3\Delta_c H_m^{\ominus}(O_2,g)$$
$$- 2\Delta_c H_m^{\ominus}(CO_2,g) - 3\Delta_c H_m^{\ominus}(H_2O,l)$$
$$= \Delta_c H_m^{\ominus}(C_2H_5OH,l)$$

由式（2.29）可知

$$\Delta_r H_m^{\ominus}(298.15K) = [2\Delta_f H_m^{\ominus}(CO_2,g) + 3\Delta_f H_m^{\ominus}(H_2O,l)]$$
$$- [\Delta_f H_m^{\ominus}(C_2H_5OH,l) + 3\Delta_f H_m^{\ominus}(O_2,g)]$$

于是有

$$\Delta_f H_m^{\ominus}(C_2H_5OH,l,298.15K) = 2\Delta_f H_m^{\ominus}(CO_2,g) + 3\Delta_f H_m^{\ominus}(H_2O,l)$$
$$- \Delta_c H_m^{\ominus}(C_2H_5OH,l) - 3\Delta_f H_m^{\ominus}(O_2,g)$$
$$= 2 \times (-393.5) + 3 \times (-285.83) - (-1366.8) - 3 \times 0$$
$$= -277.69(kJ \cdot mol^{-1})$$

（3）利用盖斯定律求算 $\Delta_r H_m^{\ominus}$ （T）

1840 年，盖斯在大量实验结果的基础上总结出了如下的规律：一个化学反应，不论是一步完成或经数步完成，其反应的热效应总是相同的。这就是盖斯定律（或称为反应热总值守恒定律）。盖斯定律实际上是热力学第一定律的必然结果。

根据盖斯定律，我们对热化学方程式可以象普通代数方程一样进行加减乘除和移项等运算步骤处理，利用易于测定的反应热去计算难于测定的反应热。

【例 2.7】 已知 298.15K 时，

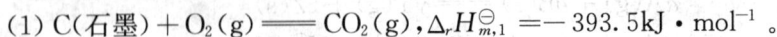

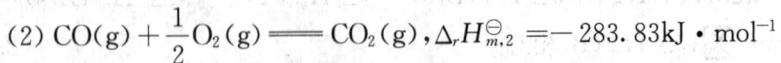

（1）$C(石墨) + O_2(g) = CO_2(g)$，$\Delta_r H_{m,1}^{\ominus} = -393.5kJ \cdot mol^{-1}$。

（2）$CO(g) + \frac{1}{2}O_2(g) = CO_2(g)$，$\Delta_r H_{m,2}^{\ominus} = -283.83kJ \cdot mol^{-1}$

求算反应

（3）$C(石墨) + \frac{1}{2}O_2(g) = CO(g)$，$\Delta_r H_{m,3}^{\ominus} = ?$

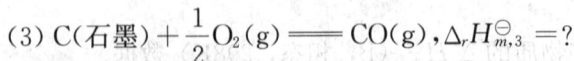

解： 因为反应（3）＝反应（1）－反应（2），所以

$$\Delta_r H_{m,3}^{\ominus} = \Delta_r H_{m,1}^{\ominus} - \Delta_r H_{m,2}^{\ominus}$$
$$= -393.5 - (-283.83)$$
$$= -109.67(\text{kJ} \cdot \text{mol}^{-1})$$

2. 恒压热效应与恒容热效应

由于封闭系统中恒压热等于焓变，所以化学反应的恒压热效应（反应热）可用 $\Delta_r H_m$ 表示；恒容热等于内能变化，所以恒容热效应（反应热）可用 $\Delta_r U_m$ 表示。

在恒温恒压且不做非体积功的条件下，化学反应有

$$\Delta_r H_m = \Delta_r U_m + p\Delta_r V_m \tag{2.31}$$

式中：$\Delta_r V_m$——恒温恒压下反应系统体积的变化量。

对于反应物和产物中没有气体的凝聚系统反应，因为反应过程中系统体积变化很小，$p\Delta_r V_m$ 与 $\Delta_r U_m$ 相比可以忽略，所以

$$\Delta_r H_m = \Delta_r U_m \tag{2.32}$$

对于反应物和产物中有气体的反应，由于气体的体积比固体、液体大得多，所以 $\Delta_r V_m$ 可看作是反应过程中气体体积的变化量。将气体视为理想气体，则有

$$\Delta_r H_m = \Delta_r U_m + RT \sum_B \nu(B,g) \tag{2.33}$$

式中：$\sum_B \nu(B,g)$——参加反应的气体物质的化学计量系数的代数和。

3. 反应焓与温度的关系

通常从各种手册上查到的都是 298.15K 时的 $\Delta_f H_m^{\ominus}$ 和 $\Delta_c H_m^{\ominus}$ 的数据，利用这些数据只能计算出 298.15K 时反应的 $\Delta_r H_m^{\ominus}$。但在实际生产中，许多反应都是在更高的温度下进行的，为了计算其他温度下的反应焓，我们必须知道 $\Delta_r H_m^{\ominus}$ 与温度 T 的关系。

1858 年基尔霍夫提出基尔霍夫公式，此式主要用于利用已知温度 298K 时的 $\Delta_r H_m^{\ominus}$ (298K) 计算另一温度 T 时的 $\Delta_r H_m^{\ominus}$ (T)。

$$\Delta_r H_m^{\ominus}(T) = \Delta_r H_m^{\ominus}(298\text{K}) + \int_{298\text{K}}^{T_2} \sum_B [\nu_B C_{p,m}^{\ominus}(B)] dT \tag{2.34}$$

式中：$\Delta_r H_m^{\ominus}$ (T) ——恒定温度 T 时标准状态下的摩尔反应焓，$\text{J} \cdot \text{mol}^{-1}$；

$C_{p,m}^{\ominus}$ (B) ——反应组分 B 的摩尔定压热容，$\text{J} \cdot \text{K}^{-1} \cdot \text{mol}^{-1}$；

ν_B——反应组分的化学计量系数，无量纲；

T——热力学温度，K。

小结

1. 热力学第一定律

(1) Q：系统环境之间由于存在温度差而引起的能量传递形式，以符号 Q 表示。系统从环境吸热，$Q > 0$；系统向环境放热，$Q < 0$。

(2) W：除热以外，系统与环境之间进行的其他形式的能量交换，以符号 W 表示。系统从环境得功，$W > 0$；系统对环境做功，$W < 0$。体积功 W，系统在外压力作用下，体积发生改变时与环境交换的功。总公式

$$W = -\int_{V_1}^{V_2} p_{su}\,dV$$

① 自由膨胀过程：$W=0$。

② 恒容过程：$W=0$。

③ 恒外压过程：$W = -p_{su}(V_2 - V_1)$。

④ 恒压过程：$W = -p(V_2 - V_1)$。

非体积功：除体积功之外的所有其他功（如机械功、电功、表面功等）都称为非体积功。用符号 W' 表示。

(3) U：系统所有微观粒子的能量总和。$\Delta U = Q + W$。

2. 焓、热容、热的计算

(1) 焓 $H = U + pV$

(2) $C_{V,m}$ 的定义式：$C_{V,m} = \dfrac{1}{n}\dfrac{\delta Q_V}{dT} = \dfrac{1}{n}\left(\dfrac{\partial U}{\partial T}\right)$

　　$C_{p,m}$ 的定义式：$C_{p,m} = \dfrac{1}{n}\dfrac{\delta Q_p}{dT} = \dfrac{1}{n}\left(\dfrac{\partial H}{\partial T}\right)_p$

(3) 恒容热 $Q_V = \Delta U$，$\delta Q_V = dU$，$Q_V = \Delta U = n\int_{T_1}^{T_2} C_{V,m}\,dT$

　　恒压热 $Q_p = \Delta H$，$\delta Q_p = dH$，$Q_p = \Delta H = n\int_{T_1}^{T_2} C_{p,m}\,dT$

3. 主要计算题类型

(1) 理想气体 pVT 变化过程：

$$\Delta U = n\int_{T_1}^{T_2} C_{V,m}\,dT = nC_{V,m}(T_2 - T_1)$$

$$\Delta H = n\int_{T_1}^{T_2} C_{p,m}\,dT = nC_{p,m}(T_2 - T_1)$$

① 理想气体恒温恒外压过程：

$$\Delta U = \Delta H = 0 \quad Q = -W$$

$$W = -p_{su}nRT\left(\frac{1}{p_2} - \frac{1}{p_1}\right)$$

② 理想气体恒温可逆过程：

$$\Delta U = \Delta H = 0 \quad Q = -W$$

$$W = nRT\ln\frac{V_1}{V_2} = nRT\ln\frac{p_2}{p_1}$$

③ 恒容过程：

$$W = 0$$

$$Q_V = \Delta U = n\int_{T_1}^{T_2} C_{V,m}\,dT = nC_{V,m}(T_2 - T_1)$$

④ 恒压过程：

$$W = -nR(T_2 - T_1)$$

$$Q_p = \Delta H = n\int_{T_1}^{T_2} C_{p,m}\mathrm{d}T = nC_{p,m}(T_2 - T_1)$$

⑤ 绝热过程：$Q = 0, W = \Delta U = n\int_{T_1}^{T_2} C_{V,m}\mathrm{d}T = nC_{V,m}(T_2 - T_1)$

（2）凝聚系统 pVT 变化过程：

$$C_{V,m} \approx C_{p,m} \quad W \approx 0 \quad Q \approx \Delta U \approx \Delta H \approx n\int_{T_1}^{T_2} C_{p,m}\mathrm{d}T$$

（3）可逆相变化过程：

$$Q_p = \Delta_\alpha^\beta H = n\Delta_\alpha^\beta H_m$$

① 对于始、终态都是凝聚相的可逆相变过程，$W=0$，$\Delta U = Q = \Delta H = n\Delta_\alpha^\beta H_m$。
② 对于有气体参与的可逆相变过程

$$W = \pm nRT, \quad \Delta U = n\Delta_\alpha^\beta H_m \pm nRT$$

当由气相转变为凝聚相时，取"＋"；当由凝聚相变为气相时，取"－"。
（4）化学变化过程：
① 298.15K 时的化学反应：

$$\Delta_r H_m^\ominus(T) = \sum_B \nu_B \Delta_f H_m^\ominus(B,相态,T)$$

$$\Delta_r H_m^\ominus(T) = -\sum_B \nu_B \Delta_c H_m^\ominus(B,相态,T)$$

利用盖斯定律求算 $\Delta_r H_m^\ominus$（T）
② 恒压热效应与恒容热效应关系：

$$\Delta_r H_m = \Delta_r U_m + RT\sum_B \nu(B,g)$$

③ 反应焓与温度的关系

$$\Delta_r H_m^\ominus(T_2) = \Delta_r H_m^\ominus(298K) + \int_{298K}^{T2} \sum_B [\nu_B C_{p,m}^\ominus(B)]\mathrm{d}T$$

习题

1. 1mol 理想气体恒压下升温 1℃，试求该过程中系统与环境交换的功 W。

2. 5mol 理想气体由始态 $t_1 = 25℃$、$p_1 = 101.325kPa$、体积为 V_1 恒温下反抗恒定的环境压力膨胀至 $V_2 = 2V_1$，p（环）$= 0.5p_1$。求此过程系统所做的功。

3. 1mol 理想气体由始态 300K、101.325kPa 在恒定外压力下恒温压缩至内外压力相等，然后再恒容升温至 1000K，此时系统的压力为 1628.247kPa。求整个过程的 ΔU、ΔH、Q 及 W。已知该气体的 $C_{V,m} = 12.47J \cdot K^{-1} \cdot mol^{-1}$。

4. 容积为 200dm³ 的容器中某理想气体始态为 20℃、2.5×10⁵Pa，恒容下加热该气体至 80℃，求此过程所需的热。已知该气体的 $C_{p,m}=1.4C_{V,m}$。

5. 1mol 理想气体依次经下列过程：(1) 恒容下从 25℃ 升温至 100℃。(2) 绝热自由膨胀至 2 倍体积。(3) 恒压下冷却至 25℃。求整个过程的 ΔU、ΔH、Q 及 W。

6. 1molHe(g) 从 2.00dm³，1.00×10⁶Pa 经恒温可逆膨胀到 5.00×10⁵Pa。求过程的 ΔU、ΔH、Q 及 W。

7. 1mol 单原子理想气体，分别经以下两条可逆途径由 202.65kPa、0℃ 变为 101.325kPa、50℃：(1) 先恒压加热到末态温度，再恒温可逆膨胀。(2) 先恒温可逆膨胀到末态压力，再恒压加热。分别计算出两条途径的 ΔU、ΔH、Q 及 W，并讨论结果说明什么问题。

8. 4mol 乙醇在正常沸点（78.4℃）下转变为乙醇蒸气，其摩尔相变焓为 41.50kJ·mol⁻¹，乙醇蒸气视为理想气体，求该相变过程的 Q、W、ΔU 和 ΔH。

9. 已知 100℃、101.325kPa 时，1mol 水全部蒸发成水蒸气时吸热 40.67kJ。试求 100℃、101.325kPa 下 1mol 水变成同温 40.530kPa 的水蒸气的 ΔU 及 ΔH。

10. 将 298K、101.325kPa 的 1mol 水变成 303.975kPa、406K 的 1mol 饱和蒸汽（可视为理想气体），计算该过程的 ΔU 及 ΔH。已知：$\overline{C}_{p,m}(H_2O,l) = 75.31J·K^{-1}·mol^{-1}$，$C_{p,m}(H_2O,g) = 33.56J·K^{-1}·mol^{-1}$，水在 100℃、101.325kPa 下的 $\Delta_{vap}H_m(H_2O) = 40.67kJ·mol^{-1}$。(1) 1mol 液体水于 100℃、101.325kPa 下可逆蒸发为水蒸气。

(2) 1mol 液体水在真空容器中于 100℃ 恒温下全部蒸发为蒸汽，而且蒸汽的压力恰为 101.325kPa。

11. 已知 100℃、101.325kPa 下水的 $\Delta_{vap}H_m(H_2O) = 40.67kJ·mol^{-1}$，0℃、101.325kPa 下冰的融化热 $\Delta_{fus}H_m=6.02kJ·mol^{-1}$，冰、水及水蒸气的平均摩尔定压热容 $\overline{C}_{p,m}$ 分别为 37.6J·K⁻¹·mol⁻¹，75.3J·K⁻¹·mol⁻¹，及 33.6J·K⁻¹·mol⁻¹。求 -10℃、101.325kPa 下冰的摩尔升华焓。

12. CCl₃F 的正常沸点是 296.97K，在该温度时的蒸发焓为 24.77kJ·mol⁻¹。液体和气体的 $C_{p,m}$ 分别为 119.50J·K⁻¹·mol⁻¹ 和 81.59J·K⁻¹·mol⁻¹。试计算在 307K 时的摩尔蒸发焓。

13. 利用附录中 $\Delta_f H_m^{\ominus}$（298.15K）的数据，求下列反应的 $\Delta_r H_m^{\ominus}$（298.15K）及 $\Delta_r U_m^{\ominus}$（298.15K）。

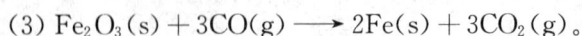

(1) $C_2H_4(g) + H_2O(g) \longrightarrow C_2H_5OH(l)$；

(2) $4NH_3(g) + 5O_2(g) \longrightarrow 4NO(g) + 6H_2O(g)$；

(3) $Fe_2O_3(s) + 3CO(g) \longrightarrow 2Fe(s) + 3CO_2(g)$。

14. 已知 298.15K 及标准状态下 $C_3H_8(g)$、C(石墨)、$H_2(g)$ 的 $\Delta H_m^{\ominus}$ 分别为 -2219.9kJ·mol⁻¹、-393.51kJ·mol⁻¹、-285.83kJ·mol⁻¹，求 298.15K 时 $C_3H_8(g)$ 的标准摩尔生成焓 $\Delta_f H_m^{\ominus}$。

15. 已知 298.15K 下萘的标准摩尔生成焓 $\Delta_f H_m^{\ominus}=78.8kJ·mol^{-1}$，求萘在 298.15K 下的标准摩尔燃烧焓 $\Delta_c H_m^{\ominus}$。其他数据查书后附录。

16. 利用下列反应的 $\Delta_r H_m^{\ominus}$（298.15K），求 298.15K 时 AgCl (s) 的 $\Delta_f H_m^{\ominus}$。

(1) $Ag_2O(s) + 2HCl(g) \longrightarrow 2AgCl(s) + H_2O(l)$

$\Delta_r H_m^{\ominus}(298.15K) = -324.72kJ \cdot mol^{-1}$

(2) $2Ag(s) + \dfrac{1}{2}O_2(g) \longrightarrow Ag_2O(s)$

$\Delta_r H_m^{\ominus}(298.15K) = -30.59kJ \cdot mol^{-1}$

(3) $\dfrac{1}{2}H_2(g) + \dfrac{1}{2}Cl_2(g) \longrightarrow HCl(g)$

$\Delta_r H_m^{\ominus}(298.15K) = -92.30kJ \cdot mol^{-1}$

(4) $H_2(g) + \dfrac{1}{2}O_2(g) \longrightarrow H_2O(l)$

$\Delta_r H_m^{\ominus}(298.15K) = -285.83kJ \cdot mol^{-1}$

17. 已知 $CH_3COOH(g)$、$CO_2(g)$、$CH_4(g)$ 的摩尔恒压热容 $C_{p,m}$ 分别为 $52.3J \cdot K^{-1} \cdot mol^{-1}$、$31.4J \cdot K^{-1} \cdot mol^{-1}$、$37.71J \cdot K^{-1} \cdot mol^{-1}$，试求反应 $CH_3COOH(g) \longrightarrow CO_2(g) + CH_4(g)$ 的标准摩尔反应焓 $\Delta_r H_m^{\ominus}$ (1000K)。

18. 已知 $20\sim110℃$ 的温度范围内 $CH_4(g)$、$CO_2(g)$、$H_2O(g)$、$O_2(g)$ 的摩尔定压热容 $C_{p,m}$ 可视为常数分别为 $38.40J \cdot K^{-1} \cdot mol^{-1}$、$38.40J \cdot K^{-1} \cdot mol^{-1}$、$33.90J \cdot K^{-1} \cdot mol^{-1}$、$29.70J \cdot K^{-1} \cdot mol^{-1}$，计算 383.15K 时，下述反应的 $\Delta_r H_m^{\ominus}$ (383.15K)。

$$CH_4(g) + CO_2(g) \longrightarrow H_2O(g) + O_2(g)$$

19. 已知有关数据如表 2.1 所示，求在苯的正常沸点 353K 时，1mol$C_6H_6(l)$ 完全气化为 $C_6H_6(g)$ 时的 ΔU 及 ΔH。

表 2.1　苯的有关条件

不同状态的苯	$\Delta_f H_m^{\ominus}$ (298.15K)/(kJ·mol^{-1})	$C_{p,m} = a + bT$/ (J·K^{-1}·mol^{-1})
C_6H_6 (l)	48.66	$59.5 + 255 \times 10^{-3}$ (T/K)
C_6H_6 (g)	82.93	$-33.9 + 471 \times 10^{-3}$ (T/K)

自测题

一、判断题

1. 根据热力学第一定律，能量不能无中生有，所以一个系统若要对外做功，必须从外界吸收热量。　　　　　　　　　　　　　　　　　　　　　　（　　）

2. 绝热定容的封闭系统必为隔离系统。　　　　　　　　　　　　　（　　）

3. 恒温过程的特征是系统与环境间无热传递。　　　　　　　　　　（　　）

4. 可逆过程一定是循环过程。　　　　　　　　　　　　　　　　　（　　）

5. 3molC_2H_5OH (l) 在恒温下变为蒸汽（假设为理想气体），因该过程温度未改变，故 $\Delta U = 0$，$\Delta H = 0$。　　　　　　　　　　　　　　　　　　（　　）

6. 石墨的标准摩尔燃烧焓即为 $CO_2(g)$ 的标准摩尔生成焓。　　　　（　　）

二、选择题

1. 下列关于功和热的说法正确的是（　　　）。

A. 都是途径函数，无确定的变化途径就无确定的数值

B. 都是途径函数，对应某一状态有一确定值

C. 都是状态函数，变化量与途径无关

D. 都是状态函数，始、终态确定其值也确定

2. 在一绝热的刚壁容器中，不做非体积功发生化学反应使系统的温度和压力都升高，则（　　）。

A. $Q>0$，$W>0$，$\Delta U>0$　　　　　B. $Q=0$，$W<0$，$\Delta U<0$

C. $Q>0$，$W=0$，$\Delta U>0$　　　　　D. $Q=0$，$W=0$，$\Delta U=0$

3. 当理想气体反抗恒定的压力作绝热膨胀时，则（　　）。

A. 焓保持不变　　　　　　　　　B. 热力学能总是减少

C. 焓总是增加　　　　　　　　　D. 热力学能总是增加

4. 一封闭系统，从始态出发经一循环过程后回到始态，则下列函数为零的是（　　）。

A. Q　　　　　　　　　　　　B. W

C. $Q+W$　　　　　　　　　　D. $Q-W$

5. 在温度 T 时反应 $C_2H_5OH(l)+3O_2(g)=2CO_2(g)+3H_2O(l)$ 的 $\Delta_r H_m$ 与 $\Delta_r U_m$ 的关系为（　　）。

A. $\Delta_r H_m>\Delta_r U_m$　　　　　　　B. $\Delta_r H_m<\Delta_r U_m$

C. $\Delta_r H_m=\Delta_r U_m$　　　　　　　D. 无法确定

6. 已知某化学反应在 300K 时，$\Delta_r H_m^{\ominus}(300K)>0$，反应的 $\Delta C_p=\sum_B \nu_B C_{p,m}(B)>0$，则在高于 300K 的某一温度 T 时，$\Delta_r H_m^{\ominus}(T)$ 为（　　）。

A. >0　　　　　　　　　　　B. $=0$

C. <0　　　　　　　　　　　D. 不能确定

三、计算题

1. 在 101.325kPa 下，5mol 理想气体体积由 20dm³ 膨胀到 30dm³ 并吸热 1200J，求该过程所做的功 W 和内能的变化 ΔU。

2. 1mol 理想气体，在 25℃ 温度下从 1000kPa 可逆膨胀到 100kPa，计算该过程的 Q、W、ΔU 和 ΔH。

3. 计算在 101.325kPa 下，8mol 冰在其熔点 0℃ 熔化为水的 Q、W、ΔU 和 ΔH。已知在 101.325kPa、0℃ 时，冰的摩尔融化焓为 6008J·mol⁻¹，0℃ 时冰和水的密度分别为 916.8kg·m⁻³ 和 999.9kg·m⁻³。

4. 用附录 $\Delta_f H_m^{\ominus}(298.15K)$ 数据，计算下列反应的 $\Delta_r H_m^{\ominus}(298.15K)$ 及 $\Delta_r U_m^{\ominus}(298.15K)$。

(1) $3NO_2(g)+H_2O(l)\rightarrow 2HNO_3(l)+NO(g)$

(2) $Fe_2O_3(s)+3C(石墨)\rightarrow 2Fe(s)+3CO(g)$

5. 利用标准摩尔燃烧焓数据计算下列反应的 $\Delta_r H_m^{\ominus}(298.15K)$。

$(COOH)_2(s)+3CH_3OH(l)\rightarrow(COOCH_3)_2(l)+2H_2O(l)$

第3章 热力学第二定律

☞ **学习目标**

1. 准确理解自发过程的定义及热力学第二定律的各种表述。
2. 掌握熵的概念及物理意义、克劳修斯不等式和熵增原理、熵判据。
3. 掌握系统（简单 pVT 变化，相变过程和化学变化过程）熵变的计算。
4. 掌握亥姆霍兹自由能和吉布斯自由能的定义、亥姆霍兹自由能判据、吉布斯自由能判据。
5. 理解吉布斯自由能变的物理意义及计算；理解可逆与平衡、不可逆与自发的关系。
6. 理解热力学基本方程和对应系数关系式。

3.1 热与热力学第二定律

人类的无数经验已经证实，违背热力学第一定律的过程在自然界中是决不可能发生的。然而，是否不违背热力学第一定律的过程都能进行呢？例如，热由低温物体传递到高温物体也不违背热力学第一定律，但实际上，热总是自动地由高温物体传递低温物体。因此，热力学第一定律不能回答过程进行的方向，也不能回答一个过程将进行到什么程度，过程进行的方向和限度问题是由热力学第二定律解决的。

3.1.1 自发过程

人们从长期的实践经验中发现，自然界中所发生的一切变化过程，在一定的环境条件下总是朝着一定的方向进行的。例如，一般情况下，水总是从高处流向低处，热总是从高温物体传递到低温物体，扩散总是从浓度高的地方向浓度低的方向进行，这些在一定条件下，不需要外力帮助就能自动发生的过程，称为自发过程。用抽水机可以将水由低处抽到高处，但这需要外力帮助，而不是自动的，所以水由低处流向高处的过程是非自发过程。自发过程的共同特征是：一切自发过程都有一定的变化方向，并且都是不会自动逆向进行的。概言之：自发过程是热力学的不可逆过程。

3.1.2 热力学第二定律表述

热力学第二定律有多种说法，下面介绍最常用的两种说法。

克劳修斯说法（1850 年）：不可能把热从低温物体传到高温物体，而不留下任何其他变化。

开尔文说法（1851 年）：不可能从单一热源取热并使之全部变为功，而不留下任何其他变化。

后来，奥斯特瓦尔德又将开尔文表述法简述为：第二类永动机不可能实现（所谓第二类永动机，就是一种能连续不断地从单一热源取热，并使之全部转化为功而不产生其他任何变化的机器）。尽管热力学第二定律的种种叙述形式表面上不同，但是实质是一样的，都是说明过程的方向和限度，都反映了实际宏观过程的单向性，即不可逆性这一自然界的普遍规律。热力学第二定律真实地反映了人类赖以生存的自然界的客观规律。

3.2　熵

热力学第二定律的提出，为我们判断一切实际过程的方向提供了理论基础。然而，直接利用热力学第二定律的文字表述形式作为一切过程方向的判据是极不方便的，况且这一判断方法尚不能指示出过程将进行到何种程度为止。为此，科学家们从热力学第二定律导出了若干新的状态函数，并把它们作为判断过程方向和限度的依据。

3.2.1　熵的概念及物理意义

1. 熵的概念

在指定的始、终态之间，任意可逆过程的热温商相等，与所经历的途径无关，仅取决于系统的始、终态。这显然代表了某个状态函数的变化，克劳修斯把这个状态函数定义为熵，用符号 S 表示，并令

$$\Delta S = \int_A^B \left(\frac{\delta Q}{T}\right)_r \tag{3.1}$$

式（3.1）中 ΔS 代表系统自始态 A 至终态 B 的熵变，δQ 为系统的可逆热，T 是可逆热为 δQ 时系统的温度，下标"r"代表可逆过程。

对于微小的变化过程，则

$$dS = \left(\frac{\delta Q}{T}\right)_r \tag{3.2}$$

和内能一样，熵也是热力学基本状态函数之一，是系统客观存在的一个宏观性质，对于一个确定的状态，有唯一确定的熵值与其对应，熵属于广度性质，具有加和性，其单位为 $J \cdot K^{-1}$。

2. 熵的物理意义

我们知道，热力学所研究的系统是由大量粒子（分子，原子或离子等）组成的宏观系统。系统的宏观性质，如温度、压力、内能等无一不是大量粒子微观性质的综合体现。

应用统计力学的方法，从微观运动形态出发进行研究证明，熵值与系统混乱程度之

间存在如下函数关系：

$$S = k\ln\Omega \tag{3.3}$$

式（3.3）称为玻尔兹曼公式，式中：k 是玻尔兹曼常数，Ω 为混乱度。该定量关系表明，熵与系统内粒子热运动（包括移动，转动，振动等）的混乱程度有着密切的联系，随着混乱程度的增大而增大。

　　当一个系统的熵值增大，则表明该系统的混乱程度增大，即系统的无序化程度增大。一切自发过程总的结果都是向着混乱度增加的方向进行，这就是热力学第二定律的本质，而作为系统混乱度量度的热力学函数——熵，正是反映了这种本质。

3.2.2　克劳修斯不等式及熵判据

　　1. 克劳修斯不等式

数学表达式
$$\mathrm{d}S \geqslant \frac{\partial Q}{T}\begin{pmatrix}> \text{不可逆}\\ = \text{可逆}\end{pmatrix} \tag{3.4a}$$

或
$$\Delta S \geqslant \int_1^2 \frac{\partial Q}{T}\begin{pmatrix}> \text{不可逆}\\ = \text{可逆}\end{pmatrix} \tag{3.4b}$$

式（3.4）称为克劳修斯不等式，它描述了封闭系统中任意过程的熵变与热温熵之和在数值上的相互关系。克劳修斯不等式表明，一个封闭系统自始态 A 经历一个变化过程到达终态 B，若该过程的熵变等于该过程的热温熵之和，则此过程为可逆过程；若该过程的熵变大于该过程的热温熵之和，则此过程为不可逆过程。因此，当系统经历一个过程发生状态变化时，我们只要设法求得该过程的熵变与热温熵之和，通过比较二者的大小，就能够知道该过程是否可逆或是否按指定的方向进行。故克劳修斯不等式可以看作是热力学第二定律的数学表达式。

　　2. 熵判据

　　将克劳修斯不等式应用于隔离系统，由于隔离系统与环境之间没有能量交换，即无功与热的交换。也就是说，在隔离系统中进行的任何过程，热均为零。另外，对于一个隔离系统来说，外界无法进行任何干扰，在这种任其自然的情况下系统发生的不可逆过程必定是自发过程。通常，我们所说的过程的方向，就是指在一定条件下自发过程进行的方向；可逆意味着平衡，也就是过程的限度。因此，将克劳修斯不等式应用于隔离系统后，我们就最终解决了对过程的方向与限度的判别。即对于隔离系统有

$$\Delta S_{隔离} \geqslant 0 \begin{pmatrix}> \text{自发过程}\\ = \text{平衡}\end{pmatrix} \tag{3.5}$$

式（3.5）称为熵判据。它表明：在隔离系统中一切可能自发进行的过程必然是向着熵值增大的方向进行，直至系统的熵值达到最大，即系统达到平衡状态为止。在平衡状态时，系统的任何变化都一定是可逆过程，其熵值不再改变。隔离系统中决不可能发生熵值减少的过程，此亦称为熵增加原理。

3.2.3　熵变的计算

对于可逆过程的熵变，我们可以直接利用式（3.1）进行计算；对于不可逆过程的熵变，根据熵 S 是状态函数，熵变 ΔS 与途径无关，在始态 A 与终态 B 之间设计一可逆过程，只要求出该可逆过程的热温商，即可求出熵变 ΔS。下面我们讨论几种具体过程中 ΔS 的计算方法。

1. 单纯 pVT 变化过程

（1）恒温过程。

① 理想气体恒温可逆过程。

利用式（3.1）有

$$\Delta S_T = \int_A^B \left(\frac{\partial Q}{T}\right)_r = \left(\frac{Q}{T}\right)_r \tag{3.6}$$

因理想气体恒温可逆过程中，$Q = nRT \ln \dfrac{V_2}{V_1} = nRT \ln \dfrac{p_1}{p_2}$，于是式（3.6）可化为

$$\Delta S_T = nR \ln \frac{V_2}{V_1} = nR \ln \frac{p_1}{p_2} \tag{3.7}$$

② 理想气体恒温不可逆过程。对于理想气体来说，由同一始态出发，经恒温可逆过程和恒温不可逆过程，能达到相同的终态，因此两过程的熵变 ΔS 相等。

【例 3.1】2mol 理想气体 $N_2(g)$ 由 300K，10×10^5 Pa 分别经下列过程膨胀到 300K，2×10^5 Pa：（1）恒温可逆膨胀。（2）自由膨胀。计算这两个过程的 ΔS 并判断这两过程是否可逆。

解：根据题意，将系统的始、终状态及具体过程图示如图 3.1 所示。

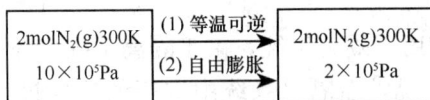

图 3.1　气体的始终状态变化过程图

（1）恒温可逆过程，利用式（3.7）结合题给的具体条件进行计算

$$\Delta S_1 = nR \ln \frac{p_1}{p_2} = 2 \times 8.314 \times \ln \frac{10 \times 10^5}{2 \times 10^5} = 26.76 (\text{J} \cdot \text{K}^{-1})$$

（2）自由膨胀外压等于 0，是一个不可逆过程，不能用过程的热温商计算熵变。由于始、终态与（1）过程相同，故

$$\Delta S_2 = \Delta S_1 = 26.76 (\text{J} \cdot \text{K}^{-1})$$

在（1）过程中，由于系统与环境之间有功和热的交换，是非隔离系统，所以不能只根据该系统的熵变来判断过程是否可逆。在（2）过程中，由于理想气体自由膨胀时，$W = 0$，$Q = 0$，可以看作是隔离系统，又因该过程的 $\Delta S > 0$，因此该过程是可以自发进

行的不可逆过程。

③ 液、固体恒温变化过程。T 一定时，当 p，V 变化不大时，液、固的熵变很小，其变化值可忽略不计，即 $\Delta S \approx 0$。

（2）恒压过程。在等压过程中，只要 $W' = 0$，无论过程是否可逆，均可用下式计算过程的热，即

$$\delta Q_p = \mathrm{d}H = nC_{p,m}\mathrm{d}T$$

代入式（3.1）得

$$\Delta S_p = \int_A^B \left(\frac{\delta Q}{T}\right)_r = n\int_{T_1}^{T_2} \frac{C_{p,m}\mathrm{d}T}{T} \tag{3.8}$$

若 $C_{p,m}$ 可视为常量，则式（3.8）可化为

$$\Delta S_p = nC_{p,m}\ln\frac{T_2}{T_1} \tag{3.9}$$

式（3.9）对气体、液体、固体恒压下单纯温度变化均适用。

【例 3.2】2molH$_2$（g）于恒压 101.325kPa 下向 300K 的大气散热，由 500K 降温至平衡。已知 H$_2$（g）的 $C_{p,m} = 29.1\mathrm{J} \cdot \mathrm{K}^{-1} \cdot \mathrm{mol}^{-1}$，求此过程中 H$_2$（g）的 ΔS。

解： 系统的始、终态图示如图 3.2 所示。

图 3.2　H$_2$（g）的始、终态图示

$$\Delta S = nC_{p,m}\ln\frac{T_2}{T_1} = 2 \times 29.1 \times \ln\frac{300}{500} = -29.73(\mathrm{J} \cdot \mathrm{K}^{-1})$$

（3）恒容过程。在恒容过程中，只要 $W' = 0$，无论过程是否可逆，均可用下式计算过程的热：

$$\delta Q_V = \mathrm{d}U = nC_{V,m}\mathrm{d}T$$

代入式（3.1）得

$$\Delta S_V = \int_A^B \left(\frac{\delta Q}{T}\right)_r = n\int_{T_1}^{T_2} \frac{C_{V,m}\mathrm{d}T}{T} \tag{3.10}$$

若 $C_{V,m}$ 可视为常量，则式（3.10）可化为

$$\Delta S_V = nC_{V,m}\ln\frac{T_2}{T_1} \tag{3.11}$$

式（3.11）对气体、液体、固体等容下的单纯温度变化均适用。

（4）理想气体 p、V、T 同时改变的过程。对于理想气体 p、V、T 同时改变的过程，可根据实际条件将恒温、恒压、恒容三个过程中的任意两个过程相组合，即可求出整个过程的 ΔS。若理想气体的 $C_{p,m}$、$C_{V,m}$ 可视为常量：

① 如恒温过程和恒容过程相组合，则

$$\Delta S = nC_{V,m}\ln(T_2/T_1) + nR\ln(V_2/V_1) \tag{3.12}$$

② 如恒温过程和恒压过程相组合，则

$$\Delta S = nC_{p,m}\ln(T_2/T_1) + nR\ln(p_1/p_2) \tag{3.13}$$

③ 恒压过程和恒容过程相组合，则

$$\Delta S = nC_{p,m}\ln(V_2/V_1) + nC_{V,m}\ln(p_2/p_1) \tag{3.14}$$

（5）绝热过程。

① 绝热可逆过程（又称为恒熵过程），

$$\Delta S = 0 \tag{3.15}$$

② 绝热不可逆过程，$\delta Q = 0$，热温商 $\dfrac{\delta Q}{T} = 0$，$\Delta S > 0$，要计算 ΔS 的数值就必须在确定的始、终态之间设计一个可逆过程。由同一始态出发，经绝热可逆过程和绝热不可逆过程，达不到相同的终态。因此不可能在绝热不可逆过程的始、终态之间设计一个绝热可逆过程，而必须另找其他可逆过程加以组合。通常采用将恒温、恒压、恒容三个过程中的任意两个过程组合在一起即可构成一个可逆过程。

【例 3.3】5mol H_2(g) 由 25℃，10^5Pa 绝热压缩到 325℃，10^6Pa。H_2(g) 的 $C_{p,m} = 29.1$J · K^{-1} · mol^{-1}，求此过程中 H_2(g) 的 ΔS。

解：已知 H_2(g) 的始态和终态，不知过程是否可逆，因此不能作为可逆过程处理。现设计恒压和恒温两个可逆过程加以组合，图示如图 3.3 所示。

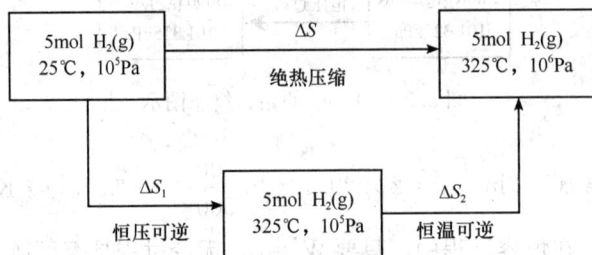

图 3.3　H_2(g) 恒温、恒压两过程图

根据式（3.11）

$$\Delta S_1 = nC_{p,m}\ln\frac{T_2}{T_1} = 5 \times 29.1 \times \ln\frac{598.15}{298.15} = 101.31(J \cdot K^{-1})$$

根据式（3.7）

$$\Delta S_2 = nR\ln\frac{p_1}{p_2} = 5 \times 8.314 \times \ln\frac{10^5}{10^6} = -95.72(J \cdot K^{-1})$$

因此

$$\Delta S = \Delta S_1 + \Delta S_2 = 5.59(J \cdot K^{-1})$$

系统在上述绝热压缩过程中熵值增大了，说明该过程是不可逆过程。

2. 相变化过程

（1）可逆相变过程。在相平衡条件下进行的相变过程是可逆的相变化过程，可逆的相变化过程是在恒温、恒压且 $W' = 0$ 的条件下进行的，所以有 $Q_p = \Delta_\alpha^\beta = n\Delta_\alpha^\beta H_m$，代入

式 (3.1) 得

$$\Delta_\alpha^\beta S = \frac{n\Delta_\alpha^\beta H_m}{T} \tag{3.16}$$

(2) 不可逆相变过程。在非相平衡条件下进行的相变过程是不可逆相变化过程,不可逆相变过程 ΔS 的计算是通过在指定的始、终态之间设计一个可逆过程,然后计算此可逆过程的 ΔS,由于始、终态确定后,状态函数的变化值 ΔS 与过程无关,故由可逆过程求得的 ΔS 也就是不可逆相变过程的 ΔS。

【例 3.4】 已知 H_2O 在正常凝固点时的摩尔融化焓 $\Delta_s^l H_m = 6.01\text{kJ} \cdot \text{mol}^{-1}$ 在 $263.15 \sim 273.15$ 的热容 $C_{p,m}(H_2O,\text{s}) = 37.60\text{J} \cdot \text{K}^{-1} \cdot \text{mol}^{-1}$, $C_{p,m}(H_2O,\text{l}) = 75.30\text{J} \cdot \text{K}^{-1} \cdot \text{mol}^{-1}$。试计算下列两过程的 ΔS。求:

(1) 在 273.15K, 101.325kPa 下 2mol 水结冰。

(2) 在 263.15K, 101.325kPa 下 2mol 水结冰。

解: (1) 过程为可逆相变过程,图示如图 3.4 所示。

图 3.4　273.15K, 101.325kPa 下 H_2O 可逆相变过程

常压下,273.15K 是水的正常凝固点,所以该结冰过程是可逆相变过程,故

$$\Delta_l^s S = \frac{n\Delta_l^s H_m}{T} = -\frac{n\Delta_s^l H_m}{T} = -\frac{2 \times 6.01 \times 10^3}{273.15} = -44.0(\text{J} \cdot \text{K}^{-1})$$

(2) 常压下,263.15K 不是水的正常凝固点,所以该条件下的水结冰是不可逆相变过程,要设计可逆过程,如图 3.5 所示。

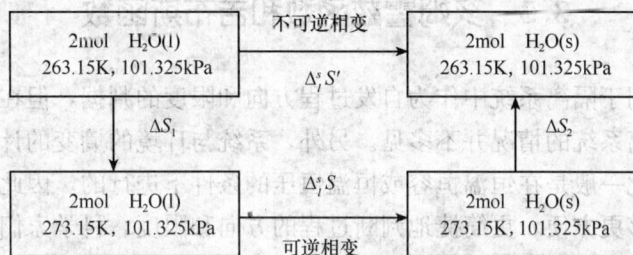

图 3.5　263.15K, 101.325kPa 下 H_2O 可逆过程图

$$\Delta S_1 = nC_{p,m}(H_2O)\ln\frac{T_1}{T_2} = 2 \times 75.30 \times \ln\frac{273.15\text{K}}{263.15\text{K}} = 5.62(\text{J} \cdot \text{K}^{-1})$$

$$\Delta_l^s S = \frac{n\Delta_s^l H_m}{T} = -44.0(\text{J} \cdot \text{K}^{-1})$$

$$\Delta S_2 = nC_{p,m}(H_2O,\text{s})\ln\frac{T_1}{T_2} = 2 \times 37.60 \times \ln\frac{263.15}{273.15} = -2.80(\text{J} \cdot \text{K}^{-1})$$

$$\Delta_l^s S' = \Delta S_1 + \Delta S_2 + \Delta_l^s S = -41.18(\text{J} \cdot \text{K}^{-1})$$

特别指出,虽然该过程的 $\Delta S < 0$,但不能说明该过程不可能发生,因为这不是隔离系统,它不适用于熵判据。要对此过程进行判断,还必须重新划定大的隔离系统,须另

外计算环境的熵变。

3. 化学变化过程

（1）标准摩尔熵。在标准状态和温度 T 时，1mol 纯物质的熵，称为该物质的标准摩尔熵。用符号 $S_m^{\ominus}$（B，相态，T）表示。可以从附录中查到部分物质在 25℃ 的标准摩尔熵 $S_m^{\ominus}$（B，相态，298.15K）。

（2）化学反应熵变的计算。在任意温度 T 时对于任意的化学反应

$$aA+bB \Longrightarrow yY+zZ$$

有 $\Delta_r S_m^{\ominus}(T) = yS_m^{\ominus}(Y,相态)+zS_m^{\ominus}(Z,相态)-aS_m^{\ominus}(A,相态)-bS_m^{\ominus}(B,相态)$ 即

$$\Delta_r S_m^{\ominus}(T) = \sum_B \nu_B S_m^{\ominus}(B,相态) \tag{3.17}$$

【例 3.5】计算 25℃ 时反应 $CO(g)+2H_2(g) \Longrightarrow CH_3OH(g)$ 的 $\Delta_r S_m^{\ominus}$。已知 $CO(g)$，$H_2(g)$，$CH_3OH(g)$ 的平均热容 $\overline{C}_{p,m}$ 分别为 29.04J·K^{-1}·mol^{-1}，29.29J·K^{-1}·mol^{-1} 和 51.25J·K^{-1}·mol^{-1}，$CO(g)$，$H_2(g)$，$CH_3OH(g)$ 的 $S_m^{\ominus}$（298.15K）之值分别为 197.67J·K^{-1}·mol^{-1}，130.68J·K^{-1}·mol^{-1} 和 239.80J·K^{-1}·mol^{-1}。

解：

$$\begin{aligned}
\Delta_r S_m^{\ominus}(298.15K) &= \sum_B \nu_B S_m^{\ominus}(B) \\
&= S_m^{\ominus}(CH_3OH,g)-S_m^{\ominus}(CO,g)-2S_m^{\ominus}(H_2,g) \\
&= 239.80-197.67-2\times130.68 \\
&= -219.23(J·K^{-1}·mol^{-1})
\end{aligned}$$

3.3　亥姆霍兹函数和吉布斯函数

熵函数只适用于隔离系统中作为自发过程方向和限度的判据，但在处理具体问题时允许近似作为隔离系统的情况并不多见。另外，系统与环境的熵变的计算也较烦琐。而化学反应和相变化一般是在恒温恒容或恒温恒压的条件下进行的。因此，为了在这两种特殊的条件下能够更方便、更简捷地判断过程的方向和限度，科学家们又定义了两个新的状态函数：亥姆霍兹函数和吉布斯函数。

3.3.1　亥姆霍兹函数

假定某封闭系统经历一个恒温过程，根据克劳修斯不等式，则有

$$\Delta S \geqslant \frac{Q}{T} \begin{pmatrix} > 不可逆 \\ = 可逆 \end{pmatrix}$$

即

$$Q \leqslant T\Delta S \begin{pmatrix} < 不可逆 \\ = 可逆 \end{pmatrix} \tag{3.18}$$

又根据热力学第一定律

$$Q = \Delta U - W$$

代入式（3.18）整理得

$$\Delta U - T\Delta S \leqslant W$$

上式可写作

$$\Delta(U - TS) \leqslant W \qquad (3.19)$$

定义

$$A = U - TS \qquad (3.20)$$

于是式（3.19）变为

$$\Delta A_T \leqslant W \binom{< 不可逆}{= 可逆} \qquad (3.21)$$

　　如果此恒温过程又是一个恒容过程，且在此过程中没有非体积功，即 $W' = 0$，式（3.21）经重新整理后可得

$$\Delta A_{T,V,W'=0} \leqslant 0 \binom{< 不可逆,自发}{= 可逆,平衡} \qquad (3.22)$$

　　A 称为亥姆霍兹函数或亥姆霍兹自由能，其单位为 J 或 kJ。因为 U、T、S 均为状态函数，A 也是状态函数。由于内能 U 的绝对值无法确定，因此亥姆霍兹函数 A 的绝对值也无法确定。

　　式（3.22）称为亥姆霍兹函数判据。此式的意义为：在恒温恒容且没有非体积功的条件下，封闭系统中的过程总是自发地朝着亥姆霍兹函数 A 值减少的方向进行，直到 A 达到最小值，系统达到平衡状态为止。在平衡状态时，系统的任何变化都一定是可逆过程，其 A 值不再改变。

3.3.2　吉布斯函数

　　吉布斯函数与亥姆霍兹函数类同，是一个复合热力学函数，用符号 "G" 表示。G 的定义式为

$$G = H - TS = U + pV - TS$$

　　因为 H、T、S 都是系统的状态函数，故 G 也是状态函数。由于 H 的绝对值无法确定，因此吉布斯函数 G 的绝对值也不可知。T 和 S 的乘积具有能量的量纲，H 的单位是焦耳，故 G 也具有能量的量纲，其单位是焦耳（J）。

$$\Delta G = \Delta H - \Delta(TS)$$

　　如果封闭系统经历一个恒温恒压且没有非体积功的过程，即 $W' = 0$，封闭系统的吉布斯函数的变化为

$$\Delta G = \Delta H - T\Delta S$$

$$= \Delta H - T\frac{Q_p}{T}$$

$$\Delta G = \Delta H - Q_p$$

$$= \Delta H - (\Delta U - W - W')$$

$$= \Delta H - [\Delta U + p(V_2 - V_1) - W']$$

$$= \Delta H - [\Delta U + (p_2 V_2 - p_1 V_1) - W']$$
$$= \Delta H - [\Delta U + \Delta(pV) - W']$$
$$= \Delta H - [\Delta H - W'] = W'$$

即　　　　　　　　　　　　　　　　$\Delta G_{T,p} = W'$

当 $W' = 0$ 时，$\Delta G_{T,p,W'} \leqslant 0$　　＜自发过程

　　　　　　　　　　　　　　　　　＝平衡态

3.3.3　吉布斯函数变化值的计算

1. 理想气体

(1) 理想气体恒温过程。封闭系统的恒温过程，根据定义式 $G = H - TS$，则有

$$\Delta G_T = \Delta H - T\Delta S \tag{3.24}$$

理想气体恒温过程 $\Delta H = 0$，$\Delta S = nR \ln \dfrac{p_1}{p_2} = nR \ln \dfrac{V_2}{V_1}$，代入式（3.24）得

$$\Delta G = nRT \ln \frac{p_2}{p} = nRT \ln \frac{V_1}{V_2} \tag{3.25}$$

(2) 理想气体恒压或恒容过程。根据吉布斯函数 G 是状态函数，再结合其定义式（3.32），则

$$\Delta G = \Delta H - \Delta(TS) = \Delta H - (T_2 S_2 - T_1 S_1) \tag{3.26}$$

2. 相变过程

(1) 可逆相变化过程。由于可逆相变是在恒温恒压且 $W' = 0$ 的条件下进行的，根据式（3.23）得

$$\Delta_\alpha^\beta G = 0 \tag{3.27}$$

(2) 不可逆相变化过程。与计算不可逆相变过程的 $\Delta_\alpha^\beta S$ 相似，需要设计多步可逆途径计算。

【例 3.6】 已知在 263.15K 时，$H_2O(l)$ 和 $H_2O(s)$ 的饱和蒸气压分别为 611Pa 和 552Pa。试计算下列两过程的 ΔG 并判断（2）过程能否自动发生。

(1) 273.15K，101.325kPa 下的 2mol 水结冰。

(2) 263.15K，101.325kPa 下的 2mol 水结冰。

解：(1) 过程是恒温恒压且不做非体积功的可逆相变过程，故有 $\Delta_\alpha^\beta G = 0$。

(2) 该过程为不可逆相变过程，可以设计如图 3.6 所示的可逆途径。

根据状态函数的性质，有

$$\Delta_\alpha^\beta G' = \Delta G_1 + \Delta G_2 + \Delta G_3 + \Delta G_4 + \Delta G_5$$

ΔG_1 为液体恒温过程的 ΔG。从实验和理论均可证明，凝聚系统（即液体和固体）的 G 受压力的影响是很小的，在压力变化不大时，可被忽略，因此可以认为 $\Delta G_1 = 0$。同理，$\Delta G_5 = 0$。

ΔG_2 的过程为恒温恒压可逆蒸发过程，根据式（3.23），有 $\Delta G_2 = 0$。同理，对于等温恒压可逆凝华过程，有 $\Delta G_4 = 0$。

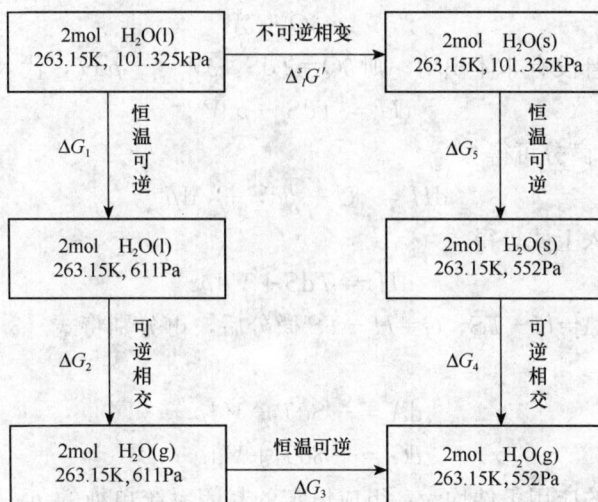

图 3.6　263.15K，101.325kPa 下的 H_2O 结冰设计过程

ΔG_3 的过程为理想气体恒温可逆过程，根据式（3.25）得

$$\Delta G_3 = nRT \ln \frac{p_2}{p_1} = 2 \times 8.314 \times 263.15 \times \ln \frac{552}{611} = -444 \text{(J)}$$

于是

$$\Delta_l^s G' = \Delta G_3 = -444 \text{(J)}$$

由于（2）过程是恒温恒压且 $W'=0$ 的过程，符合吉布斯函数判据的应用条件，故由 $\Delta G < 0$，可判断在 263.15K，101.325kPa 下，水可以自动结冰。此结论与例 3.4 中由熵判据所得结论是一致的。

化学反应过程的 ΔG 计算详见第 6 章化学平衡。

3.4　热力学基本方程

在化学热力学中，最常用到的是 T、p、V、U、H、S、A 和 G 这八个主要状态函数。在这八个函数中，T、p、V、U、S 是基本函数，都有明确的物理意义。而 H，A 和 G 则是由 T、p、V 及 U、S 等基本函数组合而成的函数，本身并无明确的物理意义，其绝对值也都无法确定。它们的定义式由下列关系式确定：

$$H = U + pV$$
$$A = U - TS$$
$$G = U + pV - TS = H - TS = A + pV$$

除此之外，应用热力学第一定律和第二定律还可以推出一些很重要的热力学函数间的关系式。

热力学基本方程如下：

如果封闭系统在不做非体积功的条件下经历一个微小的可逆过程，根据热力学第一定律，则

$$dU = \delta Q + \delta W$$

因为过程可逆且没有非体积功，则 $\delta Q = TdS$，$\delta W = -pdV$，代入上式，得

$$dU = TdS - pdV \tag{3.28}$$

将 $H = U + pV$ 微分可得

$$dH = dU + pdV + Vdp$$

并将式（3.28）代入上式，得

$$dH = TdS + Vdp \tag{3.29}$$

用同样的方法，将 $A = U - TS$，$G = H - TS$ 微分后，再分别将式（3.28）及式（3.29）代入，即

$$dA = -SdT - Vdp \tag{3.30}$$

$$dG = -SdT + Vdp \tag{3.31}$$

上述四个方程的应用条件均为：组成恒定的封闭系统单纯的 pVT 变化过程。这四个基本方程分别积分后可求 U、H、A、G 的变化值。

小结

1. 热力学第二定律

① 熵的定义式：$\Delta S = \int_A^B \left(\dfrac{\delta Q}{T} \right)_r$ 或 $dS = \left(\dfrac{\delta Q}{T} \right)_r$

② 克劳修斯不等式即热力学第二定律的数学表达式：

$$dS \geqslant \frac{\delta Q}{T} \left(\begin{matrix} > 不可逆 \\ = 可逆 \end{matrix} \right) \quad 或 \quad \Delta S \geqslant \int_1^2 \frac{\delta Q}{T} \left(\begin{matrix} > 不可逆 \\ = 可逆 \end{matrix} \right)$$

2. 过程方向和限度的判据

① 熵判据 $\Delta S_{隔离} \geqslant 0 \left(\begin{matrix} > 自发过程 \\ = 平衡 \end{matrix} \right)$。

② 亥姆霍兹函数判据：

$$\Delta A_{T,V,W'=0} \leqslant 0 \left(\begin{matrix} < 不可逆，自发 \\ = 可逆，平衡 \end{matrix} \right)$$

③ 吉布斯函数判据：

$$\Delta G_{T,p,W'=0} \leqslant 0 \left(\begin{matrix} < 不可逆，自发 \\ = 可逆，平衡 \end{matrix} \right)$$

3. 主要计算题类型

熵变 ΔS 的计算如下：

（1）单纯 pVT 变化过程。

① 理想气体恒温可逆过程：

$$\Delta S_T = nR\ln \frac{V_2}{V_1} = nR\ln \frac{p_1}{p_2}$$

② 理想气体恒温不可逆过程：与对于理想气体来说经恒温可逆过程和恒温不

可逆过程，能达到相同的终态，因此两过程的熵变 ΔS 相等。

③ 液、固体恒温变化过程 $\Delta S \approx 0$。

④ 恒压过程且 $W' = 0$。

$$\Delta S_p = \int_A^B \left(\frac{\partial Q}{T}\right)_r = n\int_{T_1}^{T_2} \frac{C_{p,m}\mathrm{d}T}{T}$$

$$\Delta S_p = nC_{p,m} \ln \frac{T_2}{T_1}$$

⑤ 恒容过程且 $W' = 0$。

$$\Delta S_V = \int_A^B \left(\frac{\partial Q}{T}\right)_r = n\int_{T_1}^{T_1} \frac{C_{V,m}\mathrm{d}T}{T}$$

$$\Delta S_V = nC_{V,m} \ln \frac{T_2}{T_1}$$

⑥ 理想气体 p、V、T 同时改变的过程。

$$\Delta S = nC_{V,m}\ln(T_2/T_1) + nR \ln(V_2/V_1)$$
$$\Delta S = nC_{p,m}\ln(T_2/T_1) + nR\ln(p_1/p_2)$$
$$\Delta S = nC_{p,m}\ln(V_2/V_1) + nC_{V,m}\ln(p_2/p_1)$$

⑦ 绝热过程：

绝热可逆过程：$\Delta S = 0$。

绝热不可逆过程，设计可逆过程。

（2）相变化过程：

可逆相变过程：$\Delta_\alpha^\beta S = \dfrac{n\Delta_\alpha^\beta H_m}{T}$。

不可逆相变过程：设计可逆过程。

（3）化学变化过程：$\Delta_r S_m^\ominus(T) = \sum_B \nu_B S_m^\ominus(B,相变,T)$

吉布斯函数变化值 ΔG 的计算。

（1）理想气体。

① 理想气体恒温过程：$\Delta G = nRT \ln \dfrac{p_2}{p} = nRT \ln \dfrac{V_1}{V_2}$。

② 理想气体恒压或恒容过程：$\Delta G = \Delta H - \Delta(TS) = \Delta H - (T_2 S_2 - T_1 S_1)$

（2）相变过程：

① 可逆相变化过程：$\Delta_\alpha^\beta G = 0$。

② 不可逆相变化过程，设计可逆过程。

习题

1. 1mol 理想气体始态为 27℃、1013.25kPa，经恒温可逆膨胀到 101.325kPa。求此过程的 ΔU、ΔH、Q、W 及 ΔS。

2. 在带活塞汽缸中有 10gHe(g)，初始状态为 127℃、500kPa，若在恒温下将施加在活塞上的环境压力突然加至 1000kPa，求此压缩过程的 ΔU、ΔH、Q、W 及 ΔS。

3. 2molHe(g)，始态为 298K、5dm³，现经过下列可逆变化：(1) 恒温压缩到体积为原来的 0.5 倍。(2) 再恒容冷却到初始的压力。求此过程的 ΔU、ΔH、Q、W 及 ΔS。已知 $C_{p,m}(He,g) = 20.8 \text{J} \cdot \text{K}^{-1} \cdot \text{mol}^{-1}$。

4. 2molNH₃(g)，始态为 298K、10.00×10^5Pa，在恒压条件下加热直到体积为原来的 3 倍，试计算此过程的 ΔS。已知 $C_{p,m}(NH_3,g) = 44.4 \text{J} \cdot \text{K}^{-1} \cdot \text{mol}^{-1}$。

5. 2molNH₃(g)，从始态为 100℃、101325Pa 恒压升温到 200℃，计算该过程的 ΔS。已知 $NH_3(g)$ 的 $C_{p,m} = 33.66 + 29.31 \times 10^{-4} T/\text{K} + 21.35 \times 10^{-6} (T/\text{K})^2$。

6. 4mol 某理想气体，其 $C_{V,m} = 2.5R$，由 600kPa、531.43K 的始态，先恒容加热到 708.57K，再绝热可逆膨胀到 500kPa 的终态。试求终态的温度及过程的 ΔU、ΔH、Q、W 及 ΔS。

7. 1mol 单原子理想气体，始态为 2.445dm³，298.15K，反抗 506.63kPa 的恒定外压，绝热到压力为 506.63kPa 的终态。求终态温度 T_2 及过程的 ΔS。

8. 10mol 某理想气体从 40℃冷却到 20℃，同时体积从 250dm³变化到 50dm³。已知该气体的 $C_{p,m} = 29.20 \text{J} \cdot \text{K}^{-1} \cdot \text{mol}^{-1}$，求 ΔS。

9. 1mol 理想气体 CO(g)，在 25℃、101.325kPa 时，被 506.63kPa 的环境压力压缩到 200℃的最终状态，求此过程的 ΔU、ΔH、Q、W 及 ΔS。已知 CO(g) 的 $C_{p,m} = 3.5R$。

10. 2mol 某理想气体在绝热条件下由 273.2K，1.0MPa 膨胀到 203.6K，0.1MPa，试求该此过程的 ΔU、ΔH、Q、W 及 ΔS，已知该气体的 $C_{p,m} = 29.36 \text{J} \cdot \text{K}^{-1} \cdot \text{mol}^{-1}$。

11. 1mol 某理想气体由始态 300K、101.325kPa 先恒熵压缩到 405.40kPa，再恒容升温至 500K，最后经恒压降温至 400K。求整个过程的 ΔU、ΔH、Q、W 及 ΔS。已知该气体的 $C_{V,m} = 2.5R$。

12. 5mol 某理想气体由始态 400K、202.65kPa 先反抗恒定外压 101.325kPa 绝热膨胀至压力与环境压力相同，再恒压降温到 300K，最后经恒熵压缩到 202.65kPa。已知该气体的 $C_{p,m} = 2.5R$，求整个过程的 ΔU、ΔH、Q、W 及 ΔS。

13. 2molO₂(g) 在正常沸点 -182.97℃时蒸发为 101.325kPa 的气体，求此过程的 ΔS。已知在正常沸点时 O₂(l) 的 $\Delta_{vap}H_m$ 6.820kJ $\cdot$ mol^{-1}。

14. 已知水的正常沸点是 100℃，$C_{p,m} = 75.20 \text{J} \cdot \text{K}^{-1} \cdot \text{mol}^{-1}$，蒸发焓 $\Delta_{vap}H_m = 40.67$kJ $\cdot$ mol^{-1}，水蒸气的 $C_{p,m} = 33.57 \text{J} \cdot \text{K}^{-1} \cdot \text{mol}^{-1}$，求以下两过程的 ΔS。

(1) $1molH_2O(l,100℃,101.325kPa) \longrightarrow 1molH_2O(g,100℃,101.325kPa)$。

(2) $1molH_2O(l,60℃,101.325kPa) \longrightarrow 1molH_2O(g,60℃,101.325kPa)$。

15. 将 10℃、101.325kPa 的 $1molH_2O(l)$ 变为 100℃，10.13kPa 的 $H_2O(g)$，求此过程的 ΔS。已知 $C_{p,m}(H_2O,l) = 75.31 \text{J} \cdot \text{K}^{-1} \cdot \text{mol}^{-1}$，100℃、101.325kPa 下 $\Delta_{vap}H_m(H_2O) = 40.67$kJ $\cdot$ mol^{-1}。

16. $1molH_2O(l)$ 在 100℃、101.325kPa 下变成同温同压下的 $H_2O(g)$，然后恒温可逆膨胀到 4×10^4Pa，求整个过程的 ΔU、ΔH、Q、W 及 ΔS。已知 100℃、101.325kPa 下 $\Delta_{vap}H_m(H_2O) = 40.67$kJ $\cdot$ mol^{-1}。

17. 求在 298K、101.325kPa 下 1mol 过冷 $H_2O(g)$ 变为同温同压下的 $H_2O(l)$ 这一过程的 ΔS 和 ΔG，并判断该过程能否自动进行。已知 298K 时 $H_2O(l)$ 的饱和蒸气压为 3168Pa，蒸发焓 $\Delta_{vap}H_m = 2217J \cdot g^{-1}$。

18. 试计算 $-5℃$、101.325kPa 的 $1mol H_2O(l)$ 变成同温同压下的 $H_2O(s)$ 这一过程的 ΔG，并判断此过程是否自发过程。已知 $-5℃$ 时水和冰的饱和蒸气压分别为 422Pa 和 402Pa。

19. 求下述恒温过程的 ΔS_m 和 ΔG_m，并判断过程是否能够发生。下述过程的温度均为 $C_6H_6(l)$ 的正常沸点 80.1℃，在此温度下 $C_6H_6(l)$ 的蒸发焓 $\Delta_{vap}H_m = 30.75kJ \cdot mol^{-1}$。$C_6H_6(g)$ 可视为理想气体。

(1) $C_6H_6(l, 101.325kPa) \longrightarrow C_6H_6(g, 101.325kPa)$。

(2) $C_6H_6(l, 101.325kPa) \longrightarrow C_6H_6(g, 91.193kPa)$。

20. 若 $-5℃$ 时 $C_6H_6(s)$ 的蒸气压为 2280Pa，$-5℃$ 时 $C_6H_6(l)$ 凝固的 $\Delta S_m = -35.65J \cdot K^{-1} \cdot mol^{-1}$，放热 $9874J \cdot mol^{-1}$，试求 $-5℃$ 时 $C_6H_6(l)$ 的饱和蒸气压为多少？

21. 在 $-59℃$ 时，$CO_2(l)$ 和 $CO_2(s)$ 的饱和蒸气压分别为 465.962kPa 和 439.244kPa。试求：计算 $-59℃$ 时下列相变过程的 ΔG_m，并判断该过程是否自动发生。CO_2 可视为理想气体。

$$CO_2(l, 101.325kPa) \longrightarrow CO_2(s, 91.193kPa)$$

22. 试根据标准摩尔焓 $\Delta_f H_m^{\ominus}$ 和标准摩尔熵 $S_m^{\ominus}$ 的数据，计算下列各反应在 25℃ 时的 $\Delta_r G_m^{\ominus}$。

(1) $CH_4(g) + 0.5O_2(g) \longrightarrow CH_3OH(l)$。

(2) $6C(石墨) + 3H_2(g) \longrightarrow C_6H_6(g)$。

(3) $H_2O(l) + CO(g) \longrightarrow CO_2(g) + H_2(g)$。

自测题

一、判断题

1. 根据热力学第二定律，功可以完全转变为热，但热不能完全转变为功。　　　（　　）

2. 绝热过程都是等熵过程。　　　　　　　　　　　　　　　　　　　　（　　）

3. 熵增加的过程不一定是自发过程。　　　　　　　　　　　　　　　　（　　）

4. 系统经历一个不可逆循环过程，其 $\Delta S > 0$。　　　　　　　　　　（　　）

5. 1mol 某理想气体，其 $C_{V,m}$ 为常数，由始态 T_1、V_1 绝热可逆膨胀到 V_2，则过程的熵变 $\Delta S > 0$。　　　　　　　　　　　　　　　　　　　　　　　（　　）

6. 一定量理想气体的熵只是温度的函数。　　　　　　　　　　　　　　（　　）

7. 在恒温恒压不做非体积功的条件下，反应的 $\Delta_r G_m < 0$ 时，若值越小，自发进行反应的趋势也越强，反应进行的越快。　　　　　　　　　　　　　　（　　）

8. 相变过程的熵变可由 $\Delta S = \Delta H / T$ 计算。　　　　　　　　　　（　　）

9. 克劳修斯-克拉贝龙方程比克拉贝龙方程的精确度要高。　　　　　　（　　）

二、选择题

1. 在封闭系统中 $W=0$ 时的恒温恒压化学反应，可用来计算系统熵变的是（　　）。

    A. $\Delta S=\dfrac{Q}{T}$ B. $\Delta S=\dfrac{\Delta_r H}{T}$

    C. $\Delta S=\dfrac{\Delta_r H-\Delta_r G}{T}$ D. $\Delta S=nRT\ln\dfrac{V_2}{V_1}$

2. 某一化学反应的 $\Delta_r C_{p,m}<0$，则该反应的 $\Delta_r H_m^{\ominus}$ 随温度的升高而（　　）。

    A. 增大   B. 减小   C. 不变   D. 无法确定

3. 在 $0℃$、$101.325kPa$ 下，过冷的液体苯凝固成固体苯，则此过程的（　　）。

    A. $\Delta S_{sys}>0$ B. $\Delta S_{sys}+\Delta S_{su}>0$

    C. $\Delta S_{su}<0$ D. $\Delta S_{sys}+\Delta S_{su}<0$

4. $H_2(g)$ 和 $O_2(g)$ 在绝热钢瓶中反应生成水，系统的温度升高了，此时下列各式正确的是（　　）。

    A. $\Delta_r H=0$ B. $\Delta_r S=0$ C. $\Delta_r G=0$ D. $\Delta_r U=0$

5. $1mol\ 300K$、$100kPa$ 的理想气体在恒定外压 $10kPa$ 的条件下，恒温膨胀到体积为原来的 10 倍，此过程的 ΔG 为（　　）。

    A. 0   B. $19.1J$ C. $5743J$ D. $-5743J$

6. 一定量的理想气体经过一恒温不可逆压缩过程，则有（　　）。

    A. $\Delta S_{sys}>\Delta A$ B. $\Delta S_{sys}=\Delta A$ C. $\Delta S_{sys}<\Delta A$ D. 无法确定

三、填空题

1. 气体经绝热不可逆膨胀过程 ΔS _____ 0，气体经绝热不可逆压缩过程的 ΔS _____ 0。（填 >、= 或 <）

2. 下列过程中 ΔU、ΔH、ΔS、ΔA、ΔG 何者为零？

（1）理想气体自由膨胀过程_____；

（2）$H_2(g)$ 和 $Cl_2(g)$ 在绝热钢瓶中反应生成 $HCl(g)$ 的过程_____；

（3）在 $0℃$、$101.325kPa$ 下，水结成冰的过程_____。

3. $1mol$ 液态苯在其指定外压的沸点下，全部蒸发为苯蒸汽，此过程的 ΔS _____ 0；ΔG _____ 0。（填 >、= 或 <）

4. 一定量的理想气体在 $300K$ 由始态恒温变化到终态，此过程吸热 $1000J$，$\Delta S=10J\cdot K^{-1}$。据此可判断此过程为_____。（填可逆或不可逆）

5. 由克拉贝龙方程导出克劳修斯-克拉贝龙方程的积分式时所做的三个近似处理分别是（1）_____；（2）_____；（3）_____。

第4章 相 平 衡

👉 **学习目标**

1. 理解和使用相、组分、自由度等基本概念。
2. 理解相律公式及其应用。
3. 理解单组分系统相图。
4. 掌握两相平衡时温度与压力的关系。
5. 理解液态完全不互溶系统的特点与水蒸气蒸馏的应用。
6. 理解简单双组分凝聚系统的固液平衡相图及有关应用。

通过前面章节学习，明确了气相、液相和固相等概念，而熔化、凝固、气化、液化、升华、凝华等相变化过程就是物质状态之间的转变过程，称为相变化过程。本章将对相给出更明确的定义。相和相之间的动态平衡称为相平衡，如气液平衡。相平衡是研究状态随温度、压力、组成等的变化而变化的规律，常用表达式、数表、相图来表示。相平衡理论在冶炼金属、合金的形成、新材料的合成、盐类制取等行业和分离操作中有着广泛的应用。相平衡理论是分离方法、分离操作条件选择的理论基础。

4.1 相 律

4.1.1 基本概念

1. 组分

系统中能被单独分离出来，并能独立存在的物质的数目称为物种数，用符号 S 表示。例如，盐酸水溶液，物种数 $S=2$，2 指 HCl 和 H_2O，而 H^+、Cl^- 不是一种独立物质。同一种物质存在于不同相中只能算一个物种。例如，水、水蒸气与冰共存时，$S=1$。

因为物质浓度之间有一定的关系，一个相平衡系统中知道其中的几个物质的浓度就能够确定相中所有物质的浓度，因此在处理相平衡系统时经常用到组分数。

为确定平衡系统中各相组成所需要的最少数目的独立物质，称为"独立组分"，简称"组分"，其数目称为"组分数"，用符号"C"表示。组分数与系统中物种数有所区别，组分数往往小于或等于物种数，关系如下：

（1）如果没有限制条件，组分数等于物种数，$C=S$。

（2）有化学反应并达平衡时的组分数小于物种数。例如，O_2、H_2 和 H_2O 三种气体间存在化学反应

$$2H_2(g) + O_2(g) \rightleftharpoons 2H_2O(g)$$

该反应达化学平衡时，O_2、H_2 和 H_2O 三种气体浓度之间有平衡限制，三种气体指出其中两种气体的浓度，另外一种气体的浓度就可由平衡计算得到，所以物种数 $S=3$，组分数 $C=2$。

所以得到 $C=S-R$，R 是平衡关系的数目。如果相平衡系统中存在多个化学平衡关系时，R 必须是独立的化学反应平衡数。

如由 $C(s)$，$O_2(g)$，$CO(g)$，$CO_2(g)$ 组成的系统中，可建立以下四个平衡。

（1）$2C(s)+O_2(g) \rightarrow 2CO(g)$

（2）$2CO(g)+O_2(g) \rightarrow 2CO_2(g)$

（3）$C(s)+O_2(g) \rightarrow CO_2(g)$

（4）$C(s)+CO_2(g) \rightarrow 2CO(g)$

但其中任意两个平衡都可由另两个平衡推出，故独立的平衡数为 2。

（3）如果两种物质处于同一相，之间有浓度比例关系时（指的是条件变化时，浓度关系也不变），所需要知道组分的数目还可以减少。例如，还是 O_2、H_2 和 H_2O 三种气体混合并处于化学反应平衡

$$2H_2O(g) \rightleftharpoons O_2(g) + 2H_2(g)$$

若开始时 O_2 和 H_2 按反应计量比投放，或在密闭抽真空的容器中投入水使其分解达到平衡。这时，O_2 和 H_2 之间有一个浓度比例关系，$R'=1$，知道其中任一组分浓度，便能计算其他两种组分浓度，于是组分数为 1。说明系统中有浓度限制条件就可使组分数减少。浓度限制条件的数目用 R' 表示。

浓度限制条件只能适用于同一相，因为只有同一相才有浓度的意义。如将碳酸钙投入真空容器，加热分解达到平衡

$$CaCO_3(s) \rightleftharpoons CaO(s) + CO_2(g)$$

物种数 $S=3$，化学平衡关系数 $R=1$，但浓度限制条件数 R' 不等于 1 而等于 0。因为产生的气体 CO_2 和固体 CaO 两者各处不同的相中，其数量比不代表浓度比，故不能作为浓度限制条件。

这样我们得到了计算一个相平衡系统组分数 C 的公式：

$$C=S-R-R' \tag{4.1}$$

式中：S——系统中的物种数；

R——独立化学平衡数；

R'——浓度限制条件数。

2. 相

系统中物理和化学性质完全相同的均匀部分称为相。对于多组分系统，均匀的含义是指分散成分子、原子或离子级别。相与相间有明显的界面，在界面处性质突变。例

如，同一物质的固态和液态物理性质不同，所以看做为两相，固态和液态间有相界面。系统中相的数目称为相数，用 Φ 表示。

系统中相数的判断分析如下：

（1）对于气体混合物，不论有多少种气体混合在一起，因为混合达到了分子级别，所以为一个相。

（2）对于液体混合物，看其互溶程度，完全互溶为一相，不能互溶可以为两相或多相。例如，乙醇和水的混合物，能混合到分子的程度，所以为一相，$\Phi=1$；四氯化碳和水的混合物，不能混合到分子的程度，所以两相，$\Phi=2$。

（3）对于固体混合物，一般有几种物质的固体便有几个相。两种固体粉末无论混合得多么均匀，仍是两个相（固体溶液除外），同一物质不同晶型也各成一相。

3. 自由度

在不引起旧相消失和新相产生的前提下，系统中可自由变动的独立强度性质的数目，称为系统在指定条件下的"自由度"，用符号"f"表示。强度性质包括温度、压力、浓度等。

例如，液态某物质，若保持其液相存在，温度、压力可以在一定范围内任意改变，而不会发生气化和凝固现象，这说明它有两个独立可变的强度性质，自由度 $f=2$。而对于液态与蒸气两相平衡系统，若保持系统始终为气液两相平衡，则温度、压力两变量中只能有一个可以独立变动。例如，水在 100℃下压力必须保持在 100℃的蒸汽压 101.325kPa，压力如小于 101.325kPa 就全部变成了水蒸气，液相消失了；90℃时压力要保持在 90℃的蒸汽压 70.117kPa，于是 $f=1$。理解为温度和压力只有一个是自由的。温度确定以后，压力就不能随意变动，必须保持在该温度下的蒸汽压；反之，指定平衡压力，温度就不能随意选择，必须保持在该压力下的沸点温度，否则必将导致两相平衡状态的破坏而产生新相或有旧相消失。

对于复杂的相平衡系统可以用相律来求得自由度。

4.1.2 相律

对一个相平衡的系统，在只考虑温度和压力（不考虑重力场、磁场、表面能等外界因素）两个条件影响的情况下，通过推导可得到相数 Φ、组分数 C 及自由度 f 之间关系：

$$f = C - \Phi + 2 \tag{4.2}$$

式中：2——指温度和压力两个独立强度性质，如果指定了其中的一个性质或凝聚系统
  （压力影响小，可忽略），公式改为 $f=C-\Phi+1$，两个性质都被指定则改
  为 $f=C-\Phi$。

这个关系是 1876 年由吉布斯推导出来的，称为"相律"。相律是物理化学中最具有普遍性质的定律之一，只适用于相平衡系统。由相律可以确定相、自由度等的数目，能得到定性的结论，而不能确定是哪几个物质、相或强度性质。

【例 4.1】求二氧化碳三相平衡共存时的自由度。

解： 二氧化碳为单组分系统，在气、液、固三相平衡时有

$$S = 1$$
$$C = S = 1$$
$$\Phi = 3$$

代入式 (4.2) 得　　　$f = C - \Phi + 2 = 1 - 3 + 2 = 0$

单组分系统都会得到上面相同的结果。

自由度 $f = 0$，说明单组分系统在气、液、固三相平衡时，温度，压力具有固定数值，都不能发生变化。

【例 4.2】 计算下面反应相平衡系统的自由度

$$NH_4HS(s) \Longrightarrow NH_3(g) + H_2S(g)$$

(1) 将 $NH_3(g)$ 和 $H_2S(g)$ 按 $1:1$ 的比例投放到真空容器中，达成平衡。

(2) 将 $NH_3(g)$ 和 $H_2S(g)$ 按 $1:2$ 的比例投放到真空容器中，达成平衡。

(3) 以任意量的 $NH_4HS(s)$、$NH_3(g)$ 和 $H_2S(g)$ 反应开始，达到平衡。

(4) 在真空容器中，只投入 $NH_4HS(s)$ 并达到平衡。

解： 反应平衡系统中，$S = 3$，$\Phi = 2$。

(1) 由 $R = 1$，$R' = 1$，得到 $C = 3 - 1 - 1 = 1$，

所以　　　$f = C - \Phi + 2 = 1 - 2 + 2 = 1$。

(2) 由 $R = 1$，$R' = 0$，得到 $C = 3 - 1 - 0 = 2$，

所以　　　$f = C - \Phi + 2 = 2 - 2 + 2 = 2$。

(3) 由 $R = 1$，$R' = 0$，得到 $C = 3 - 1 - 0 = 2$，

所以　　　$f = C - \Phi + 2 = 2 - 2 + 2 = 2$。

(4) 由 $R = 1$，$R' = 1$，得到 $C = 3 - 1 - 1 = 1$，

所以　　　$f = C - \Phi + 2 = 1 - 2 + 2 = 1$。

4.2　单组分系统

相图是用来表示相平衡系统中各相的组成与温度、压力之间关系的图形。单组分系统相图是最简单的相图。

4.2.1　水的相图

对于单组分平衡系统，$C = 1$，由相律得 $f = C - \Phi + 2 = 3 - \Phi$；若 $\Phi = 1$，则 $f = 2$；若 $\Phi = 2$，$f = 1$；若 $\Phi = 3$，$f = 0$。

上述结果表明，对单组分系统，自由度数最多为 2，即最多有两个独立的强度变量，也就是温度和压力两个强度性质。因此可用平面图以温度和压力为坐标，画出单组分系统的相图。单组分系统最多只能三相平衡共存。下面以水为例，介绍单组分系统相图。

1. 水的相图绘制

水在一定的温度、压力下可以形成两相平衡，即水-冰，冰-蒸气，水-蒸气。在特定

条件下还可以建立冰-水-蒸气的三相平衡系统。表 4.1 的实验数据表明了水在各种平衡条件下，温度和压力的对应关系。水的相图就是根据这些数据描绘而成的。

表 4.1　水的压力-温度平衡关系

温度/℃	系统的水蒸气压力/kPa		水-冰/kPa	温度/℃	系统的水蒸气压力/kPa		水-冰/kPa
	水-蒸气	冰-蒸气			水-蒸气	冰-蒸气	
−20	—	0.103	1.996×10^5	0.00989	0.610	0.610	0.610
−15	0.191	0.165	1.611×10^5	+20	2.338	—	—
−10	0.286	0.259	1.145×10^4	+100	101.3	—	—
−5	0.421	0.401	6.18×10^4	374	2.204×10^4	—	—

水的相图如图 4.1 所示，OA、OB、OC 三条线将平面分成三个区，O 点是三条线的交点。

2. 水的相图分析

两相线：图中三条曲线分别代表上述三种两相平衡状态，线上的点代表两相平衡的必要条件，即平衡时系统温度与压力的对应关系。$\Phi=2$，$f=1$。

OA 线是气液两相平衡线，它代表气-液平衡时，温度与蒸气压的对应关系，称为"蒸气压曲线"。显然，水的饱和蒸气压随温度的升高而增大。OA 线不能向上无限延伸，只能到水的临界点即 374℃与 22.3×100kPa 为止，因为在临界温度以上，气、液处于连续状态。

OB 线是冰与水蒸气两相平衡共存的曲线，它表示冰的饱和蒸气压与温度的对应关系，称为"升华压曲线"，由图 4.1 可见，冰的饱和蒸气压是随温度的升高而升高的。OB 线在理论上可向左下方延伸到绝对零点附近，但向右上方不得越过交点 O，因为事实上不存在升温时该熔化而不熔化的过热冰。

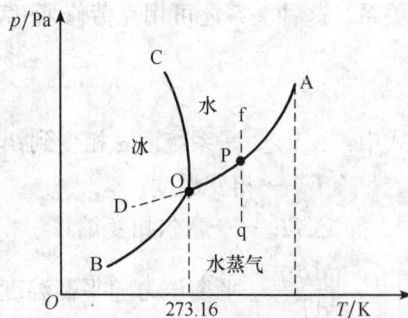

图 4.1　水的相图

OC 线是固液两相平衡线，它表示冰的熔点随外压的变化关系，故称之为冰的"熔化曲线"。熔化的逆过程就是凝固，因此它又表示水的凝固点随外压的变化关系，故也可称为水的"凝固曲线"。该线略向左倾，斜率呈负值，意味着外压剧增，冰的熔点略有降低，大约是每增加 1 个标准压力 $p^{\ominus}=100\text{kPa}$，冰的熔点仅下降 0.0075℃。大多数物质的熔点随压力增加而稍有升高，只有水等几种物质的这条线斜率呈负值。OC 线向左上方延伸可达 2000 个标准压力左右，若再向上，会出现多种晶型的冰，称为"同质多晶现象"，情况较复杂。

OD 线是 AO 线的延长线，是未结冰的过冷水与水蒸气共存，是一种不稳定的状态，称为"亚稳状态"。OD 线在 OB 线之上，表示过冷水的蒸气压比同温度下处于稳定状态的冰蒸气压大，其稳定性较低，稍受扰动或投入晶种将有冰析出。

　　单相区：如图 4.1 所示，三条两相线将平面分成三个区域；每个区域代表一个单相区，其中 AOB 为气相区，COB 为固相区，AOC 为液相区。它们都满足 $\Phi=1$，$f=2$，说明这些区域内 T、p 均可在一定范围内自由变动而不会引起新相形成或旧相消失。换句话说要同时指定 T、p 两个变量才能确定系统的状态。

　　三相点：三条两相线的交点 O 是水蒸气、水、冰三相平衡共存的点，称为"三相点"。在三相点上 $\Phi=3$，$f=0$，故系统的温度、压力皆恒定，不能变动，否则会破坏三相平衡。三相点的压力 $p=0.610\text{kPa}$，温度 $T=0.00989℃$，这一温度已被规定为 273.16K。

3. 水的三相点与冰点

　　三相点温度与平时所说的水的冰点不相同。水的冰点是指敞露于空气中的冰～水两相平衡时的温度，这时，冰～水已被空气中的组分（CO_2、N_2、O_2 等）所饱和，成为了多组分系统。因为溶解了其他组分造成原来单组分系统水的冰点下降约 0.00242℃；另外，压力从 0.610kPa 增大到 101.325kPa，根据克拉贝龙方程式可计算其相应冰点温度又将降低 0.00747℃，这两种效应之和就是 0.00989℃≈0.01℃。而三相点是纯水单组分系统三相平衡共存。以上两种原因使得水的冰点从原来的三相点处即 0.00989℃（或 273.16K）下降到通常的 0℃（或 273.15K）。

4.2.2　克劳修斯-克拉贝龙方程

　　单组分两相平衡时，如水的相图中的三条线，表示的是温度和压力两个变量之间的关系。这种关系还可用克劳修斯-克拉贝龙方程来表示。

$$\frac{\mathrm{d}p}{\mathrm{d}T}=\frac{\Delta_\alpha^\beta H_m}{T\Delta_\alpha^\beta V_m} \tag{4.3}$$

式中：$\Delta_\alpha^\beta V_m$——系统由 α 相变到 β 相时摩尔体积的变化，$\Delta_\alpha^\beta V_m=V_m^\beta-V_m^\alpha$；

　　　　T——相变温度；

　　　　$\Delta_\alpha^\beta H_m$——摩尔相变焓；

　　　　$\dfrac{\mathrm{d}p}{\mathrm{d}T}$——平衡压力随平衡温度的变化率，$\text{Pa}\cdot\text{K}^{-1}$。

　　式（4.3）可应用于单组分系统任何两相平衡，如蒸发，熔化，升华，晶型转变过程。下面进一步进行讨论。

1. 固-液平衡

　　对于固-液平衡系统，由式（4.3）可得到熔点随压力的变化。

$$\frac{\mathrm{d}T}{\mathrm{d}p}=\frac{T\Delta_s^l V_m}{\Delta_s^l H_m} \tag{4.4}$$

式中：$\dfrac{\mathrm{d}T}{\mathrm{d}p}$——熔点随外压力的变化率，$\text{K}\cdot\text{P}^{-1}$a；

　　　　$\Delta V=V_m^l-V_m^s$——熔化时体积的变化；

T——熔点；

$\Delta_s^l H_m$——固体熔化时的摩尔相变熵。

【例 4.3】 醋酸的熔点为 16℃，压力每增加 1kPa 其熔点上升 2.9×10^{-4} K，已知醋酸的熔化热为 194.2J/g，试求 1g 醋酸熔化时体积的变化。

解： 已知 $\Delta_s^l H = 194.2$ J/g，$\dfrac{\mathrm{d}T}{\mathrm{d}p} = 2.9 \times 10^{-4} K/KPa = 2.9 \times 10^{-7} K/Pa$

代入克劳修斯-克拉贝龙方程（4.4），得

$$\Delta V = \frac{\Delta_s^l H \cdot \mathrm{d}T}{T \cdot \mathrm{d}p} = \frac{194.2}{(16 + 273.15)} \times 2.9 \times 10^{-7} = 1.95 \times 10^{-7} (\mathrm{m}^3/\mathrm{g})$$

2. 液-气平衡与固-气平衡

克劳修斯-克拉贝龙方程用于液-气平衡时有

$$\frac{\mathrm{d}p}{\mathrm{d}T} = \frac{\Delta_l^g H_m}{T \Delta_l^g V_m} = \frac{\Delta_l^g H_m}{T(V_m^g - V_m^l)} \tag{4.5}$$

由于 $V_m^g \gg V_m^l$，V_m^l 可略而不计，$\Delta_l^g V_m$ 可用 V_m^g 代替。又因液体的饱和蒸气压一般不太高，可将蒸气看作理想气体，即 $V_m^g = \dfrac{RT}{p}$。

代入到公式（4.5），得 $\dfrac{\mathrm{d}p}{\mathrm{d}T} = \dfrac{\Delta_l^g H_m \times p}{RT^2}$ 即 $\mathrm{d}\ln p = \dfrac{\Delta_l^g H_m}{RT^2} \mathrm{d}T$

在温度变化不大时 $\Delta_l^g H_m$ 可认为是常数，将上式不定积分，得

$$\ln p = -\frac{\Delta_l^g H_m}{RT} + C \tag{4.6a}$$

或

$$\lg p = -\frac{\Delta_l^g H_m}{2.303RT} + C' \tag{4.6b}$$

式中：C、C' 为积分常数。

若将克劳修斯-克拉贝龙方程在 T_1-T_2 区间积分，得定积分式：

$$\ln \frac{p_2}{p_1} = -\frac{\Delta_l^g H_m}{R} \left(\frac{1}{T_2} - \frac{1}{T_1} \right) \tag{4.7a}$$

或

$$\lg \frac{p_2}{p_1} = -\frac{\Delta_l^g H_m}{2.303R} \left(\frac{1}{T_2} - \frac{1}{T_1} \right) \tag{4.7b}$$

以上各式对固-气平衡同样适用。

【例 4.4】 求苯甲酸乙酯（$C_9H_{10}O_2$）在 26.6kPa 时的沸点。已知苯甲酸乙酯的正常沸点为 213℃，苯甲酸乙酯气化时的摩尔相变熵为 $\Delta_l^g H_m = 44.20$ kJ·mol^{-1}。

解： 根据题中条件，已知 $T_1 = 273 + 213 = 486$ K，$p_1 = 101.3$ kPa，$p_2 = 26.6$ kPa，$\Delta_l^g H_m = 44.20$ kJ·mol^{-1}，求 T_2。

代入式（4.7b）有

$$\ln \frac{p_2}{p_1} = -\frac{\Delta_l^g H_m}{R} \left(\frac{1}{T_2} - \frac{1}{T_1} \right)$$

$$\ln \frac{26.6}{101.3} = -\frac{44200}{8.314} \left(\frac{1}{T_2} - \frac{1}{486} \right)$$

$$T_2 = 433 \text{K}$$

4.2.3　单组分系统相图的应用

1. 水的相图应用

通过水的相图中蒸气压曲线看到，液体沸点随着外压的增大而升高，这个规律在日常生活和生产中都起着很大的作用。例如，做饭用的压力锅就是利用这个原理，加大平衡外压，使水的沸点升高，大大缩短煮饭的时间。化工生产中为了提纯那些在沸点前就分解的物质，常采用减压蒸馏的方法，依靠减压降低沸点，达到提纯的目的。

从相图 4.1 上看，使温度低于三相点，再将压力降至 OB 线以下，冰可以不经过熔化而直接蒸发成气体，这就是升华。三相点的压力是确定升华提纯的重要数据。在精细化工、医药化工、食品加工中可以通过升华从冻结的样品中去除水分或溶剂，达到冷冻干燥的目的。这样可以在较低温度下进行，并可保留样品的化学结构、营养成分、生物活性，使产品脱水彻底，利于长时间保存和运输。

2. 硫的相图应用

图 4.2 是硫的相图示意图，可看到硫有四种不同的物态：单斜硫（M）、正交硫（R）、液态硫（液）与气态硫（气）。但是对单组分系统而言，同时至多只能有三个相共存。硫有四个三相点（其中一个是亚稳的）。

虚线 BG：是 AB 的延长线，S(R)-S(气) 介稳平衡，即过热正交硫的蒸气压曲线。

虚线 CG：是 DC 的延长线，S(气)-S(液) 介稳平衡，即过冷液态硫的蒸气压曲线。

虚线 GE：是 GE 点的连线，S(R)-S(液) 介稳平衡，即过热正交硫的熔化曲线。

虚线 BH：S(M)-S(气) 介稳平衡，即过冷单斜硫的蒸气压曲线。

G 点：是 BG 线与 CG 线的交点，S(R)-S(气)-S(液) 三相的介稳平衡。

D 点为临界点，温度在 D 点以上，只有气相存在。

EF 线止于何处，尚不太清楚，在实验所及的范围内，EF 线总是连续的。

3. 碳的相图应用

由碳的相图图 4.3 看到，曲线 OA 是石墨与金刚石的关系曲线，OB 是石墨的蒸馏压曲线，OC 是金刚石的蒸馏压曲线。点 O 是石墨、碳液体与金刚石三相平衡点。碳在室温及 101.325kPa 下，以石墨为稳定状态。在 2000K 时，增加压力，将石墨变为金刚石需要 8.0×10^9Pa 的压力。合成工业用的钻石主要采用静压法中的静压触媒法，通过液压机产生 $(4500 \sim 9000) \times 10^9$Pa 的压力，以电流加热到 $1000 \sim 2000$℃的高温，利用金属触媒实现石墨向钻石的转化。

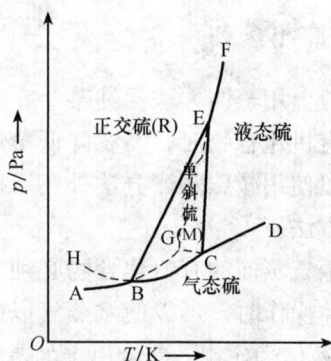

图 4.2　硫的相图

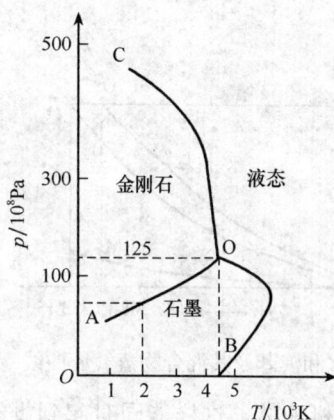

图 4.3　碳的相图

4. CO_2 的相图应用

由 CO_2 的相图图 4.4 看到，与水的相图对比，液固平衡线的斜率不同，凝固点随压力增大而升高。根据相图知道，高压钢瓶内在 298K 时压力超过 6.7MPa，CO_2 为液态，而将液态 CO_2 从钢瓶口快速喷至空气中，在喷口上套一水泥袋，液态 CO_2 会降压变为气体喷出，同时吸收大量热量，会使另一部分气态 CO_2 降温而在袋内得到的是固态 CO_2（干冰），而不能得到液态 CO_2。

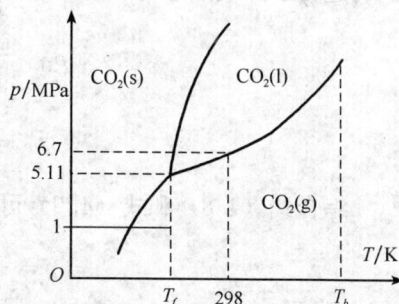

图 4.4　二氧化碳的相图

4.3　二组分液态完全不互溶系统与水蒸气蒸馏

4.3.1　二组分液态完全不互溶系统的特征

如果两种液体彼此之间溶解度非常小，相互之间溶解度可忽略不计，这时可近似地看作互不相溶。如水-油、水-CS_2 所形成的两组分液体，在容器中分为两纯物质液层。

对于这种不互溶的液体，每个组分在气相的分压等于它在纯态时的饱和蒸气压，而与另一组分的存在与否以及数量无关。因此，互不相溶的液体（设为 A、B）混合物的蒸气总压，等于在相同温度下，各纯组分单独存在时蒸气压之和，即

$$p = p_A^* + p_B^*$$
(4.8)

由式（4.8）看到，在一定温度下，互不相溶液体混合物的蒸气总压恒大于任一纯组分的蒸气压。因此不互溶液体混合物的沸点也恒低于任一纯组分的沸点。

如图 4.5 所示，同一温度下，水和溴苯混合物的蒸馏压是水和溴苯个自的饱和蒸馏压加和。当外压为 101.325kPa 时，水的沸点为 373.15K，溴苯的沸点是 429K，水和溴苯混合物沸点是 368.15K。这是因为在 368.15K 时，水和溴苯的蒸气压之和已经达到

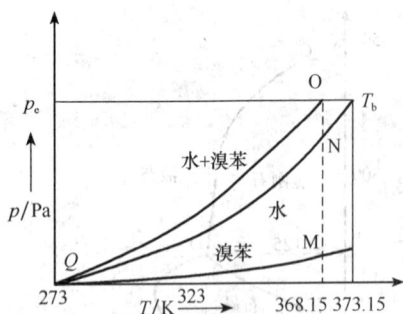

图 4.5　水和溴苯及其混合物蒸气压曲线

101.325kPa（等于外压），混合物就沸腾了。

4.3.2　水蒸气蒸馏

　　化学工业上用蒸馏方法提纯某些在高温下分解或聚合的有机化合物时，需要降低蒸馏时的温度。除了可以使用减压蒸馏方法外还可以利用水蒸气蒸馏的方法。

　　采用水蒸气蒸馏的有机化合物必须是和水不互溶的。具体操作时，可以使水蒸气以鼓泡的形式通入有机液体，这样能同时起到供给热量和搅拌液体的作用。蒸发出来的蒸气经冷凝后分为水和有机物两层，分离掉水层可得有机物产品。

　　进行水蒸气蒸馏时，若压力不高，可把蒸气看作为理想气体，用分压定律计算。

$$p_{H_2O}^* = p y_{H_2O} = p \times \frac{n_{H_2O}}{n_{H_2O} + n_B} \tag{4.9}$$

$$p_B^* = p y_B = p \times \frac{n_B}{n_{H_2O} + n_B} \tag{4.10}$$

综合式（4.8）和式（4.9）可得

$$\frac{m_{H_2O}}{m_B} = \frac{p_{H_2O}^* M_{H_2O}}{p_B^* M_B} \tag{4.11}$$

　　式中：m_{H_2O}/m_B 表示蒸馏出单位质量有机物 B 所需的水蒸气用量，称为水蒸气消耗系数。该系数越小，则水蒸气蒸馏效率越高。由式（4.11）可知有机物的蒸气压越高，摩尔质量越大，水蒸气消耗系数小。

4.4　简单双组分凝聚系统的固液平衡相图

　　凝聚系统相图是指液固平衡的相图，不涉及气相。"简单"的含义是指凝聚相不生成固溶体、化合物。

4.4.1　相图分析

　　1. 热分析法绘制具有低共熔点的二组分系统相图

　　绘制原理是先将二组分系统加热熔化，记录冷却过程中温度随时间的变化数据，绘制成步冷曲线。当系统有新相凝聚，放出相变热，步冷曲线的斜率改变。出现转折点或水平线段。据此在 t-x 图上标出对应的位置，得到低共熔 t-x 图。

　　如图 4.6 所示，以邻硝基氯苯-对硝基氯苯系统相图为例。如降温过程中系统不发生相变，则系统的温度随时间的变化将是均匀的。若降温过程中发生了相变，则在凝固过程中会有放热现象，这时系统温度随时间的变化速度将变慢，步冷曲线出现转折即拐点。当溶液继续冷却到某一点时，由于此时溶液的组成已达到最低共熔混合物的组成，会有最低共熔混合物结晶析出，在最低共熔混合物完全凝固以前，系统温度保持不变，因此步冷曲线出现水平线段即平台。当溶液完全凝固后，温度才迅速下降。

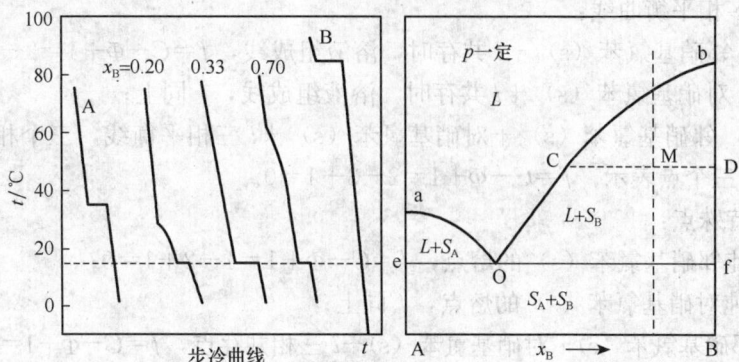

图 4.6 邻硝基氯苯-对硝基氯苯体系相图的绘制

将纯邻硝基氯苯的试管加热熔化，记录数据并绘制出步冷曲线，如图 4.6 中曲线 A 所示。在 32.5℃时出现水平线段，说明有邻硝基氯苯（s）出现，是纯组分凝固过程，$f=C-\Phi+1=1-2+1=0$，说明邻硝基氯苯的熔点处系统温度不变，放出的热量全部由凝固热抵消了。当邻硝基氯苯全部凝固后，温度继续下降，$f=C-\Phi+1=1-1+1=1$，说明温度和组成中只有一个量可任意改变。步冷曲线 B 是纯对硝基氯苯降温曲线，过程与曲线 A 类似，83℃是它的熔点。两个熔点分别标在 t-x 图上的相应位置。

如果是邻硝基氯苯-对硝基氯苯混合的双组分系统，在步冷曲线上先出现拐点，然后出现水平线段。图 4.6 中 $x_B=0.20$ 曲线所示，拐点是因为在该温度时开始析出邻硝基氯苯固体，$f=C-\Phi+1=2-2+1=1$。当温度继续降低，两种固体同时析出时在步冷曲线上出现平台，$f=C-\Phi+1=2-3+1=0$。组成不同的邻硝基氯苯-对硝基氯苯的双组分系统，会在不同的温度出现拐点，而都在温度约为 14.6℃出现平台。由 $x_B=0.33$ 曲线看到，温度降低过程中没有拐点，在温度约为 14.6℃出现平台。这是因为降温过程中没有析出哪一种固体现象，而在约为 14.6℃两种固体同时析出。由 $x_B=0.70$ 的曲线形状与 $x_B=0.20$ 曲线类似，只是在拐点处析出的是对硝基氯苯。这样可得到一系列的相变点，连接这些点可得邻硝基氯苯-对硝基氯苯的 t-x 图，如图 4.7 所示。

2. 相图分析

邻硝基氯苯-对硝基氯苯的 t-x 图上有四个相区：

AEH 线之上，为溶液（l），单相区，$f=C-\Phi+1=2-1+1=2$；

ACE 之内，两相区，邻硝基氯苯(s)$+l$，$f=C-\Phi+1=2-2+1=1$；

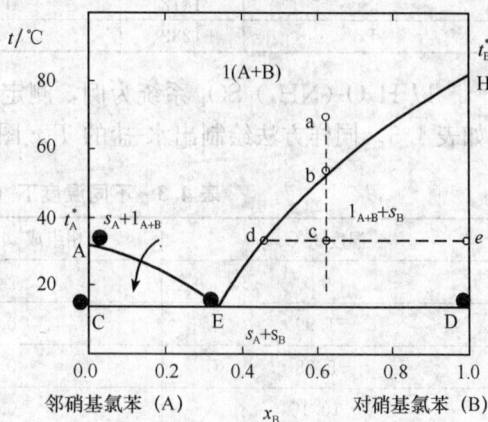

图 4.7 邻硝基氯苯 (A)-
对硝基氯苯 (B) 的相图

HED 之内，两相区，对硝基氯苯(s)+l，f同上；

CED 线以下，两相区，邻硝基氯苯(s)+对硝基氯苯(s)，f同上。

有三条多相平衡曲线：

AE 线，邻硝基氯苯（s）+l 共存时，溶液组成线，$f=C-\Phi+1=2-2+1=1$；

HE 线，对硝基氯苯（s）+l 共存时，溶液组成线，f同上；

CED 线，邻硝基氯苯（s）+对硝基氯苯（s）+l 三相平衡线，三个相的组成分别由 C、E、D 三个点表示，$f=C-\Phi+1=2-3+1=0$。

有三个特殊点：

A 点，纯邻硝基氯苯（s）的熔点，$f=C-\Phi+1=1-2+1=0$；

H 点，纯对硝基氯苯（s）的熔点，f同上；

E 点，邻硝基氯苯（s）+对硝基氯苯（s）+l 三相共存点，$f=C-\Phi+1=2-3+1=0$。

因为 E 点温度均低于 A 点和 H 点的温度，称为低共熔点。在该点析出的混合物称为低共熔混合物。它不是化合物，由两相组成，只是混合得非常均匀，该点组成为低共熔组成。E 点的温度会随外压的改变而改变。

3. H_2O-$(NH_4)_2SO_4$ 双组分系统相图分析

一些化合物、金属、水-盐系统的相图是具有低共熔点的二组分系统相图。如表 4.2 所示。

表 4.2　某些简单低共熔型相图系统

组分 A	A 的熔点/℃	组分 B	B 的熔点/℃	低共熔物	
				低共熔点/℃	低共熔物组成/%B
$CHBr_3$	7.5	C_6H_6	5.5	−26	50
$CHCl_3$	−63	$C_6H_5NH_2$	−6	−71	24
苦味酸（NO_2）C_6H_2OH	120	三硝基甲苯（TNT）	80	60	64
Sb	630	Pb	326	246	81
Cd	321	Bi	271	144	55
KCl	790	AgCl	451	306	69
Si	1412	Al	657	1090	89
Be	1282	Si	1412	1090	32

以 H_2O-$(NH_4)_2SO_4$ 系统为例，测定不同温度下盐的溶解度，获得大量实验数据，如表 4.3。同样方法绘制出水-盐的 T-x 图，如图 4.8 所示。

表 4.3　不同温度下（NH_4）$_2SO_4$ 在水中的溶解度

温度 t/℃	液相组成 w[$(NH_4)_2SO_4$]	固　　相
0	0	冰
−1.99	0.0652	冰
−5.28	0.1710	冰
−10.15	0.2897	冰
−13.99	0.3447	冰

续表

温度 $t/℃$	液相组成 $w\,[(NH_4)_2SO_4]$	固　　相
−18.50	0.3975	冰+$(NH_4)_2SO_4$
0	0.4122	$(NH_4)_2SO_4$
10	0.4211	$(NH_4)_2SO_4$
20	0.4300	$(NH_4)_2SO_4$
30	0.4387	$(NH_4)_2SO_4$
40	0.4480	$(NH_4)_2SO_4$
50	0.4575	$(NH_4)_2SO_4$
60	0.4664	$(NH_4)_2SO_4$
70	0.4754	$(NH_4)_2SO_4$
80	0.4847	$(NH_4)_2SO_4$
90	0.4944	$(NH_4)_2SO_4$
100	0.5042	$(NH_4)_2SO_4$
108.50（沸点）	0.5153	$(NH_4)_2SO_4$

H_2O-$(NH_4)_2SO_4$ 系统相图中有四个相区：

PFQ 以上，溶液单相区；

PFM 之内，冰+溶液两相区；

QFN 以上，$(NH_4)_2SO_4$(s) 和溶液两相区；

MFN 线以下，冰与 $(NH_4)_2SO_4$(s) 两相区。

相图中有三条曲线：

PF 线：冰+溶液平衡两相共存曲线，即冰点下降曲线；

FQ 线：$(NH_4)_2SO_4$(s)+溶液两相平衡共存曲线；

MFN 线：冰+$(NH_4)_2SO_4$(s)+溶液三相共存线。

图中有两个特殊点：

P 点：冰的熔点。盐的熔点非常高，在图上无法标出；

F 点：冰+$(NH_4)_2SO_4$(s)+溶液三相共存点。溶液组成在 F 点左侧降温，先析出冰固体；在 F 点以右者降温，先析出 $(NH_4)_2SO_4$(s)。

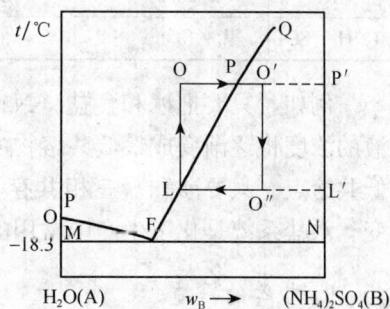

图 4.8 $(NH_4)_2SO_4$-H_2O 系统相图

4.4.2 应用举例

例如，甘油的提纯就是在 1.3kPa 和 180℃进行的。也有为了提纯沸点很低的物质而采取加压的措施。例如，乙烯（正常沸点−103.7℃）及丙烯（正常沸点−47.4℃），它们的沸点都比室温低很多，为了减少设备造价（低温设备需要特殊钢材），简化操作，通常采取加压措施以提高沸点，提纯时采用加压蒸馏。

1. 低熔点合金的制备

工业上常利用 Sn 和 Pb 制成低熔点合金，其低共熔点为 183.3℃。而 Sn 和 Pb 的熔点分别为 232℃和 327℃。利用低共熔合金可以制造保险丝和焊锡等，例如，Sn-Pb-Bi 三组分合金，其低共熔点为 96℃，可用于制造自动灭火栓。

2. 低温冷冻液的制备

在化工生产和科学研究中常要用到低温浴，配制合适的水-盐系统，可以得到不同的低温冷冻液，如表 4.4 所示。

表 4.4　某些盐和水的最低熔点及其组成

盐	最低共熔点/℃	最低共熔物组成 $w/\%$	盐	最低共熔点/℃	最低共熔物组成 $w/\%$
NaCl	−21.1	23.3	$MgSO_4$	−3.9	16.5
NaBr	−28.0	40.3	Na_2SO_4	−1.1	3.84
NaI	−31.5	39.0	KNO_3	−3.0	11.20
KCl	−10.7	19.7	$CaCl_2$	−5.5	29.9
KBr	−12.6	31.3	$FeCl_3$	−55	33.1
KI	−23.0	52.3	NH_4Cl	−15.4	19.7
$(NH_4)_2SO_4$	−18.3	39.8	—		

例如，只要把冰和食盐（NaCl）混合，当有少许冰熔化成水，就是三相共存，溶液的浓度将逐渐变成最低共熔物的组成，同时系统通过冰的熔化而降低温度最后达到最低共熔点。只要冰和盐三相共存，则系统就保持最低共熔点温度（−21.1℃）恒定不变。水盐系统是化工生产中常用的冷冻循环液。

3. 盐类的提纯

利用水-盐系统的相图可选择用结晶法分离提纯盐类的最佳工艺条件，一般可采取蒸发浓缩、降温或加热等各种不同的方法。

如图 4.8 所示，将粗盐溶于水，滤去不溶杂质，系统点在 O，恒温加热去除部分水，系统点右移 O′点，纯 $(NH_4)_2SO_4(s)$ 析出，系统为 P 溶液和 P′两相平衡，盐的析出量由杠杆规则计算。O′系统降温，$(NH_4)_2SO_4(s)$ 溶解度下降，$(NH_4)_2SO_4(s)$ 析出，溶液浓度沿 QF 线下降。降温至 O″，相点为 L 的溶液和 L′溶液，再加入粗盐和水，继续重结晶过程，如此循环多次，可将 $(NH_4)_2SO_4(s)$ 纯化。

📔 小结

（1）物种数：系统中能被单独分离出来，并能独立存在的物质的数目称为物种数，用符号 S 表示。

（2）组分数：为确定平衡系统中各相组成所需要的最少数目的独立物质的数目，用符号 C 表示。 $C=S-R-R'$

（3）相：系统中物理和化学性质完全相同的均匀部分称为相。相数用 Φ 表示。

（4）自由度：在不引起旧相消失和新相产生的前提下，体系中可自由变动的独立强度性质的数目，用符号 f 表示。

（5）相律：$f=C-\Phi+2$。

（6）克劳修斯-克拉贝龙方程：

① 两相平衡
$$\frac{\mathrm{d}p}{\mathrm{d}T}=\frac{\Delta_\alpha^\beta H_m}{T\Delta_\alpha^\beta V_m}$$

② 固-液平衡系统
$$\frac{\mathrm{d}T}{\mathrm{d}p}=\frac{T\Delta_s^l V_m}{\Delta_s^l H_m}$$

③ 液-气平衡与固-气平衡 不定积分
$$\ln p=-\frac{\Delta_l^g H_m}{RT}+C$$

④ 液-气平衡与固-气平衡 定积分
$$\ln\frac{p_2}{p_1}=-\frac{\Delta_l^g H_m}{R}\left(\frac{1}{T_2}-\frac{1}{T_1}\right)$$

（7）单组分体系相图（水的相图）

水的相图由气、液、固三个单相区，三条两相平衡线（水的蒸气压曲线、冰的蒸气压曲线、冰的熔化曲线）和一个三相点（冰、水、水蒸气三相平衡共存）构成的，为 p-T 图。

（8）水蒸气蒸馏时，水蒸气消耗系数
$$\frac{m_{\mathrm{H_2O}}}{m_{\mathrm{B}}}=\frac{p_{\mathrm{H_2O}}^* M_{\mathrm{H_2O}}}{p_{\mathrm{B}}^* M_{\mathrm{B}}}$$

（9）了解简单双组分凝聚系统的固液平衡相图。

习题

1. 指出下列平衡体系的组分数及自由度数。

（1）在真空容器中，$MgCO_3(s)$ 部分分解为 $MgO(s)$ 和 $CO_2(g)$ 并达成平衡。

（2）$(NH_4)_2SO_4(s)$，$H_2O(s)$ 及溶液在 $p=100kPa$ 下。

（3）在 360℃时将定量的 $C_2H_5OH(g)$ 放入容器内，发生了分解反应，并建立了平衡系统

$$C_2H_5OH(g)\longrightarrow CH_2=CH_2(g)+H_2O(g)$$

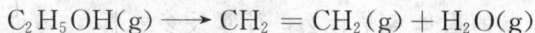

（4）360℃时将任意量的 H_2O 和 C_2H_4 放入容器中，建立 $C_2H_4(g)$，$H_2O(g)$ 与 $C_2H_5OH(g)$ 的化学平衡系统。

（5）在 360℃时把体积比为 1∶1 的 $C_2H_4(g)$ 与 $H_2O(g)$ 放入容器内，建立 C_2H_4 （g），

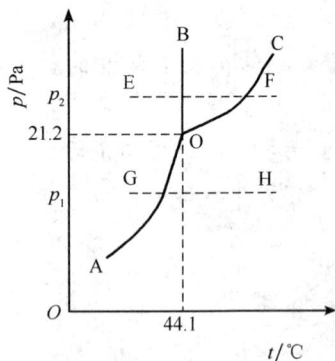

图 4.9　白磷的相图

$H_2O(g)$ 与 $C_2H_5OH(g)$ 的化学平衡系统。

2. 图 4.9 是根据实验结果而绘制的白磷的相图。试讨论相图中各面、线、点的含义。

3. 0℃时冰熔化时的摩尔相变焓为 6008J·mol^{-1}。已知在此温度下冰的摩尔体积为 $1.9652\times10^{-5}m^3$，液态水的摩尔体积为 $1.8018\times10^{-5}m^3$，求压力随温度的变化率。

4. 碘乙烷的正常沸点为 72.5℃，求 30℃时碘乙烷的饱和蒸气压。已知碘乙烷气化时的摩尔相变焓 $\Delta_l^g H_m = 30376J·mol^{-1}$。

5. 光气 $COCl_2$ 在 9.91℃时的蒸气压为 107.8kPa，在 1.35℃时的蒸气压为 77.148kPa，求光气气化时的摩尔相变焓。

6. 炊事用的高压锅内压力最高可达 230kPa，试计算水在高压锅内能达到的最高温度。已知水气化时的摩尔相变焓为 40.67kJ·mol^{-1}。

7. 已知水在 50℃时的饱和蒸汽压为 12.764kPa，水在正常沸点为 100℃，试求以下各项：

(1) 水汽热时的摩尔相变焓。

(2) 已知蒸汽压与温度的关系为 $\lg p = -\dfrac{A}{T} + B$ 求常数 A、B 各为多少。

8. 液态 CO_2 的蒸气压与温度的关系式为

$$\ln[p(l)/Pa] = 22.41 - 2013K/T$$

已知固态 CO_2 的摩尔熔化热 $\Delta_{fus}H_m = 9.300kJ·mol^{-1}$，三相点的温度为 215.3K。试求：(1) 三相点的压力 p。(2) 固态 CO_2 的蒸气压与温度的关系式。

9. 已知固体苯的蒸气压在 273.15K 时为 3.27kPa，293.15K 时为 12.303kPa，液体苯的蒸气压在 293.15K 时为 10.021kPa，液体苯的摩尔蒸发热为 34.17kJ·mol^{-1}。求：(1) 303.15K 时液体苯的蒸气压。(2) 苯的摩尔升华热。(3) 苯的摩尔熔化热。

10. 固态和液态 UF4 的蒸气压（单位：Pa）分别为

$$\ln p(s) = 41.67 - 10017K/T \qquad \ln p(l) = 29.43 - 5899.5K/T$$

计算固、液、气三相共存时（三相点）的温度和压力。

11. 水和一有机液体构成完全不互溶的混合物系统，在外压为 9.76×10^4Pa 下于 90.0℃沸腾。馏出物中有机液的质量分数为 0.70。已知 90.0℃时，水的饱和蒸汽压为 7.01×10^4Pa，试求：(1) 90℃时该有机液体的饱和蒸气压。(2) 该有机物的摩尔质量。

12. 相图如图 4.10 所示，指出各区所存在的相和自由度，由相图可知最低共溶温度为 −8℃，最低共溶混合物的质量分数为 $x_B = 0.4$，问将 $x_B = 0.2$ 和 $x_B = 0.6$ 的溶液各 100g 冷却，首先析出的固体各是什么，计算最多能析出固体的质量，画出 $x_B = 0.2$，$x_B = 0.8$ 的溶液的步冷曲线。

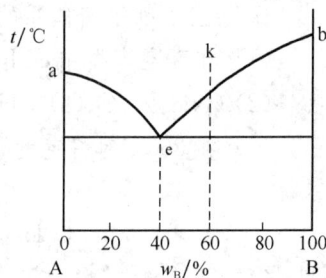

图 4.10　相图

自测题

一、选择题

1. 在密闭容器中，让 $NH_4Cl(s)$ 分解达到平衡后，系统中的相数是（　　）。
   A. 1　　　　　　B. 2　　　　　　C. 3　　　　　　D. 4

2. 在通常情况下，对于二组分系统能平衡共存的最多相为（　　）。
   A. 1　　　　　　B. 2　　　　　　C. 3　　　　　　D. 4

3. 水的三相点附近，其汽化热和熔化热分别为 $44.82kJ \cdot mol^{-1}$ 和 $5.994kJ \cdot mol^{-1}$。则在三相点附近，冰的升华热约为（　　）。
   A. $38.83kJ \cdot mol^{-1}$　　　　　　　　B. $50.81kJ \cdot mol^{-1}$
   C. $-38.83kJ \cdot mol^{-1}$　　　　　　　D. $-50.81kJ \cdot mol^{-1}$

4. 某一固体在 25℃ 和 101325Pa 压力下升华，这意味着（　　）。
   A. 固体比液体密度大　　　　　　　B. 三相点压力大于 101325Pa
   C. 三相点温度大于 25℃　　　　　　D. 三相点的压力小于 101325Pa

5. 在 0℃ 到 100℃ 的范围内，液态水的蒸汽压 p 与 T 的关系为：$\lg(p/Pa) = -2265/T + 11.1$，某高原地区的气压只有 59995Pa，则该地区水的沸点为（　　）。
   A. 358.2K　　　B. 85.2K　　　C. 358.2℃　　　D. 373K

6. 只要把冰和食盐（NaCl）混合，冰和盐都存在且三相共存，此系统就保持温度恒定不变，说明水-盐可用来创造（　　）。
   A. 低温环境　　　B. 高温环境　　　C. 加热循环水　　　D. 冷冻循环液

7. 纯组分的步冷曲线上会出现（　　）。
   A. 平台　　　B. 一个拐点　　　C. 平台和拐点　　　D. 多个拐点

8. 二元合金处于低共熔温度时的系统的自由度 f 为（　　）。
   A. 0　　　　　　B. 1　　　　　　C. 2　　　　　　D. 3

二、判断题

1. 粉碎得很细的铜粉和铁粉经过均匀混合后成为一个相。　　　　　　　　（　　）

2. 水不到沸点不会变成水蒸气。　　　　　　　　　　　　　　　　　　　（　　）

3. 当液体的蒸气压大于外界压力时液体便沸腾。　　　　　　　　　　　　（　　）

4. 冰点是指敞露于空气中的冰～水两相平衡时的温度，冰～水是多组分系统。
   　　　　　　　　　　　　　　　　　　　　　　　　　　　　　　　　（　　）

5. 克劳修斯-克拉贝龙方程只表示纯液体的蒸气压随温度变化而变化的关系。
   　　　　　　　　　　　　　　　　　　　　　　　　　　　　　　　　（　　）

6. 水蒸气蒸馏适用与水互溶的液体有机物。　　　　　　　　　　　　　　（　　）

7. 在一定温度下，互不相溶两液体混合物的蒸气总压一定大于任一纯组分的蒸气压。
   　　　　　　　　　　　　　　　　　　　　　　　　　　　　　　　　（　　）

8. 向热的油里滴水，会立刻沸腾并迸溅起来是因为油和水互溶混合后沸点大大降低的缘故。　　　　　　　　　　　　　　　　　　　　　　　　　　　　　（　　）

9. 组成恰好是最低共熔点组成的双组分系统，步冷曲线上出现拐点后再出现平台。
（　　）

10. 合金的熔点一般比其中任一种金属的熔点都低。（　　）

三、计算题

1. 固态苯和液态苯的蒸气压与绝对温度的函数关系如下：

$$\ln(p_s/\text{Pa}) = 27.56 - 9.5320(T/\text{K})$$

$$\ln(p_l/\text{Pa}) = 23.33 - 4109(T/\text{K})$$

（1）计算苯的三相点的温度和压力。

（2）计算三相点的熔化热。

2. 为防止苯乙烯在高温下聚合，采用减压蒸馏。已知苯乙烯的正常沸点为 418K，汽化热为 40.31kJ·mol，若控制温度为 303 K，压力应减到多少？

第5章 多组分系统热力学

☞ **学习目标**

1. 掌握拉乌尔定律的有关计算。
2. 掌握亨利定律的有关计算。
3. 掌握稀溶液的依数性及其应用。
4. 掌握理想溶液的蒸气压、气相组成以及液相组成的有关计算。
5. 理解理想溶液及真实溶液的压力-组成图和温度-组成图，学会分析图中线、区的意义。
6. 学会简单相图的绘制方法。
7. 理解精馏原理。
8. 理解双组分系统相图中的杠杆规则。
9. 掌握分配定律和萃取原理。

由第四章中组分的概念理解了多组分系统的含义。多组分系统可以是单相的，也可以是多相的，而对于多相系统可把它分成几个单相系统来研究。我们主要讨论多组分单相系统，多组分系统分为两大类：溶液和混合物。

溶液中各个组分在热力学上有不同的处理方法，它们有不同的标准态，服从的经验规律也不同。通常将液态物质称为溶剂，气态或固态物质称为溶质。如果都是液态，则把含量多的一种称为溶剂，含量少的称为溶质。溶质和溶剂的性质是有差别的。按聚集状态溶液可分为气态溶液（如萘溶解于高压二氧化碳中）、液态溶液（如盐水）、固态溶液（如单体溶解于聚合物中）。根据溶液中溶质的导电性又可分为电解质溶液（在电化学中讨论）和非电解质溶液。

在多组分均相系统中，溶质和溶剂不加区分，其中任何组分都具有相同的性质，即液体混合物。本章我们将讨论双组分系统气液平衡的规律以及相图。

5.1 拉乌尔定律与亨利定律

5.1.1 溶液组成的表示法

溶液组成的表示法有多种，常用的有以下 4 种。

1. 摩尔分数

溶液中某组分的物质的量与溶液中总的物质的量之比。用公式表示为：

$$x_B = \frac{n_B}{\sum n} \tag{5.1}$$

通常用 x_B 表示液相组成；用 y_B 表示气相组成。

2. 质量分数

溶液中某组分 B 的质量占溶液总质量的百分比。用公式表示为

$$\omega_B = \frac{W_B}{\sum W} \times 100\% \tag{5.2}$$

3. 质量摩尔浓度

每千克溶剂中所溶有的溶质 B 的物质的量，单位 $mol \cdot kg^{-1}$，用公式表示为

$$m_B = \frac{n_B}{W_A} \tag{5.3}$$

4. 物质的浓度

单位体积溶液中含溶质 B 的物质的量，单位 $mol \cdot L^{-1}$ 或 $mol \cdot m^{-3}$，用公式表示为

$$c_B = \frac{n_B}{V} \tag{5.4}$$

【例 5.1】 在常温下取 NaCl 饱和溶液 $10.00cm^3$，测得其质量为 12.003g，将溶液蒸干，得 NaCl 固体 3.173g。求饱和溶液中：（1）NaCl 的浓度；（2）NaCl 的质量摩尔浓度；（3）NaCl 的摩尔分数；（4）NaCl 的质量分数。

解：（1）NaCl 的浓度

$$c_{(NaCl)} = \frac{n_{(NaCl)}}{V} = \frac{3.173/58.5}{10.00 \times 10^{-3}} = 5.42 mol \cdot dm^{-3}$$

（2）NaCl 的质量摩尔浓度

$$m_{(NaCl)} = \frac{n_{(NaCl)}}{W_{(H_2O)}} = \frac{3.173/58.5}{(12.003 - 3.173) \times 10^{-3}} = 6.14 mol \cdot kg^{-1}$$

（3）NaCl 的摩尔分数

$$n_{(NaCl)} = 3.173/58.5 = 0.0542 mol$$

$$n_{(H_2O)} = (12.003 - 3.173)/18 = 0.491 mol$$

$$x_{(NaCl)} = \frac{n_{(NaCl)}}{n_{总}} = \frac{0.0542}{0.0542 + 0.491} = 0.10$$

（4）NaCl 的质量分数

$$\omega_{(NaCl)} = \frac{W_{(NaCl)}}{W_{总}} = \frac{3.173}{12.003} = 0.2644 = 26.44\%$$

5.1.2 拉乌尔定律

法国物理学家拉乌尔于 1887 年在实验基础上发现，稀溶液的蒸气压与纯溶剂的饱和蒸气压之间存在比例关系，经研究提出了拉乌尔定律：在一定温度下，稀溶液中溶剂的蒸气压等于纯溶剂的饱和蒸气压与溶液中溶剂的摩尔分数之积。

其数学表达式为

$$p_A = p_A^* x_A \tag{5.5}$$

式中：p_A——气相中溶剂的蒸气分压，Pa；

p_A^*——纯溶剂在相同温度下的饱和蒸气压，Pa；

x_A——溶液中溶剂的摩尔分数，无量纲。

只要溶液足够稀，任何溶液都能严格遵守拉乌尔定律。不同的溶液，定律适用的浓度范围不同，稀溶液稀到什么程度视溶液情况而定。拉乌尔定律对于不挥发性、挥发性非电解质溶质的稀溶液中的溶剂都能适用。若溶质是不挥发的，则 p_A 是溶液的蒸气压；若溶质是挥发性的，则 p_A 是溶剂 A 的蒸气分压，溶液的蒸气压由溶剂蒸气压和溶质蒸气压共同组成。

【例 5.2】 50℃时，纯水的蒸气压为 7.94kPa。在该温度下 924g 的 H_2O 中溶解 0.3mol 某种非挥发性有机化合物 B，求该溶液的蒸气压。

解： 把水设为 A。

根据题意有 $n_B = 0.3\text{mol}$，$n_A = 924/18 = 51.3\text{mol}$

$$x_A = \frac{n_A}{n_A + n_B} = \frac{51.3}{51.3 + 0.3} = 0.994$$

$$p = p_A + p_B = p_A = p_A^* x_A = 7.94 \times 0.994 = 7.89(\text{kPa})$$

5.1.3 亨利定律

稀溶液中挥发性溶质在气液两相的平衡遵守亨利定律，是亨利于 1803 年研究气体在液体中的溶解度时得出的。

在一定温度下，溶液中所溶解的挥发性溶质与液面上的该溶质气体达到平衡时，该溶质在溶液中的浓度与其在液面上的平衡压力成正比，称为亨利定律。

$$p_B = k_x x_B \tag{5.6}$$

式中：p_B——溶质 B 在气相中的平衡分压，Pa；

x_B——溶质 B 在溶液中的摩尔分数，无量纲；

k_x——以摩尔分数表示溶液浓度时的亨利常数，Pa。

溶质在溶液中的浓度以质量摩尔浓度 m_B 或物质的量浓度 c_B 表示时，则亨利定律形式变为：

$$p_B = k_m m_B \tag{5.7}$$

$$p_B = k_c c_B \tag{5.8}$$

式中：m_B——溶质的质量摩尔浓度，$mol \cdot kg^{-1}$；

$\quad\quad\quad c_B$——溶质的物质的量浓度，$mol \cdot m^{-3}$；

$\quad\quad\quad k_m$——用质量摩尔浓度表示的亨利常数，$Pa \cdot kg \cdot mol^{-1}$；

$\quad\quad\quad k_c$——用物质的量浓度表示的亨利常数，$Pa \cdot m^3 \cdot mol^{-1}$。

讨论：

① 享利常数的数值取决于温度、压力及溶质和溶剂的性质，且享利常数随温度升高而增大。

② 享利定律表达式中，p_B是溶质 B 在液面上的气体分压力。对于混和气体，当总压力不大时，每种气体都可应用享利定律。如空气中氧气、氮气溶于某种溶剂中可分别适用享利定律。

③ 溶质分子在溶剂中和气相中的形态应当相同，如果溶质发生电离、缔合，则不能应用享利定律。但若把在溶液中已电离或缔合的分子除外，只计算与气相中形态相同分子，享利定律仍适用。如氯化氢在水中电离成离子，气相中是分子，不适用享利定律。而氯化氢溶解于苯等非极性溶剂中则适用享利定律。

④ 用不同方法表示溶质浓度时，虽然 k 值不同，但平衡分压 p_B 不变。

【例 5.3】 20℃时，当 HCl 的分压力为 1.013×10^5 Pa 时，它在苯中的摩尔分数为 0.0425。若 20℃时纯苯的蒸气压为 1.00×10^4 Pa，问苯和 HCl 的总压力为 1.013×10^5 Pa 时，苯中最多可溶解 HCl 多少摩尔分数？

解： 由式 (5.6)，HCl 在苯中亨利常数为

$$k_x = \frac{p_{HCl}}{x_{HCl}} = \frac{101300}{0.0425} = 2.38 \times 10^6 \, Pa$$

$$p = p_A^* x_A + k_x x_B$$

$$1.013 \times 10^5 = 1.00 \times 10^4 \times (1 - x_B) + 2.38 \times 10^6 x_B$$

$$x_B = 0.0385$$

表 5.1 是部分气体在 25℃时溶解于水和苯中的亨利常数。

表 5.1　25℃时部分气体的亨利常数

气体	亨利常数 k_x/Pa		气体	亨利常数 k_x/Pa	
	水为溶剂	苯为溶剂		水为溶剂	苯为溶剂
H_2	$7.123\,15 \times 10^9$	$3.667\,97 \times 10^9$	CO	$5.785\,66 \times 10^9$	$1.631\,33 \times 10^9$
N_2	$8.683\,55 \times 10^9$	$2.391\,27 \times 10^9$	CO_2	$1.661\,73 \times 10^9$	$1.144\,97 \times 10^9$
O_2	$4.397\,15 \times 10^9$	—	CH_4	$4.184\,72 \times 10^9$	$5.694\,47 \times 10^9$

亨利定律是化工单元操作"吸收"的理论基础。吸收是利用混合气体中各种气体在溶剂中溶解度的差别，有选择的把溶解度大的气体吸收下来，从而将该气体从混合气体中分离出来。

表 5.2、表 5.3 是实验得到的数据。由表 5.2 知道一定压力下溶解度随温度的升高而减小；由表 5.3 数据知道，一定温度下气体的溶解度随压力的增加而增大。工业上利

用这一特点选择低温高压的条件进行吸收操作。

表 5.2　不同温度下氧气在水中的溶解度（100kPa）

温度/℃	0	20	40	60	80
溶解度（以 100g 水中溶解氧的克数表示）	0.006 94	0.004 43	0.003 11	0.002 21	0.001 35

表 5.3　不同压力下氧气在水中的溶解度（25℃）

p/Pa	$c/(g \cdot m^{-3})$	$k=p/c$	p/Pa	$c/(g \cdot m^{-3})$	$k=p/c$
23331	9.5	2456	55195	22.0	2510
26913	10.7	2516	81326	32.5	2501
39997	16.0	2501	101325	40.8	2482

5.2　稀溶液的依数性

人们在长期的实践中发现，加入少量非挥发性溶质引起溶剂性质改变（蒸气压降低、沸点升高、凝固点降低并呈现渗透压力）的大小，仅与溶质的数量有关，而与溶质的性质无关，称为稀溶液的依数性。

5.2.1　蒸气压下降

由拉乌尔定律可得到

$$\Delta p_A = p_A^* - p_A = p_A^* x_B \tag{5.9}$$

式中：x_B——非挥发性溶质 B 在液相中的摩尔分数，无量纲；

Δp_A——形成稀溶液后，溶剂的蒸气压下降值，Pa。

由公式看到，溶液蒸气压降低的数值与溶质在液相中的摩尔分数成正比，而比例系数是纯溶剂的饱和蒸气压，说明蒸气压下降值与溶质的本性无关。

式（5.9）适用于只有 A 和 B 两个组分形成的理想溶液或稀溶液。

【例 5.4】6.4g 蔗糖（$C_{12}H_{22}O_{11}$）溶于 100g H_2O 中，计算该溶液在 100℃时的蒸气压，以及蒸气压下降了多少？

解：蔗糖是非挥发性溶质，此溶液较稀，可以用拉乌尔定律计算。

$$M_水 = 0.018kg \cdot mol^{-1}, M_{蔗糖} = 0.342kg \cdot mol^{-1},$$

100℃时 $p_水^* = 101.3kPa$，

$$x_{蔗糖} = \frac{n_{蔗糖}}{n_{蔗糖} + n_水} = \frac{6.4/342}{6.4/342 + 100/18} = 0.0034$$

$$p_{溶液} = p_水^* x_水 = 101.3 \times (1 - 0.0034) = 101.0(kPa)$$

$$\Delta p = p_水^* - p_{溶液} = 101.3 - 101.0 = 0.3(kPa)$$

正因为溶剂的饱和蒸气压降低，所以引起了溶液的沸点升高、凝固点降低以及产生渗透压等现象。

5.2.2　沸点升高

含有非挥发性溶质的稀溶液，由于蒸气压降低，加热到原来的沸点温度时蒸气压小于外压，不能沸腾。只有继续升高温度，蒸气压等于外压才能沸腾，所以沸点升高了。实验证明，其沸点升高值与溶液中溶质 B 的质量摩尔浓度成正比。

$$\Delta T_b = T_b - T_b^* = k_b m_B \tag{5.10}$$

式中：m_B——溶质 B 在液相的质量摩尔浓度，$mol \cdot kg^{-1}$；

　　　ΔT_b——沸点升高值，K；

　　　k_b——沸点升高常数，$K \cdot kg \cdot mol^{-1}$，它只与溶剂的性质有关。

表 5.4 给出了几种常见溶剂的沸点升高常数的数值。

表 5.4　几种常用溶剂的沸点升高常数

溶剂	水	甲醇	乙醇	丙酮	氯仿	苯	四氯化碳
纯溶剂沸点/℃	100.00	64.51	78.33	56.15	61.20	80.10	76.72
$k_b/(K \cdot kg \cdot mol^{-1})$	0.52	0.83	1.19	1.73	3.85	2.60	5.02

【例 5.5】 将 $0.46 \times 10^{-3} kg$ 的某不挥发物质溶于 $27 \times 10^{-3} kg$ 乙醇中，测得该溶液的沸点为 78.45℃，试计算该物质的摩尔质量。已知纯乙醇的正常沸点为 78.33℃。

解： 查表得乙醇的沸点升高常数 $k_b = 1.19 K \cdot kg \cdot mol^{-1}$ 根据题意，沸点升高值为

$$\Delta T_b = 78.45 - 78.33 = 0.12℃$$

由式 (5.6) 得

$$M_B = k_b \frac{W_B}{\Delta T \cdot W_{乙醇}} = 1.19 \times \frac{0.46 \times 10^{-3}}{0.12 \times 27 \times 10^{-3}} = 0.142 (kg \cdot mol^{-1})$$

5.2.3　凝固点下降

物质的凝固点是该物质处于固-液两相平衡时的温度。按多相平衡的条件，在凝固点时固相和液相的蒸气压相等。由于溶质溶于溶剂形成稀溶液后溶剂的蒸气压会降低，所以纯溶剂固相蒸气压在较低的情况下就等于稀溶液的蒸气压，即较低的温度开始析出固体。所以稀溶液的凝固点低于纯溶剂的凝固点。与沸点升高一样，经验证明，凝固点下降值与溶液中溶质的质量摩尔浓度成正比，用数学公式表示为

$$\Delta T_f = T_f^* - T_f = k_f m_B \tag{5.11}$$

式中：ΔT_f——凝固点降低值，K；

　　　k_f——凝固点降低常数，$K \cdot kg \cdot mol^{-1}$，只与溶剂的性质有关。

式 (5.11) 适用于稀溶液且凝固时析出的为纯溶剂 A(s)，即无固溶体生成。利用此原理可用于测定物质的摩尔质量，因为 k_f 较 k_b 大，测量物质的摩尔质量时凝固点下降法的误差小，且此法在低温测量也易于进行，所以凝固点下降法更为准确和方便。表 5.5 是几种常用溶剂的凝固点降低常数。

表 5.5　几种常用溶剂的凝固点降低常数

溶剂	水	醋酸	环己烷	萘	樟脑	苯	环己醇
纯溶剂凝固点/℃	0.00	16.63	6.50	80.25	178.4	5.53	6.544
$k_f/(\text{K} \cdot \text{kg} \cdot \text{mol})$	1.86	3.90	20.2	6.9	37.7	5.12	39.3

【例 5.6】 如果在 100g 环己烷中溶解 2.2g 某非挥发性溶质时，$\Delta T_f = 0.770℃$，求该物质的摩尔质量 M。

　　解： 查表得环己烷的凝固点降低常数 $k_f = 20.2\text{K} \cdot \text{kg} \cdot \text{mol}^{-1}$。设环己烷为溶剂 A，蔗糖为溶质 B。

　　由式（5.11），有

$$M_B = \frac{W_B k_f}{\Delta T_f W_A} = \frac{2.2 \times 10^{-3} \times 20.2}{0.770 \times 100 \times 10^{-3}} = 0.342(\text{kg} \cdot \text{mol}^{-1})$$

5.2.4　渗透压

　　半透膜对物质的透过具有选择性，只允许某些小离子或溶剂分子通过而不允许较大的离子或溶质分子通过。在恒温恒压条件下，用半透膜将纯溶剂与溶液隔开，经过一定时间，发现溶液端的液面会上升至某一高度，而纯溶剂端液面下降，如图 5.1（a）所示。如果溶液浓度改变，液面上升的高度也随之改变。这种溶剂通过半透膜渗透到溶液一边，使溶液端的液面升高的现象称为渗透现象。如果想使两侧液面高度相同，则需要在溶液端施加额外压力。如图 5.1（b）所示，在恒温恒压下，当溶液一侧所施加外压力为 π 时，两侧液面可持久保持同一水平，也就是达到渗透平衡，这个压力 π 称为渗透压。在溶液一端施加超过渗透压的压力，会使溶剂由溶液向溶剂方渗透，称为反渗透。反渗透可用于海水淡化、污水处理等许多方面，这种方法也称为膜技术。

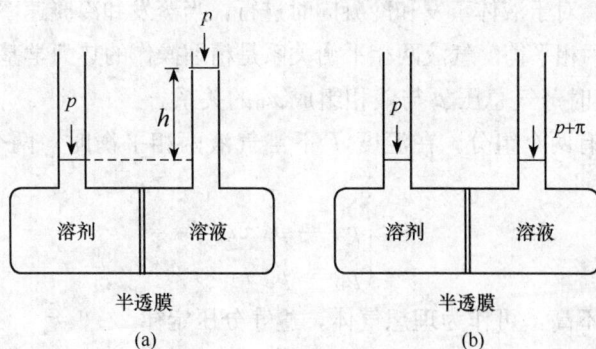

图 5.1　渗透平衡示意图

　　大量实验结果表明，稀溶液的渗透压数值与溶液中所含溶质的数量成正比。

$$\pi = c_B RT \tag{5.12}$$

式中 π——渗透压，Pa；

　　c_B——稀溶液中溶质的物质的浓度，$\text{mol} \cdot \text{m}^{-3}$；

　　此式称为范特霍夫渗透压公式，适用于在一定温度下稀溶液与纯溶剂之间达到渗透压平衡时溶液的渗透压 π 及溶质的物质的量浓度 c_B 的计算。

通过渗透压的测定也可用来求得溶质的摩尔质量。常用于测定高分子物质的摩尔质量。

【例 5.7】 求 $4.40\,mol \cdot L^{-1}$ 葡萄糖（$C_6H_{12}O_6$）的水溶液，在 300.2K 时的渗透压。

解： $\qquad \pi = c_B RT = 4.40 \times 10^3 \times 8.314 \times 300.2 = 1.10 \times 10^8 (Pa)$

计算结果表明，稀溶液的几个依数性中渗透压是最显著的。利用此原理，可以用于测定物质的摩尔质量。

5.3 理 想 溶 液

当液体混合物浓度较大时将对拉乌尔定律产生很大偏差，为了研究问题的方便，参照理想气体的引入原理，先找到理想情况下的规律，再加以修正找到真实溶液的规律，因此提出了理想溶液的概念。

溶液中所有组分在全部浓度范围内都服从拉乌尔定律的溶液叫理想溶液。

拉乌尔定律只有稀溶液才成立，是因为稀溶液中溶质的分子数目很小，对溶剂分子间作用力的影响很小。而理想溶液的组分，不管浓度多大，都服从拉乌尔定律。理想溶液中各组分的分子结构非常相似，分子之间的相互作用力完全相同，分子大小也完全相同。理想溶液的各个组分能以任意比例相互混溶，混合前后体积不变，并且没有吸热、放热现象。

与理想气体不同之处，许多真实溶液性质很接近理想溶液，可以看作为理想溶液。例如同系物、同分异构体所组成的溶液等。

5.3.1 理想溶液的气-液平衡组成

在一定条件下，对于液体蒸发和冷凝同时进行，当蒸发和冷凝速率相等时即达到了动态平衡，称为气液两相平衡。气液两相平衡关系是精馏操作的热力学基础和基本依据。

(1) 气-液平衡时蒸气总压 p 与液相组成 x_B 的关系。

如果溶液中只有两个组分，在温度 T 下当气液两相平衡时，两个组分都完全遵守拉乌尔定律

$$\begin{cases} p_A = p_A^* x_A \\ p_B = p_B^* x_B \end{cases} \tag{5.13}$$

平衡蒸气压力不高，可作为理想气体，遵守分压定律

$$p = p_A + p_B = p_A^* x_A + p_B^* x_B$$
$$= p_A^* (1 - x_B) + p_B^* x_B$$

因此 $\qquad p = p_A^* + (p_B^* - p_A^*) x_B \tag{5.14}$

式（5.14）可用来计算理想溶液在气液平衡时液相组成或总压。

(2) 气-液平衡时气相组成 y 与液相组成 x 的关系。

由分压定律有 $\qquad y_B = \dfrac{p_B}{p} = \dfrac{p_B^* x_B}{p} = \dfrac{p_B^* x_B}{p_B^* x_B + p_A^* x_A} \tag{5.15a}$

$$y_A = \frac{p_A}{p} = \frac{p_A^* x_A}{p} = \frac{p_A^* x_A}{p_B^* x_B + p_A^* x_A} \tag{5.15b}$$

【例 5.8】已知 413.15K 时，纯 C_6H_5Cl 和纯 C_6H_5Br 的蒸气压分别为 125.2kPa 和 66.1kPa。计算该温度下 C_6H_5Cl 和 C_6H_5Br 摩尔分数分别为 0.4 和 0.6 的混合溶液（当做理想溶液），达气液两相平衡时的蒸气总压以及气相组成。

解：当溶液达气液两相平衡时，蒸发气相量较少，可以认为液相组成变化不大。因此，根据式（5.14）可计算气液两相平衡时的蒸气总压为

$$p = p_{C_6H_5Cl}^* + (p_{C_6H_5Br}^* - p_{C_6H_5Cl}^*) x_{C_6H_5Br}$$
$$= 125.2 + (66.1 - 125.2) \times 0.6 = 89.7 (kPa)$$

根据式（5.15a）可以计算气相组成

$$y_{C_6H_5Cl} = \frac{p_{C_6H_5Cl}}{p} = \frac{p_{C_6H_5Cl}^* x_{C_6H_5Cl}}{p} = \frac{125.2 \times 0.4}{89.7} = 0.56$$

$$y_{C_6H_5Br} = 1 - y_{C_6H_5Br} = 1 - 0.56 = 0.44$$

（3）气-液平衡时蒸气总压 p 与气相组成 y_B 的关系。

结合式（5.14）和式（5.15a）可得

$$p = \frac{p_A^* \cdot p_B^*}{p_B^* - (p_B^* - p_A^*) y_B} \tag{5.16}$$

5.3.2　理想溶液压力-组成图

由式（5.14）可以看出，理想溶液气液平衡时，气相的总压力随液相组成的变化而变化。如果以总压 p 对液相组成 x_B 作图可得到一直线，即压力-组成图上的液相线，如图 5.2 所示。p_B^*-p_A^* 为斜率，p_B^* 为截距。理想溶液的液相线为直线。

由式（5.16）可以看出，理想溶液气液平衡时气相的蒸气总压与气相组成之间不是简单的直线关系。如果以 y_B 为横坐标，总压 p 为纵坐标，得到的是条曲线，即压力-组成图上的气相线。

如果 B 比 A 挥发能力强，有 $p_B^* > p_A^*$，又由式（5.14）看到，因为 $0 < x_B < 1$，所以理想溶液气液两相平衡时的蒸气总压总是介于两个纯组分的饱和蒸气压之间，即 $p_B^* > p > p_A^*$。

液相线：p-x_B 线，表示蒸气总压随液相组成的变化，是直线。

气相线：p-y_B 线，表示蒸气总压随气相组成的变化，与液相线不同，气相线不是直线。

液相区：液相线以上的区域。当体系的压力和组成处于液相区时，压力大于蒸气压，应全部冷凝为液体。

气相区：气相线以下的区域。当体系的组成和压力处于气相区时，其压力小于蒸气压，全部为气体。

气液两相平衡区：液相线与气相线之间的区域。当体系处于这个区内，则处于气液两相平衡状态。

在一定温度下测得苯和甲苯溶液的压力-组成数据，并绘制出压力-组成图，如图 5.3 所示，接近理想溶液。

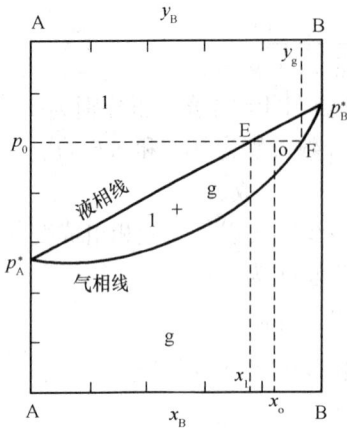

图 5.2 理想溶液的压力-组成图　　　图 5.3 甲苯（A）-苯（B）溶液的压力-组成图

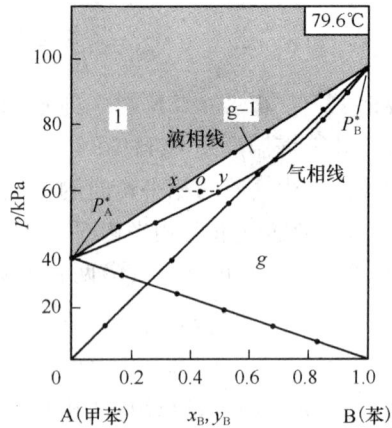

图 5.4 甲苯（A）-苯
（B）溶的温度-组成图

5.3.3 理想溶液沸点-组成图

在化工生产过程中，精馏操作等是在恒压条件下进行的。因此，讨论沸点-组成图更有实际意义。一般从实验数据直接绘制。

理想溶液的沸点-组成图（T-x、y 图），是恒压下以溶液的温度（T）为纵坐标，组成 x（或 y）为横坐标制得的相图。通过实验测得甲苯（A）-苯（B）二组分体系在 100kPa 下不同组成的沸点，如表 5.6。其中 x_B、y_B 分别为温度 T（K）时 B 组分在液相、气相中的摩尔分数。由沸点 T 对气、液相组成 y_B、x_B 制成沸点-组成图，如图 5.4。

表 5.6　甲苯（A）-苯（B）二组分体系在 100kPa 下的气-液平衡数据

x_B	0	0.100	0.200	0.400	0.600	0.800	0.900	1.000
y_B	0	0.206	0.372	0.621	0.792	0.912	0.960	1.000
T/K	383.8	382.4	375.4	368.5	362.6	357.6	355.4	353.3

分析如下：

液相线：T-x_B 线，沸点随液相组成的变化曲线，称为"泡点线"。一定组成的溶液升高到线上温度时起泡沸腾。

气相线：T-y_B 线，饱和蒸汽组成与温度的关系曲线，称为"露点线"。当一定组成的气体降温至线上温度时开始冷凝，如生成露水一样。

液相区：液相线以下的区域。当体系组成和温度处于液相区时，因为温度低于该组成溶液的沸点，所以全部为液体。

气相区：气相线以上的区域。当体系组成和温度处于气相区时，全部为气体。

气液两相平衡区：气相线和液相线包围的区域为气液两相平衡区。当体系状态点在此区域时为气液两相平衡。过体系状态点做水平线与气相线和液相线的交点称为相点，各相的组成由相点读出。体系总组成还是体系状态点对应的组成，各相组成只决定于平衡温度，而与总组成无关。两相的数量比则由杠杆规则确定。

参照 p-x、y 图看到溶液中蒸气压愈高的组分其沸点愈低。由于苯比甲苯容易挥发，由图可见，同一温度下，y_B 恒大于 x_B，说明沸点低的组分在气相中的成分总比在液相中的多。由式（5.15a）、式（5.15b）也可得到相同结论。

若 B 比 A 容易挥发，$p_B^* > p > p_A^*$。

由 $y_B = \dfrac{p_B^* x_B}{p}$ 得 $\dfrac{y_B}{x_B} = \dfrac{p_B^*}{p} > 1$；由 $y_A = \dfrac{p_A^* x_A}{p}$ 得 $\dfrac{y_A}{x_A} = \dfrac{p_A^*}{p} < 1$。

即
$$y_B > x_B$$
$$y_A < x_A$$

由此可以得出结论：理想溶液气液两相平衡时，易挥发组分在气相中的摩尔分数大于其在液相中的摩尔分数；难挥发组分在气相中的摩尔分数小于其在液相中的摩尔分数。

5.4　真实溶液

5.4.1　真实溶液

绝大多数溶液其行为偏离理想溶液，蒸气压与组成之间的关系并不完全服从拉乌尔定律，这类溶液称真实溶液。真实溶液的相图完全由实验得出。

因为分子间相互作用的不同，随着溶液浓度的增大，真实溶液蒸气压-组成关系不服从拉乌尔定律。当体系的总蒸气压和蒸气分压的实验值均大于拉乌尔定律的计算值时，称为发生了"正偏差"，若小于拉乌尔定律的计算值，称为发生了"负偏差"。产生偏差的原因大致有如下三方面：

（1）分子间作用力改变而引起挥发性的改变。当同类分子间引力大于异类分子间引力时，混合后作用力降低，挥发性增强，产生正偏差，反之则产生负偏差。

（2）由于混合后分子发生缔合或解离现象引起挥发性改变。若解离度增加或缔合度减少，溶液中分子数目增加，蒸气压增大，产生正偏差。如乙醇溶解到苯中，缔合的乙醇分子发生解离，分子数目增加，蒸气压增大而产生正偏差。反之，出现负偏差。

（3）由于二组分混合后生成化合物，蒸气压降低，产生负偏差。

5.4.2　真实溶液相图

真实溶液的 p-x 图及 t-x 图按正负偏差大小，大致可分成以下几种类型。

1. 正常类型的真实溶液

这一类真实溶液，对拉乌尔定律产生的偏差不大，溶液的蒸气总压介于两纯组分蒸气压之间，体系的沸点也介于两个纯组分沸点之间。例如，氯仿-乙醚、甲醇-水、苯-丙酮等体系。这种真实溶液的相图，称为正常类型的真实溶液相图。

图 5.5（a）是苯与丙酮二组分溶液的蒸气压-组成图（p-x 图），图中虚线表示理想溶液情况，为直线，实线表示实测的总蒸气压、蒸气分压随组成变化。对拉乌尔定律产生的是正偏差。图 5.5（b）为相应的 p-$x(y)$ 图，图 5.5（c）为相应的 t-$x(y)$ 图。

图 5.5（d）为氯仿-乙醚二组分体系的 p-x 图，其蒸气压对拉乌尔定律产生负偏差。图 5.5（e）为相应的 p-$x(y)$ 图，而图 5.5（f）为相应的 t-$x(y)$ 图。

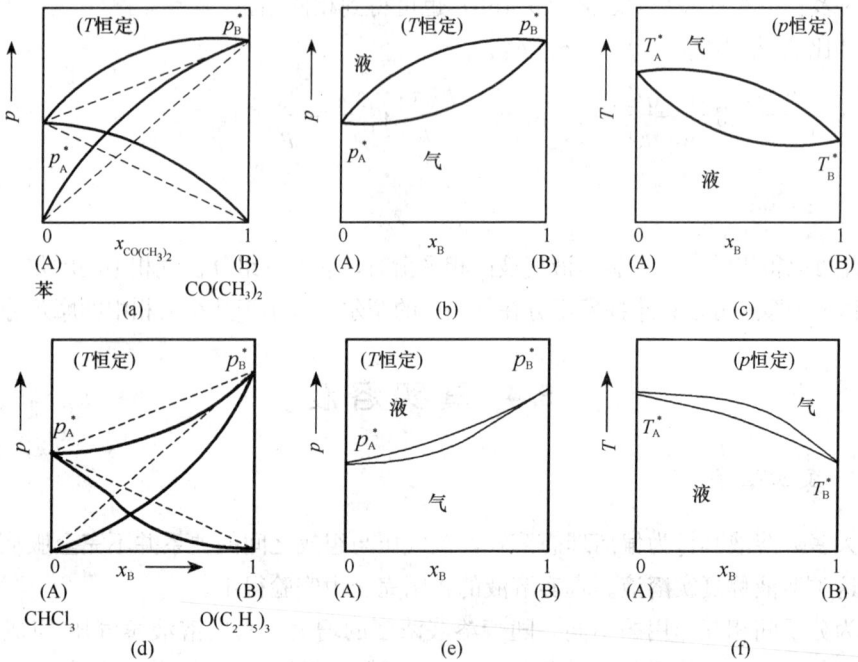

图 5.5　产生正负偏差，偏差不大的实际溶液的相图

2. 具有最大正偏差的真实溶液

对拉乌尔定律产生的偏差很大，溶液的蒸气总压超过每一个组分的蒸气压，在 p-$x(y)$ 相图上出现了最高点（即最大值），而在 T-$x(y)$ 图上出现最低点（即极小值）。例如，水-乙醇、水-氯仿、甲醇-氯仿、环己烷-乙醇、甲醛-苯、乙醇-苯、二硫化碳-丙酮等。

从图 5.6 的蒸气压-组成图上可以看到总蒸气压曲线上的最高蒸气压 H 点。相应地在 T-$x(y)$ 图中的 E 点，称为"最低恒沸点"（温度 T'），在该点上液相和气相组成相

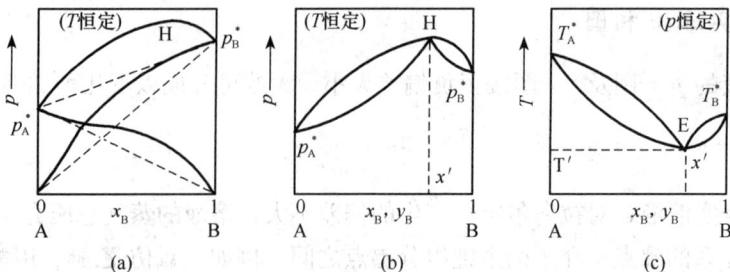

图 5.6　产生较大正偏差的真实溶液的相图

等（x'），这一混合物称为"最低恒沸混合物"。

表 5.7 给出了部分具有最低恒沸点的二组分体系在 100kPa 下的恒沸点和对应组成。

表 5.7　在 101.325kPa 下二组分的最低恒沸点混合物

组分 A，沸点/K		组分 B，沸点/K		恒沸点/K	恒沸点组成 ω_B
H_2O	373.16	$CHCl_3$	334.2	329.12	0.972
H_2O	373.16	C_2H_5OH	351.46	351.29	0.956
$CHCl_3$	334.2	CH_3OH	337.7	326.43	0.126

3. 具有最大负偏差的真实溶液

溶液的蒸气总压小于每一个组分的蒸气压，负偏差很大。例如，氯化氢-水，氯仿-乙酸甲酯、氯仿-丙酮等。与上面情况相反，在 T-$x(y)$ 图上将出现最高点 G，称为最高"恒沸点"（温度 T'），在此点上气、液两相具有相同的组成（x'），这一混合物称为最高"恒沸混合物"（图 5.7）。

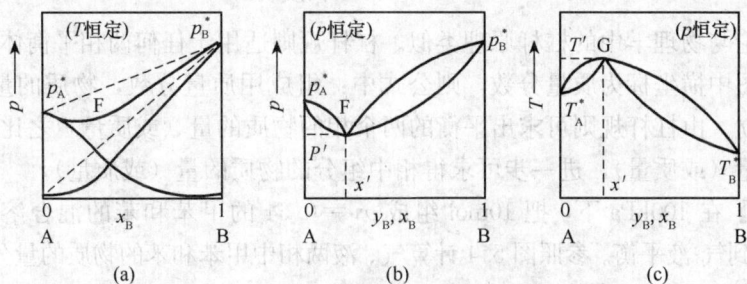

图 5.7　产生较大负偏差的真实溶液的相图

表 5.8 给出了常见的几种二组分体系在 100kPa 下的恒沸点以及恒沸混合物的组成。

表 5.8　在 101.325kPa 下部分二组分的最高恒沸点混合物

组分 A，沸点/K		组分 B，沸点/K		恒沸点/K	恒沸点组成（$\omega_B \times 100$）
H_2O	373.15	HCl	253.16	481.58	20.24
CH_3COCH_3	329.5	$CHCl_3$	334.2	337.7	80
$CH_3CO_2CH_3$	330	$CHCl_3$	334.2	337.7	77

由表 5.9 看到水-氯化氢体系的恒沸点混合物组成随压力变化而改变，说明混合物在此浓度时虽然沸点恒定也是混合物，因为外压改变时，沸点发生变化同时组成也会发生变化，而不是像化合物的纯物质一样，外压改变组成不会发生变化。

表 5.9　H_2O-HCl 体系恒沸点组成随压力变化关系

外压/kPa	102.7	101.3	99.99	98.66	97.32
恒沸点组成（$\omega_{HCl} \times 100$）	20.218	20.242	20.266	20.290	20.314

5.4.3　杠杆规则

当二组分溶液体系处于两相平衡时,其气液两相在质量上存在一定关系,符合杠杆规则。

如图 5.8 所示,当体系处于 O 点时总的物质的量为 n,总组成为 x_0;其气相的物质的量为 n_g,组成为 y_g;液相的物质的量为 n_L,组成为 x_L。则对于体系中的某一组分,其在气相和在液相的物质的量之和等于体系的总物质的量。

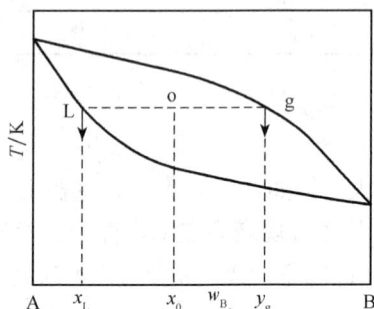

$$n_L + n_g = n$$

经推导得

$$\frac{n_L}{n_g} = \frac{x_0 - y_g}{x_L - x_0} \tag{5.17}$$

$$\frac{n_L}{n_g} = \frac{\overline{og}}{\overline{oL}} \tag{5.18}$$

式中：$\overline{og}$——为图 5.8 中体系状态点到气相点的线段长度;

$\overline{oL}$——为图 5.8 中体系状态点到液相点的线段长度。

图 5.8　杠杆规则示意图

上述结论与物理学中的杠杆原理类似。杠杆规则适用于任何两相平衡体系。

如果相图中横坐标为质量分数,则公式中：组成用质量分数,物质的量换成质量,公式一样成立。由杠杆规则可求出平衡的两个相的物质的量(或质量)之比或两个相具体的物质的量(或质量),进一步可求得相中组分的物质的量(或质量)。

【例 5.9】在 100kPa 下,把 10mol 组成 $x_B = 0.64$ 的甲苯和苯的混合溶液加热,至 362.6K 时达到气-液平衡。参照图 5.4 计算气、液两相中甲苯和苯的物质的量分别是多少?

解： 设甲苯和苯分别为 A 和 B。

由图 5.4,362.6K 时气相组成为 $y_B = 0.79$ 液相组成为 $x_B = 0.60$。

根据杠杆规则有

$$\frac{n_L}{n_g} = \frac{0.79 - 0.62}{0.64 - 0.60} = 4.25$$

由于

$$n_L + n_g = 10$$

所以

$$n_g = 10 - n_L = 10 - 4.25 n_g$$

$$n_g = 1.90 (\text{mol})$$

$$n_L = 10 - 1.90 = 9.10 (\text{mol})$$

气相中含甲苯　$n_A = n_g \cdot y_A = n_g \cdot (1 - y_B) = 1.90 \times (1 - 0.79) = 0.40 (\text{mol})$

气相中含苯　$n_B = n_g \cdot y_B = 1.90 \times 0.79 = 1.50 (\text{mol})$

或　$n_B = n_g - n_A = 1.90 - 0.40 = 1.50 (\text{mol})$

液相中含甲苯　$n_A = n_L \cdot x_A = n_L \cdot (1 - x_B) = 9.10 \times (1 - 0.60) = 3.64 (\text{mol})$

液相中含苯　$n_B = n_L \cdot x_B = 9.10 \times 0.60 = 5.46 (\text{mol})$

5.4.4　精馏

在实验室或工业生产中,常用蒸馏或精馏来分离二组分溶液,是最常用的一种方法。

1. 简单蒸馏原理

对于正常类型二组分溶液,加热达气液平衡即沸腾时,沸点低组分易挥发,气相中就含有较多的该轻组分,可冷却凝结并收集,得到含较多轻组分的溶液,这就是蒸馏原理。也可以再进行蒸馏,反复进行,可得到纯度很高或纯的轻组分溶液。

2. 精馏原理

如图 5.9 所示。若原始溶液的组成为 x_M,加热到 T_3 时处于气液两相平衡,此时气相组成为 y_3,液相组成为 x_3。很显然气相中容易挥发组分 B 的含量比原始溶液高,而液相中难挥发组分 A 的含量比原始溶液高。

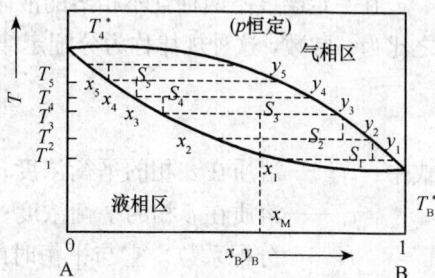

图 5.9 精馏过程的 T-x 示意图

将气相冷却到温度 T_2,则气相中的一部分冷凝为液体,组成为 x_2,可以看到含 B 组分减少,说明 A 组分增加;此时气相组成为 y_2,看到气相中容易挥发组分 B 的含量又有所增加。依此类推,气相经过多次部分冷凝,最后得到的蒸气的组成接近纯 B。

将组成为 x_3 的液体加热,温度升高到 T_4,此时又达到了气液两相平衡,液相组成为 x_4,从图中可以看出,液相中难挥发组分 A 的含量升高。依此类推,液相经过多次部分蒸发,最终在液相能得到难挥发纯组分 A。

上述反复进行的过程在相图中表现为气相组成沿气相线下降,最终得到纯的易挥发组分 B;液相组成沿液相线上升,最终得到难挥发的纯组分 A。

工业上精馏过程是在精馏塔里完成的,是连续的过程。图 5.10 为精馏塔的示意图,在塔内,蒸发的气相往上走,液相往下流。在每一层塔板上气相与液相可以进行热、质交换,液相中轻组分得到热量,有部分蒸发;气相温度降低,其中重组分被部分冷凝。经过整个过程达到了分离的目的。

对于具有极值的真实溶液,通过精馏不能同时得到两个纯组分,而是得到恒沸混合物和一个纯组分。

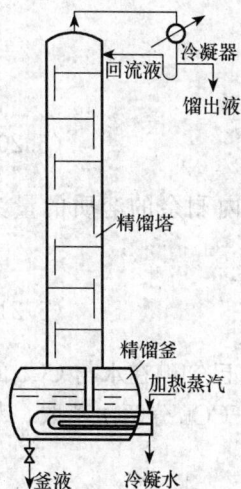

图 5.10 精馏塔示意图

例如,水-乙醇混合液,在 100kPa 下其最低恒沸点为 78.13℃,恒沸组成(质量分数)含 C_2H_5OH 为 95.6%,若所取的混合液含 C_2H_5OH 小于此质量分数即介于图 5.6 (c) 中 $o \sim x'$ 之间,则精馏结果只能得到纯水和恒沸物,而得不到纯乙醇。原则上只有当组成介于 $x' \sim 1$ 之间,才能用精馏方法分离出乙醇和恒沸物,但事实上因乙醇的沸点与恒沸点温度只有 0.17K 的差别,实际操作中难以实现。故目前工业上常采用加入适量的苯形成乙醇-水-苯三组分体系进一步精馏以得到无水乙醇。实验室中制备无水酒精时,在 95.6% 酒精中加入生石灰 (CaO) 加热回流,使酒精中的水跟氧化钙反应,生成不挥发的氢氧化钙来除去水分，然后再蒸馏，这样可得 99.5% 的无水酒精。如果还要去掉这残留的少量的水，可以加入金属镁来处理，可得 100% 乙醇，叫做绝对酒精。

5.5　分配定律和萃取

5.5.1　分配定律

在一定温度下两种互不相溶的液体混合物 α 和 β，溶质 i 在两液层间达到平衡时，浓度之比为一常数，这种规律称为分配定律。这一定律是在 1891 年由能斯特发现的。表示为

$$K = \frac{c_i^\alpha}{c_i^\beta} \tag{5.19}$$

式中：c_i^α——溶质在 α 相的平衡浓度；

$\quad\quad c_i^\beta$——溶质在 β 相的平衡浓度；

$\quad\quad K$——分配系数，它与平衡时的温度及溶质，溶剂的性质有关。

碘在二硫化碳和水的混合体系中达到平衡时，碘在二硫化碳相中的浓度是水相中的 418 倍。如果保持温度不变，再增加碘，倍数不变，说明碘在二硫化碳和水的浓度都会增加。

5.5.2　萃取

分配定律在实际中的具体应用是萃取。用一种与溶液不相溶的溶剂，将溶质从溶液中提取出来的过程称为萃取。萃取所用的溶剂称为萃取剂。如果水中溶解了少量的某种物质，可在水中加入一定量的与水不相溶的萃取剂，使水中少量的某种溶质在两溶剂中重新分配，达到平衡。这样溶质就在该溶剂中有了一定的浓度，溶解度越大，萃取效果越好。

如果 V_a(mL) 溶液中含有某种溶质 W_0(g)，用 V_b(mL) 的某溶剂进行萃取，萃取后残留在原液中的溶质为 W_1(g)，根据式（5.19）可得

整理后得
$$K = \frac{\dfrac{W_1}{V_a}}{\dfrac{W_0 - W_1}{V_b}}$$

$$W_1 = W_0 \frac{KV_a}{KV_a + V_b} \tag{5.20}$$

如每次用 V_b(mL) 溶剂萃取，进行 n 次萃取，最后在残液内剩余的溶质的量为 W_n(g)，有

$$W_n = W_0 \left(\frac{KV_a}{KV_a + V_b} \right)^n \tag{5.21}$$

【例 5.10】以 CCl_4 萃取 20mL 水溶液中的 I_2，水中有碘 20g，已知碘在水与 CCl_4 的分配系数为 0.012，试比较用 30mL CCl_4 一次萃取及每次用 15mL CCl_4 分两次萃取，萃取出来碘的质量。

解：设水为 a，CCl_4 为 b。

（1）一次萃取后水中残留 I_2 的质量为 W_1(g)：

$$W_1 = W_0 \frac{KV_a}{KV_a + V_b} = 20 \times \frac{0.012 \times 20}{0.012 \times 20 + 30} = 0.16(g)$$

萃取出碘为：$20 - 0.16 = 19.84(g)$。

（2）分两次萃取后水中残留 I_2 的质量为 $W_2(g)$：

$$W_2 = W_0 \left(\frac{KV_a}{KV_a + V_b}\right)^2 = 20 \times \left(\frac{0.012 \times 20}{0.012 \times 20 + 15}\right)^2 = 0.0050(g)$$

萃取出碘为：$20 - 0.0050 \approx 20(g)$。

通过计算知道，如果用同样数量的溶剂，萃取次数越多，从溶液中萃取出来的溶质也越多。

对沸点靠近或有共沸现象的液体混合物，可以用萃取的方法分离。

萃取剂的选择：

① 选择萃取用的萃取剂应考虑对溶质有较大的溶解度和较好的选择性。

② 萃取剂与原溶剂的互溶度要小，黏度低，界面张力适中，对相的分散和相的分离有利。

③ 萃取剂的化学稳定性要高，与原溶剂的沸点差要大，回收和再生容易。

④ 价格低廉，安全（如无毒、闪点高）。常用的有乙酸乙酯、乙酸丁酯、丁醇等。

例如，轻油裂解和铂重整产生的芳烃混合物的分离，常用二乙二醇醚为萃取剂，分离极难分离的金属，如锆和铪、钽和铌、铜和铁、钴和镍等。此外用脂类溶剂萃取乙酸，用丙烷萃取润滑油中的石蜡。又如，青霉素的生产，用玉米发酵得到的含青霉素的发酵液，以醋酸丁脂为溶剂，经过多次萃取得到青霉素的浓溶液等。

工业上，萃取是在塔中进行。塔内有多层筛板，萃取剂从塔顶加入，混合原料在塔下部输入。它们在上升与下降过程中可以充分混合，反复萃取。萃取方式有单级萃取、多级错流萃取、多级逆流萃取。近 20 年来研究溶剂萃取技术与其他技术相结合从而产生了一系列新的分离技术，例如，微波辅助萃取、超临界萃取、逆胶束萃取、液膜萃取等。

小结

1. 拉乌尔定律：$p_A = p_A^* x_A$。

2. 亨利定律：$p_B = k_x x_B$，$p_B = k_m m_B$，$p_B = k_c c_B$。

3. 稀溶液的依数性

① 蒸气压下：$\Delta p_A = p_A^* - p_A = p_A^* x_B$。

② 沸点升高：$\Delta T_b = T_b - T_b^* = k_b m_B$。

③ 凝固点下降：$\Delta T_f = T_f^* - T_f = k_f m_B$。

④ 渗透压：$\pi = c_B RT$。

4. 理想溶液：溶液中所有组分在全部浓度范围内都服从拉乌尔定律的溶液。

5. 理想溶液的气-液平衡组成

$$p = p_A^* + (p_B^* - p_A^*) x_B$$

$$y_B = \frac{p_B}{p} = \frac{p_B^* x_B}{p} = \frac{p_B^* x_B}{p_B^* x_B + p_A^* x_A}$$

6. 沸点-组成图：相图分析（液相线、气相线、液相区、气相区）。

7. 真实溶液：蒸气压与组成之间的关系并不完全服从拉乌尔定律的溶液。

8. 真实溶液相图：正常类型、具有最大正偏差的真实溶液、具有最大负偏差的真实溶液相图。

9. 杠杆规则：任何两相平衡体系物质的数量与组成的关系。$\dfrac{n_L}{n_g} = \dfrac{\overline{og}}{\overline{oL}}$。

10. 精馏：简单蒸馏原理、精馏原理。

11. 分配定律：在一定温度下达到平衡时，某物质在两液层中浓度之比为一常数。

$$K = \frac{c_i^\alpha}{c_i^\beta}$$

12. 萃取：用一种与溶液不相溶的溶剂，将溶质从溶液中提取出来的过程称为萃取。

$$W_n = W_0 \left(\frac{KV_a}{KV_a + V_b} \right)^n$$

习题

1. 在 298.15K 时，9.47%（质量）的硫酸溶液，其密度为 1060.3kg·m^{-3}。求硫酸溶液的：(1) 质量摩尔浓度。(2) 物质的量浓度。(3) 摩尔分数。

2. 50℃时，有一含甘油 5%（摩尔分数）的水溶液，求该溶液的蒸气压以及比纯水的蒸汽压降低了多少。50℃时，纯水的蒸汽压为 7.94kPa。

3. 在 293.15K 时，当 O_2、N_2、Ar 的压力分别为 101.325kPa 时，每 1.0kg 水中分别能溶解 O_2 3.11×10^{-2}dm^3；N_2 1.57×10^{-2}dm^3；Ar 3.36×10^{-2}dm^3。今在 293.15K 标准压力下，使空气与水充分振摇，使之饱和。然后将水煮沸，收集被赶出的气体，使之干燥。求所得干燥气中各气体的摩尔分数。假定空气组成的摩尔百分数为：N_2 78.0%，O_2 21.0%，Ar 0.94%，其他组分如 CO_2 等忽略不计。

4. 在 25℃时，常压下测得空气中氧溶于水中的量为 8.7×10^{-3}kg/m^3。同温度下，氧气的压力为 200kPa 时，问每升水中能溶解多少克氧？设空气中氧占 21%。

5. 设 20℃及总压（饱和水蒸气＋氧气）为 100kPa 时，有 0.25g 氧气溶于 5L 水中。试求：(1) 该条件下溶解氧气的浓度 g/L。(2) 在氧气的分压力为 200kPa 时，溶解氧气的浓度。已知 20℃时，水的饱和蒸汽压为 2.399 kPa。

6. 已知在 20℃时纯甲醇和纯乙醇的饱和蒸汽压分别为 11.83kPa 和 5.93kPa。等质量的甲醇和乙醇混合形成的溶液可看作理想溶液。计算：

(1) 20℃时该混合溶液的蒸气压。

(2) 20℃时甲醇在气相的摩尔分数。

(3) 20℃时该混合溶液的气相中乙醇的分压力。

7. 20℃时，乙醚（$C_2H_5OC_2H_5$）的蒸气压为 58.4kPa，今在 0.10kg 乙醚中溶解某非挥发性有机物质 5g，乙醚的蒸气压降低到 57.29kPa，试求该有机物的摩尔质量。

8. 纯樟脑的凝固点为 177.9℃，今有 7.4×10^{-2}g 某物质与 15.2g 樟脑形成溶液，其凝固点下降了 2.94℃，求该物质的摩尔质量，已知樟脑的凝固点降低常数 $k_f=40$（$K \cdot kg \cdot mol^{-1}$）。

9. 0.187g 的某物质，摩尔质量为 85.6 g/mol，溶于 25g CH_3COOH 中，凝固点下降了 0.34℃，计算 CH_3COOH 的凝固点下降常数。

10. 非挥发性物质 B 溶于水中形成稀溶液，已知 $m_B=0.001 mol \cdot kg^{-1}$，试求 25℃此溶液的蒸气压降低值；凝固点降低值；沸点升高值以及渗透压。已知 25℃时水的饱和蒸气压为 3168Pa。

11. 25℃时海水的浓度约相当于 0.70$mol \cdot L^{-1}$ 的 NaCl 水溶液，试 25℃时估算 25℃时海水的渗透压为多少？若要使海水淡化，需要向海水一边至少施加多大压力？

12. 已知苯的沸点为 353.3K，沸点升高常数为 2.57$K \cdot kg \cdot mol^{-1}$，在 100g 苯中加入 13.76g 联苯（$C_6H_5C_6H_5$），所形成的稀溶液的沸点是多少？

13. 已知 100℃，甲苯和苯的饱和蒸气压分别为 179.1kPa 和 76.08kPa。计算甲苯和苯摩尔分数分别为 0.3 和 0.7 的混合溶液（理想溶液）在 100℃，达到气液两相平衡时的气相组成。

14. 在 413.15K 时，纯 C_6H_5Cl 和纯 C_6H_5Br 的蒸气压分别为 125.238kPa 和 66.104kPa。假定两液体组成理想溶液。若有它们的混合液，在 413.15K、101.325kPa 下沸腾，试求该溶液的组成，以及在此情况下液面上蒸气的组成。

15. 通过实验测得 25℃时，丙醇-水二组分体系中水的分压力和总压力数据如表 5.10 所示。

表 5.10 水的分压力和总压力

$x_水$	0	0.100	0.200	0.400	0.600	0.800	0.950	0.980	1.000
$p_水$/kPa	0	1.08	1.79	2.65	2.89	2.91	3.09	3.13	3.17
p/kPa	2.90	3.67	4.16	4.72	4.78	4.72	4.53	3.80	3.17

（1）画出压力-组成图。

（2）组成为 0.4 的丙醇-水混合体系在平衡压力 $p=4.16$kPa 下达到气液两相平衡，利用相图求相应的气相组成和液相组成分别为多少？

（3）上述体系共 4mol，在 $p=4.16$kPa 下达到平衡时，气相、液相的量分别为多少？

16. 在 100kPa 下，水-醋酸溶液的正常沸点与气、液相组成的关系如表 5.11 所示。

表 5.11 水-醋酸溶液的沸点与气、液相组成的关系

t/℃	100.0	102.1	104.4	107.5	113.8	118.1
x_{HAc}	0	0.300	0.500	0.700	0.900	1.000
y_{HAc}	0	0.185	0.374	0.575	0.833	1.000

（1）请做出温度-组成图。

(2) 由相图确定 $x_{HAc}=0.75$ 时溶液的沸点。

(3) 由相图确定 $y_{HAc}=0.75$ 时溶液的露点。

(4) 由相图确定 100℃时的气、液平衡组成。

(5) 把 0.4mol 醋酸和 1.5mol 水所组成的溶液加热到 100℃，求此时气相及液相中醋酸的物质的量分别是多少？

17. 0.5L H_2O 中溶解有机胺 30g，以 600mL C_6H_6 进行如下萃取：(1) 用 600mL C_6H_6 一次萃取。(2) 用 200mL C_6H_6 分三次萃取。计算能萃取出多少有机胺？分配系数为 0.2。

自测题

一、选择题

1. 在 25℃时，某种气体在水和苯中的亨利常数分别为 k_1 和 k_2，并且 $k_1>k_2$，则在相同平衡分压下，该气体在水中的溶解度（　　）在苯中的溶解度。

A. >　　　　　B. <　　　　　C. =　　　　　D. 无关系

2. 亨利常数随温度的升高而（　　）。

A. 增大　　　B. 减小　　　C. 不变　　　D. 不一定

3. 对于恒沸混合物，下列说法中错误的是（　　）。

A. 不具有确定组成　　　　　　B. 平衡时气相和液相组成相同

C. 其沸点随外压的改变而改变　　D. 于化合物一样具有确定的组成

4. A、B 两液体混合物在 T-x 图上出现最高点，则该混合物对拉乌尔定律产生（　　）。

A. 正偏差　　　B. 负偏差　　　C. 没偏差　　　D. 无规则

5. 在挥发性溶剂中加入非挥发性溶质，能使溶剂的产生的现象不正确的是（　　）。

A. 蒸气压降低　　B. 沸点降低　　C. 凝固点下降　　D. 渗透压

6. 两种液体 A 和 B，如果说 B 比 A 容易挥发，则同温度下 A 的饱和蒸气压 p_A^*（　　）B 的饱和蒸气压 p_B^*。相同压力下 A 的沸点（　　）的沸点。

A. 大于　高于　B. 小于　高于　C. 等于　相等　D. 不一定　不一定

7. 两液体的饱和蒸气压分别为 p_A^*，p_B^*，它们混合形成理想溶液，液相组成为 x，气相组成为 y，若 $p_A^*>p_B^*$，则（　　）。

A. $y_A>x_A$　　B. $y_A>y_B$　　C. $x_A>y_A$　　D. $y_B>y_A$

8. 两只各装有 1kg 水的烧杯，一只溶有 0.01mol 蔗糖，另一只溶有 0.01mol NaCl，按同样速度降温冷却，则（　　）。

A. 溶有蔗糖的杯子先结冰　　　B. 两杯同时结冰

C. 溶有 NaCl 的杯子先结冰　　D. 视外压而定

二、判断题

1. 将 0.5g 乙醇溶于 1.0g 的水中，乙醇的质量摩尔浓度约为 7.25mol·kg^{-1}。

（　　）

2. 稀溶液的溶质不服从拉乌尔定律而遵守亨利定律。　　　　　　　（　　）

3. 温度越高，压力越低（浓度越小）亨利定律越不准确。　　　　　（　　）

4. 如果两种组分混合成溶液时没有热效应，则此溶液就是理想溶液。（　　）

5. 如果双组分溶液的溶质在某一浓度区间服从亨利定律，则在该浓度区间内，溶剂必然服从拉乌尔定律。　　　　　　　　　　　　　　　　　（　　）

6. 可以利用渗透压原理，用半透膜，向海水施压从而达到使海水淡化的目的。
　　　　　　　　　　　　　　　　　　　　　　　　　　　　　　（　　）

7. 水中溶解少量的乙醇后沸点会升高。　　　　　　　　　　　　　（　　）

8. 给农作物施加过量的肥料会因为存在渗透压而造成农作物失水而枯萎。（　　）

9. 理想溶液与理想气体一样，为了处理问题简单而假想的模型：分子间没有作用力，分子本身体积为零。　　　　　　　　　　　　　　　　　　（　　）

10. 二组分理想溶液在性质上与单组分体系很相似，沸点都是确定不变的温度。
　　　　　　　　　　　　　　　　　　　　　　　　　　　　　　（　　）

11. 杠杆规则仅适用于气、液两相平衡体系。　　　　　　　　　　　（　　）

12. 在真实溶液的压力-组成图上出现极大值，则温度-组成图上必出现极小值。
　　　　　　　　　　　　　　　　　　　　　　　　　　　　　　（　　）

13. 可以用市售的 60°烈性白酒经反复蒸馏而得到纯乙醇。　　　　　（　　）

14. 对于二组分的真实溶液，都可以通过精馏的方法进行分离，从而得到两个纯组分。
　　　　　　　　　　　　　　　　　　　　　　　　　　　　　　（　　）

三、计算题

1. 在 100kPa、36.5℃ 时，空气中氮气在血液中的溶解度为 6.6×10^{-4} mol·L^{-1}。若潜水员在深海呼吸了 800kPa 的空气，当他返回地面时，估计每毫升血液将放出多少毫升氮气。

2. 为防止北方地区汽车发动机水箱结冻，常在 H_2O 中加入 $HOCH_2\text{-}CH_2OH$（乙二醇）为抗冻剂。如果要使 H_2O 的凝固点下降到 $-20℃$，问每千克 H_2O 中应加多少克乙二醇？已知 H_2O 的 $k_f=1.86$ K·kg·mol^{-1}，乙二醇的摩尔质量为 62g·mol^{-1}。

3. （1）人类血浆的凝固点为 272.65K($-0.5℃$)，求 310.15K(37℃) 时血浆的渗透压。

（2）血浆的渗透压在 310.15K 时为 729.54kPa，计算葡萄糖等渗透溶液的质量摩尔浓度（设血浆的密度为 1000kg·m^{-3}）。

4. 由两组分体系的气液平衡数据，回答下列问题：

（1）绘制温度-组成图。

（2）说明点、线、区的相态。

（3）说明 $x_{C_2H_5OH}=0.55$ 的沸点、露点和 $y_{C_2H_5OH}=0.45$ 时的泡点、露点。

（4）问将 $x_{C_2H_5OH}=0.55$ 蒸馏得到初馏物、精馏产品是什么？

（5）将 $x_{C_2H_5OH}=0.90$ 加热到 75℃ 时两相组成是多少？原来 10mol 溶液此时气液相各是多少物质的量（表 5.12）？

表 5.12 不同温度下乙醇的摩尔分数

温度/K	乙醇（摩尔分数）		温度/K	乙醇（摩尔分数）	
	x	y		x	y
352.8	0	0	341.4	62.9	50.5
348.2	4.0	15.1	342.0	71.8	54.9
342.5	15.9	35.3	343.3	79.8	60.6
341.2	29.8	40.5	344.8	87.2	68.3
340.8	42.1	43.6	347.4	93.9	78.7
341.0	53.7	46.6	351.1	100	100

第6章 化学平衡

☞ **学习目标**

1. 理解可逆反应和化学反应平衡。
2. 理解化学反应进行的方向和限度问题。
3. 掌握平衡常数 $K^\ominus$、K_p、K_y、K_n、K_c、$K_c^\ominus$ 表达式以及它们之间的相互关系。
4. 理解化学反应等温方程式，并会利用 $\Delta_r G_m$ 判断反应进行的方向。
5. 掌握有关平衡转化率及平衡组成的计算。
6. 理解标准摩尔生成吉布斯函数和标准摩尔燃烧吉布斯函数的概念，掌握标准摩尔反应吉布斯函数 $\Delta_r G_m^\ominus$ 的计算。
7. 掌握温度、浓度、压力、惰性气体及原料配比对化学平衡的影响及其应用。
8. 了解热力学在化学工艺中的应用。

任何一个化学反应在一定温度、压力、组成条件下，可以同时向正、反两个方向进行。当正、反两方向的反应速率相等时，反应系统就达到了平衡状态。条件改变，系统原有平衡状态将被打破，并达到新的平衡。

在实际工业生产中，利用化学反应生产某种产品需要知道该化学反应是否能够进行，如何确定反应的最佳条件、获得反应物的最佳转化率、提高主产物的收率并进行有关计算，避免设计新合成路线的盲目性等，这些都是生产技术人员应具有的技能。

本章主要讨论化学反应的方向和化学平衡的特点；平衡常数及平衡转化率的计算；浓度、温度、压力等因素对化学平衡的影响以及热力学在化学工艺中的应用实例。

6.1 化学反应的方向和平衡条件

6.1.1 化学平衡

所有的化学反应既可以正向进行亦可以逆向进行，因此称为可逆反应。例如，高温下，CO_2 和 H_2 作用可以生成 CO 和 $H_2O(g)$；同时 CO 和 $H_2O(g)$ 也可以生成 CO_2 和 H_2。这两个反应可用方程式表示为：

$$CO_2(g) + H_2(g) \rightleftharpoons CO(g) + H_2O(g)$$

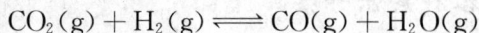

有些情况下，逆向反应的程度非常小，可以略去不计，这种反应通常称为单向反

应。如常温下，将 2mol 氢气与 1mol 氧气的混合物用电火花引爆，就可以转化为水，这时普通的方法检测不出剩余的氢气和氧气。

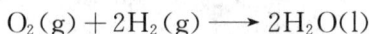

$$O_2(g) + 2H_2(g) \longrightarrow 2H_2O(l)$$

在一定的条件（温度、压力）下，当化学反应达到平衡状态时，参加反应的各种物质的浓度不再改变。而在微观上，反应并未停止，正逆反应仍在进行，只是正逆反应速率相等，因此化学平衡是一种动态平衡。当外界条件（如温度、浓度等）发生变化，原平衡状态随之被破坏，建立新的平衡。

6.1.2 化学反应的方向

自然界中一切自发进行的过程都是有方向的。例如，水可以自发地由高水位流到低水位，水流的方向可以用水位差 $\Delta h < 0$ 判断；热可以自发地由高温物体传递到低温物体，热流的方向可以用温度差 $\Delta T < 0$ 判断；气体可以自发地从高压流向低压，气流的方向可以用压力差 $\Delta p < 0$ 判断。那么化学反应的方向如何判断呢？热力学第二定律用 ΔG 来判断过程进行的方向，如果封闭系统经历一个等温等压且没有非体积功的过程，封闭系统的吉布斯函数总是自动地从高向低进行，直到达到平衡。这是人类长期实践经验总结出来的普遍规律，对于化学反应也不例外。在等温、等压且不做非体积功的情况下，化学反应的方向也可以利用反应前后吉布斯函数的变化作为判据，即

$$\Delta G_{T,p,w'=0} \leqslant 0 \qquad \text{"<"反应为自发进行}$$
$$\text{"="反应处于平衡态}$$

那么对于一个化学反应，反应前后的吉布斯函数变化如何表示？这里我们引入摩尔反应吉布斯函数和标准摩尔反应吉布斯函数的概念。

6.1.3 标准摩尔反应吉布斯函数

在恒温、恒压、不做非体积功的条件下，按化学反应计量方程式，完成一个完整的化学反应所引起系统的吉布斯函数的变化，称为摩尔反应吉布斯函数，用符号"$\Delta_r G_m$"表示，单位为 $J \cdot mol^{-1}$。下角标"r"表示反应，"m"表示每摩尔。如果化学反应是在标准状态（$p_B = 100kPa$，$c = 1.0mol \cdot L^{-1}$）下进行，则称为标准摩尔反应吉布斯函数，用符号"$\Delta_r G_m^{\ominus}$"表示，上角标"$\ominus$"表示标准。

$\Delta_r G_m$ 的数值取决于化学反应本身，也与温度、压力及其组成有关。随着反应的进行，$\Delta_r G_m$ 的数值由负值不断增大，当它为零时，化学反应达到平衡。以 $\Delta_r G_m$ 作为化学反应方向的判据，则有：

$$\Delta_r G_m \leqslant 0 \qquad \begin{cases} < 0 \text{反应自发进行} \\ = 0 \text{平衡态} \end{cases}$$

6.2 化学反应的平衡常数及等温方程式

6.2.1 平衡常数的各种表示方法

当化学反应达到平衡时，各物质的浓度不再改变，称为平衡浓度。此时产物浓度

（或分压）以反应方程式中化学计量系数为指数的乘积与反应物浓度（或分压）以反应方程式中化学计量系数为指数的乘积之比为一常数，该比值可以描述反应进行的程度，称为平衡常数。平衡常数有多种表示方法。

1. 标准平衡常数

(1) 气相反应：设在恒温恒压下，如下理想气体化学反应达到了平衡，即

$$eE(g) + fF(g) \rightleftharpoons mM(g) + nN(g)$$

平衡时各物质平衡分压　　　　p_E　　p_F　　　p_M　　p_N

$K^\ominus$ 的表达式为

$$K^\ominus = \frac{(p_M/p^\ominus)^m (p_N/p^\ominus)^n}{(p_E/p^\ominus)^e (p_F/p^\ominus)^f} = \prod_B (p_B/p^\ominus)^{\nu_B} \tag{6.1}$$

式中：p_B——组分 B 的平衡分压，Pa；

　　　　$p^\ominus$——标准压力，100kPa 或 10^5Pa；

　　　　$K^\ominus$——用物质的分压力表示的标准平衡常数，无量纲；

　　　　ν_B——反应方程式中：计量系数，无量纲。对于产物计量系数取正值，对于反应物计量系数取负值。

(2) 液相反应：恒温、恒压下，如下液体化学反应达到了平衡，即

$$eE(l) + fF(l) \rightleftharpoons mM(l) + nN(l)$$

平衡时各物质平衡浓度　　　　c_E　　c_F　　　c_M　　c_N

$K_c^\ominus$ 的表达式　　　　$$K_c^\ominus = \frac{(c_M/c^\ominus)^m (c_N/c^\ominus)^n}{(c_E/c^\ominus)^e (c_F/c^\ominus)^f} = \prod_B (c_B/c^\ominus)^{\nu_B} \tag{6.2}$$

式中：c_B——组分 B 的平衡浓度，$mol \cdot L^{-1}$ 或 $mol \cdot m^{-3}$；

　　　　$c^\ominus$——标准压力，$c^\ominus = 1mol \cdot L^{-1} = 1000mol \cdot m^{-3}$；

　　　　$K_c^\ominus$——用物质的浓度表示的标准平衡常数，无量纲。

　　　　ν_B——同式 (6.1)。

2. 平衡常数的其他表示方法

气体混合物组成可以用分压力 p_B、摩尔分数 y_B、物质的量 n_B 或浓度 c_B 表示，实际计算中，为方便起见，平衡常数也可用上述各种浓度方式表示的 K_p、K_y、K_n 和 K_c 来表示。仍以上述理想气体化学反应为例：

$$eE(g) + fF(g) \rightleftharpoons mM(g) + nN(g)$$

(1) K_p 的表达式

$$K_p = \frac{p_M^m p_N^n}{p_E^e p_F^f} = \prod_B p_B^{\nu_B} \tag{6.3}$$

$K^\ominus$ 和 K_p 的关系

$$K^\ominus = \prod_B (p_B/p^\ominus)^{\nu_B} = \prod_B p_B^{\nu_B} (p^\ominus)^{-\sum \nu_B}$$

$$= K_p (p^\ominus)^{-\sum \nu_B} \tag{6.4}$$

式中：K_p——用分压表示的平衡常数，单位 $(Pa)^{\sum \nu_B}$；

　　　$p^{\ominus}$——标准压力，100kPa；

　　　$K^{\ominus}$——标准平衡常数，无量纲。

　　　$\sum \nu_B$——反应方程式中：计量系数的代数和，无量纲。

（2）K_y 的表达式

$$K_y = \frac{y_M^m y_N^n}{y_E^e y_F^f} = \prod_B y_B^{\nu_B} \tag{6.5}$$

$K^{\ominus}$ 和 K_y 的关系

$$K^{\ominus} = \prod_B (p_B/p^{\ominus})^{\nu_B} = \prod_B (y_B p/p^{\ominus})^{\nu_B} = \prod_B y_B^{\nu_B} (p/p^{\ominus})^{\sum \nu_B}$$

$$= K_y (p/p^{\ominus})^{\sum \nu_B} \tag{6.6}$$

式中：K_y——用摩尔分数表示的平衡常数，无量纲；

　　　p——反应达到平衡时气体的总压力，单位 Pa；

　　　$K^{\ominus}$、$p^{\ominus}$、$\sum \nu_B$——同式 (6.4) 中表示的量。

（3）K_n 的表达式

$$K_n = \frac{n_M^m n_N^n}{n_E^e n_F^f} = \prod_B n_B^{\nu_B} \tag{6.7}$$

$K^{\ominus}$ 和 K_n 的关系

$$K^{\ominus} = \prod_B (p_B/p^{\ominus})^{\nu_B} = \prod_B \left(\frac{n_B}{\sum n_B} \times \frac{p}{p^{\ominus}} \right)^{\nu_B} = \prod_B n_B^{\nu_B} \left(\frac{p}{p^{\ominus} \sum n_B} \right)^{\sum \nu_B}$$

$$= K_n \left(\frac{p}{p^{\ominus} \sum n_B} \right)^{\sum \nu_B} \tag{6.8}$$

式中：K_n——用物质的量表示的平衡常数，单位 $(mol)^{\sum \nu_B}$；

　　　$\sum n_B$——平衡时各气体的物质的量之和，单位 mol；

　　　p——反应达到平衡时气体的总压力，单位 Pa；

　　　$K^{\ominus}$、$p^{\ominus}$、$\sum \nu_B$——同式 (6.4) 中表示的量。

（4）K_c 的表达式，以上述液相反应为例

$$K_c = \frac{c_M^m c_N^n}{c_E^e c_F^f} = \prod_B c_B^{\nu_B} \tag{6.9}$$

$K_c^{\ominus}$ 和 K_c 的关系

$$K_c^{\ominus} = \prod_B (c_B/c^{\ominus})^{\nu_B} = \prod_B c_B^{\nu_B} (c^{\ominus})^{-\sum \nu_B}$$

$$= K_c (c^{\ominus})^{-\sum \nu_B} \tag{6.10}$$

式中：K_c——用浓度表示的平衡常数，单位 $(mol \cdot L^{-1} \text{或} mol \cdot m^{-3})^{\sum \nu_B}$。

3. 有纯态凝聚相参加的理想气体反应平衡常数

参加化学反应的各物质并不一定都处在同一个相中，这种物质处于不同相中的反应称为多相反应。本章讨论的多相反应除有气相外，还有固态纯物质或液态纯物质等纯态凝聚相参加的反应。例如，

$$cC(g) + dD(l) \rightleftharpoons hH(g) + lL(s)$$

反应达到平衡时，平衡常数的关系式同样适用，即

$$K^{\ominus} = \frac{(p_H/p^{\ominus})^h (p_L/p^{\ominus})^l}{(p_C/p^{\ominus})^c (p_D/p^{\ominus})^d}$$

对于纯固体或纯液体，在一定温度下反应达到平衡时的平衡分压即为该温度下固体或液体的饱和蒸气压，而纯固体或纯液体的饱和蒸气压在数值上只与温度有关，与纯固体或纯液体的数量无关，因此反应温度恒定时，可以把纯固体或纯液体的饱和蒸气压视为常数，合并到标准平衡常数中，上述平衡常数表达式可写成

$$K^{\ominus} = \frac{(p_H/p^{\ominus})^h}{(p_C/p^{\ominus})^c} = \prod_B (p_{B(气)}/p^{\ominus})^{\nu_B} \tag{6.11}$$

因此在常压下，表示多相反应的标准平衡常数 $K^{\ominus}$ 时，只用气相各组分的平衡分压即可，不涉及纯态凝聚相。

关于平衡常数的三点说明：

(1) 平衡常数表达式必须与计量方程式相对应。同一个化学反应，以不同的计量方程式表示时，其平衡常数的数值不同。例如，合成氨反应：

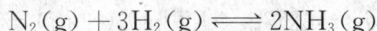

$$N_2(g) + 3H_2(g) \rightleftharpoons 2NH_3(g)$$

$$K_1^{\ominus} = \frac{(p_{NH_3}/p^{\ominus})^2}{(p_{N_2}/p^{\ominus})(p_{H_2}/p^{\ominus})^3}$$

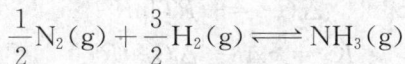

$$\frac{1}{2}N_2(g) + \frac{3}{2}H_2(g) \rightleftharpoons NH_3(g)$$

$$K_2^{\ominus} = \frac{p_{NH_3}/p^{\ominus}}{(p_{N_2}/p^{\ominus})^{\frac{1}{2}}(p_{H_2}/p^{\ominus})^{\frac{3}{2}}}$$

显然，$K_1^{\ominus} = (K_2^{\ominus})^2$。

(2) 只有标准平衡常数的数值只与温度有关，而与其他因素无关；平衡常数 K_p、K_y、K_n 和 K_c，它们的数值不仅与温度有关，还与压力、浓度、原料配比等因素有关。

(3) 正逆反应平衡常数互为倒数，即

$$K_{逆} = \frac{1}{K_{正}}$$

6.2.2　化学反应等温方程式

一般情况下，化学反应是在温度不变和不做非体积功的条件下进行的。此时影响化学反应方向及平衡组成的因素主要为反应系统的本性和反应物的配比，这两种因素可以

用以下等温方程式进行简单的概括。

对理想气体化学反应 $eE(g) + fF(g) \rightleftharpoons mM(g) + nN(g)$

等温方程为
$$\Delta_r G_m = \Delta_r G_m^{\ominus} + RT\ln Q_p \tag{6.12}$$

式中：$\Delta_r G_m$——摩尔反应吉布斯函数，$J \cdot mol^{-1}$；

$\quad\quad \Delta_r G_m^{\ominus}$——标准摩尔反应吉布斯函数，$J \cdot mol^{-1}$；

$\quad\quad T$——热力学温度，K。

式中：Q_p 的表达式为

$$Q_p = \frac{(p_M/P^{\ominus})^m (p_N/p^{\ominus})^n}{(p_E/p^{\ominus})^e (p_F/p^{\ominus})^f} = \prod_B (p_B/p^{\ominus})^{\nu_B} \tag{6.13}$$

Q_p 是非平衡时，生成物各组分分压力比标准压力的幂指数积与反应物各组分的分压力比标准压力的幂指数积的商，称为压力商，无量纲。压力商的表达式与标准平衡常数表达式相同，但物理意义不同。标准平衡常数是反应达到平衡时的压力商。

对于纯液相反应 $\quad kK(l) + jJ(l) \rightleftharpoons rR(l) + dD(l)$

化学反应等温方程式可以写成

$$\Delta_r G_m = \Delta_r G_m^{\ominus} + RT\ln Q_c \tag{6.14}$$

式中：Q_c——化学反应任意时刻的浓度商。

$$Q_c = \frac{(c_R/c^{\ominus})^r (c_D/c^{\ominus})^d}{(c_K/c^{\ominus})^k (c_J/c^{\ominus})^j} \tag{6.15}$$

随着化学反应的进行，各反应组分的分压不断变化，反应系统的吉布斯函数不断减小，当反应达到平衡时，式（6.12）可以写成

$$\Delta_r G_m = \Delta_r G_m^{\ominus} + RT\ln Q_p(平衡) = 0$$

此时的压力商
$$Q_p = \frac{(p_M/p^{\ominus})^m_{平衡} (p_N/p^{\ominus})^n_{平衡}}{(p_E/p^{\ominus})^e_{平衡} (p_F/p^{\ominus})^f_{平衡}} = K^{\ominus}$$

$$\Delta_r G_m^{\ominus} = -RT\ln K^{\ominus} \tag{6.16}$$

或者
$$K^{\ominus} = \exp(-\Delta_r G_m^{\ominus}/RT) \tag{6.17}$$

根据标准态的规定，气体的标准态为温度 T 时，压力 $p = p^{\ominus} = 100kPa$ 下的纯理想气体状态，因此 $\Delta_r G_m^{\ominus}$ 仅仅是温度的函数，$K^{\ominus}$ 也仅是温度的函数。

将式（6.16）代入式（6.12）得

$$\Delta_r G_m = -RT\ln K^{\ominus} + RT\ln Q_p \tag{6.18}$$

比较 $K^{\ominus}$ 与 Q_p（或 Q_c）的大小也可以判断反应进行的方向和限度：

若 $K^{\ominus} > Q_p$（或 Q_c），则 $\Delta_r G_m < 0$，反应正向自发进行；

若 $K^{\ominus} = Q_p$（或 Q_c），则 $\Delta_r G_m = 0$，反应达到平衡；

若 $K^{\ominus} < Q_p$（或 Q_c），则 $\Delta_r G_m > 0$，反应逆向自发进行。

【例 6.1】已知 298K 时 $CH_4(g)$ 和 $H_2O(g)$ 反应如下：

(1) $CH_4(g) + H_2O(g) \rightleftharpoons CO(g) + 3H_2(g)$ $\quad\quad K_1^{\ominus} = 1.2 \times 10^{-25}$

(2) $CH_4(g) + 2H_2O(g) \rightleftharpoons CO_2(g) + 4H_2(g)$ $\quad\quad K_2^{\ominus} = 1.3 \times 10^{-20}$

求反应 (3) $CH_4(g) + CO_2(g) \rightleftharpoons 2CO(g) + 2H_2(g)$ 的标准平衡常数 $K_3^{\ominus}$。

解： 因为 $(3)=2\times(1)-(2)$，$\Delta_rG_m^{\ominus}$ 为状态函数，只决定于系统的始终态，而与过程所经历的途径无关，所以有

$$\Delta_rG_{m,3}^{\ominus} = 2\Delta_rG_{m,1}^{\ominus} - \Delta_rG_{m,2}^{\ominus}$$

$$-RT\ln K_3^{\ominus} =- 2RT\ln K_1^{\ominus} - (-RT\ln K_2^{\ominus})$$

$$K_3^{\ominus} = \frac{K_1^{\ominus^2}}{K_2^{\ominus}} = \frac{(1.2\times10^{-25})^2}{1.3\times10^{-20}} = 1.1\times10^{-30}$$

6.3　有关化学平衡的计算

平衡常数能衡量一个化学反应在一定温度下是否达到了平衡，还能进行有关平衡转化率、平衡产率与平衡组成的计算，通过实际产率与理论产率的比较，可以发现生产条件和生产工艺上存在的问题。利用平衡常数还能计算标准摩尔反应吉布斯函数。

6.3.1　关于平衡常数和平衡组成的计算

1. 平衡常数的计算

【例 6.2】 在 973K 时，已知反应 $CO_2(g)+C(s)\Longleftrightarrow2CO(g)$ 的 $K_p=90180Pa$，试计算该反应的 $K^{\ominus}$。

解： $K^{\ominus}=\dfrac{(p_{CO}/p^{\ominus})^2}{p_{CO_2}/p^{\ominus}}=\dfrac{p_{CO}^2}{p_{CO_2}}\times\dfrac{1}{p^{\ominus}}=K_p\dfrac{1}{p^{\ominus}}=90180\times\dfrac{1}{10^5}=0.90$

【例 6.3】 在高温时，光气发生如下分解反应：

$$COCl_2(g)\Longleftrightarrow CO(g)+Cl_2(g)$$

在 1000K 时，将 0.631g 的 $COCl_2(g)$ 注入容积为 472mL 的密闭容器中，当反应达到平衡时，容器内的压力为 220.38kPa。计算该反应在 1000K 时的标准平衡常数 $K^{\ominus}$。

解： 反应初始时容器的压力为

$$p_{(COCl_2)} = \frac{mRT}{MV} = \frac{0.631\times8.314\times1000}{99\times472\times10^{-6}} = 112.27\ kPa$$

设反应达到平衡时 $Cl_2(g)$ 的分压为 p，

则　　　　　　　　　　　　$COCl_2(g)\Longleftrightarrow CO(g)+Cl_2(g)$

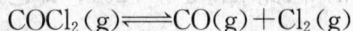

初始压力 kPa　　　　112.27　　　　　0　　　0

平衡压力 kPa　　　　112.27$-p$　　　　p　　　p

平衡体系总压力为 112.27$-p+p+p=$112.27$+p=$220.38

所以　　　　　　　　　　　　$p=$107.68

平衡时各气体的分压分别为

$$p_{Cl_2} = 107.68kPa$$

$$p_{CO} = p_{Cl_2} = 107.68kPa$$

$$p_{COCl_2} = 112.27-107.68 = 4.59kPa$$

标准平衡常数为：

$$K^{\ominus} = \frac{\left(\dfrac{pa_2}{p^{\ominus}}\right)\left(\dfrac{p_{\infty}}{p^{\ominus}}\right)}{\left(\dfrac{p_{\infty\alpha}}{p^{\ominus}}\right)} = \frac{\left(\dfrac{107.68 \times 10^3}{10^5}\right)\left(\dfrac{107.68 \times 10^3}{10^5}\right)}{\left(\dfrac{4.59 \times 10^3}{10^5}\right)} = 25.26$$

2. 平衡组成的计算

平衡转化率是指反应达到平衡时已转化的某种反应物占该反应物投料量的分数，即

$$平衡转化率\, \alpha = \frac{平衡时某反应物消耗掉的量}{该反应物的投料量} \times 100\%$$

产率是指反应达到平衡时转化为指定产物的某反应物占该反应物投料量的百分数，即

$$产率 = \frac{平衡时转化为指定产物的某反应物的量}{该反应物的投料量} \times 100\%$$

对于某些分解反应也将反应物的平衡转化率称为解离度或分解率。若无副反应，则产率等于转化率，若有副反应，则产率小于转化率。

【例 6.4】在 400K、1000kPa 条件下，由 1mol 乙烯与 1mol 水蒸气反应生成乙醇气体，测得标准平衡常数为 0.099，试求在此条件下乙烯的转化率，并计算平衡时系统中各物质的浓度（气体可视为理想气体）。

用摩尔分数表示

解：设 C_2H_4 的转化率为 α：

$$C_2H_4(g) + H_2O(g) \rightleftharpoons C_2H_5OH(g)$$

开始时　　　　　1　　　　　1　　　　　0

平衡时　　　　 $1-\alpha$　　　$1-\alpha$　　　α

平衡后混合物总量　　$(1-\alpha)+(1-\alpha)+\alpha=2-\alpha$

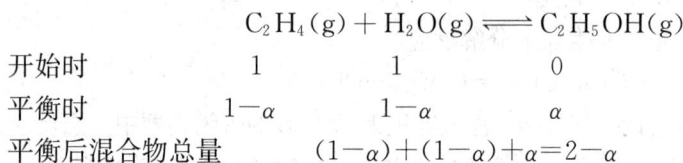

$$K^{\ominus} = \frac{\left(\dfrac{\alpha}{2-\alpha}\right)\left(\dfrac{p}{p^{\ominus}}\right)}{\left(\dfrac{1-\alpha}{2-\alpha}\right)^2\left(\dfrac{p}{p^{\ominus}}\right)^2} = 0.099$$

由题给数据可知，$p=1000$kPa，因此求得 $\alpha=0.291$，即乙烯的转化率为 29.1%。平衡系统中各物质的摩尔分数为

$$y_{C_2H_4} = \frac{1-\alpha}{2-\alpha} = \frac{0.709}{1.709} = 0.415$$

$$y_{H_2O} = \frac{1-\alpha}{2-\alpha} = \frac{0.709}{1.709} = 0.415$$

$$y_{C_2H_5OH} = \frac{\alpha}{2-\alpha} = \frac{0.291}{1.709} = 0.170$$

【例 6.5】1000K 时生成水煤气的反应为

$$C(s) + H_2O(g) \longrightarrow CO(g) + H_2(g)$$

在 100kPa 时，平衡转化率 $\alpha=0.844$。求：（1）标准平衡常数 $K^{\ominus}$；（2）200kPa 时

的平衡转化率。

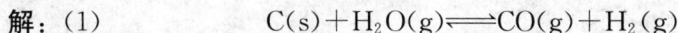

解：（1）　　　　　　　$C(s) + H_2O(g) \rightleftharpoons CO(g) + H_2(g)$

开始时　　　　　　　　　　　　　1　　　　　0　　　　0

平衡时　　　　　　　　　　　$1 - \alpha$　　　α　　　α

平衡时总的物质的量 $\sum n = 1 - \alpha + \alpha + \alpha = 1 + \alpha$

各物质的平衡分压为　　$\dfrac{1 - \alpha}{1 + \alpha} p$　　　$\dfrac{\alpha}{1 + \alpha} p$　　　$\dfrac{\alpha}{1 + \alpha} p$

所以　　　$K^{\ominus} = \dfrac{\left(\dfrac{\alpha}{1 + \alpha} p / p^{\ominus} \right)^2}{\dfrac{1 - \alpha}{1 + \alpha} p / p^{\ominus}} = \dfrac{\alpha^2}{1 - \alpha^2} \dfrac{p}{p^{\ominus}} = \dfrac{0.844^2}{1 - 0.844^2} \times \dfrac{100}{100} = 2.48$

（2）设 200kPa 时的平衡转化率为 α'，则

$$K^{\ominus} = \frac{\alpha'^2}{1 - \alpha'^2} \frac{p'}{p^{\ominus}} = \frac{\alpha'^2}{1 - \alpha'^2} \times \frac{200}{100} = 2.48$$

$$\alpha' = 0.744$$

6.3.2　关于标准摩尔反应吉布斯函数的计算

1. 由 $\Delta_f G_m^{\ominus}$ 计算 $\Delta_r G_m^{\ominus}$

在一定温度和标准压力 $p^{\ominus}$ 下，由稳定相态单质（包括纯的理想气体、纯固体或液体）生成 1mol 指定相态的化合物时吉布斯函数的变化，称为该物质的标准摩尔生成吉布斯函数，用符号"$\Delta_f G_m^{\ominus}$"表示，单位 $J \cdot mol^{-1}$。按照定义可知，标准状态下稳定相态单质的 $\Delta_f G_m^{\ominus}$ 为零。附录中列出了一些物质在 298K 时的 $\Delta_f G_m^{\ominus}$ 值。经热力学方法推导对于任意化学反应有

$$\Delta_r G_m^{\ominus} = \sum_B \nu_B \Delta_f G_{m,B}^{\ominus} \tag{6.19}$$

式中：$\Delta_r G_m^{\ominus}$——标准摩尔反应吉布斯函数，$J \cdot mol^{-1}$；

　　　$\Delta_f G_m^{\ominus}$——标准摩尔生成吉布斯函数，$J \cdot mol^{-1}$；

　　　ν_B——化学反应方程式中：生成物和反应物的计量系数，无量纲。

【例 6.6】求算反应：

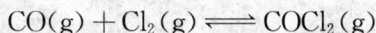

$$CO(g) + Cl_2(g) \rightleftharpoons COCl_2(g)$$

在 298K 及标准压力下的 $\Delta_r G_m^{\ominus}$ 和 $K^{\ominus}$。已知 $\Delta_f G_m^{\ominus}(CO, g) = -137.2 kJ \cdot mol^{-1}$，$\Delta_f G_m^{\ominus}(COCl_2, g) = -210.5 kJ \cdot mol^{-1}$。

解：$Cl_2(g)$ 是稳定相态单质，其 $\Delta_f G_m^{\ominus} = 0$。所以反应的

　　　$\Delta_r G_m^{\ominus} = -210.5 - (-137.2 + 0) = -73.3 (kJ \cdot mol^{-1})$

由　$\Delta_r G_m^{\ominus} = -RT \ln K^{\ominus}$

$$K^{\ominus} = \exp\left(\frac{-\Delta_r G_m^{\ominus}}{RT} \right) = \exp\left(\frac{73.3 \times 10^3}{8.314 \times 298} \right)$$

$$= 7.06 \times 10^{12}$$

2. 由 $K^{\ominus}$ 计算 $\Delta_r G_m^{\ominus}$

$\Delta_r G_m^{\ominus}$ 与 $K^{\ominus}$ 关系为 $\Delta_r G_m^{\ominus} = -RT\ln K^{\ominus}$，由 $\Delta_r G_m^{\ominus}$ 可以计算 $K^{\ominus}$，反过来由 $K^{\ominus}$ 也可以计算 $\Delta_r G_m^{\ominus}$。

【例 6.7】 1000K，标准压力下，反应 $2SO_3(g) \rightleftharpoons 2SO_2(g) + O_2(g)$ 的 $K^{\ominus} = 0.29$。求此反应的 $\Delta_r G_m^{\ominus}$。

解：
$$\Delta_r G_m^{\ominus} = -RT\ln K^{\ominus} = -8.314 \times 1000 \times \ln 0.29$$
$$= 10291.69(\text{J} \cdot \text{mol}^{-1}) = 10.29(\text{kJ} \cdot \text{mol}^{-1})$$

3. 由 $\Delta_f H_m^{\ominus}$ 和 $S_m^{\ominus}$ 计算 $\Delta_r G_m^{\ominus}$

计算式为
$$\Delta_r G_m^{\ominus} = \Delta_r H_m^{\ominus} - T\Delta_r S_m^{\ominus} \tag{6.20}$$

其中
$$\Delta_r H_m^{\ominus} = \sum_B \nu_B \Delta_f H_{m,B}^{\ominus}$$
$$\Delta_r S_m^{\ominus} = \sum_B \nu_B S_{m,B}^{\ominus}$$

式中：$\Delta_r G_m^{\ominus}$——标准摩尔反应吉布斯函数，$\text{J} \cdot \text{mol}^{-1}$；

$\Delta_f H_m^{\ominus}$——标准摩尔生成焓，$\text{J} \cdot \text{mol}^{-1}$；

$S_m^{\ominus}$——标准摩尔熵，$\text{J} \cdot \text{mol}^{-1} \cdot \text{K}^{-1}$；

$\Delta_r H_m^{\ominus}$——标准摩尔反应焓，$\text{J} \cdot \text{mol}^{-1}$；

$\Delta_r S_m^{\ominus}$——标准摩尔反应熵，$\text{J} \cdot \text{mol}^{-1} \cdot \text{K}^{-1}$；

T——热力学温度，K。

【例 6.8】 反应 $CO_2(g) + 2NH_3(g) \rightleftharpoons (NH_2)_2CO(s) + H_2O(l)$，各物质的值见表 6.1。

表 6.1　各物质的值

物质	$CO_2(g)$	$NH_3(g)$	$(NH_2)_2CO(s)$	$H_2O(l)$
$\dfrac{\Delta_f H_m^{\ominus}(B, 298.15K)}{\text{kJ} \cdot \text{mol}^{-1}}$	-393.5	-46.1	-333.5	-285.8
$\dfrac{S_m^{\ominus}(B, 298.15K)}{\text{J} \cdot \text{mol}^{-1} \cdot \text{K}^{-1}}$	213.7	192.4	104.6	69.9

求：在 25℃，标准状态下反应能否自发进行？

解：
$$\Delta_r H_m^{\ominus} = \sum_B \nu_B \Delta_f H_{m,B}^{\ominus}$$
$$= (-333.5) + (-285.8) - (-393.5) - 2 \times (-46.1)$$
$$= -133.6(\text{kJ} \cdot \text{mol}^{-1})$$
$$\Delta_r S_m^{\ominus} = \sum_B \nu_B S_{m,B}^{\ominus}$$
$$= 104.6 + 69.9 - 213.7 - 2 \times 192.4$$
$$= -424.0(\text{J} \cdot \text{mol}^{-1} \cdot \text{K}^{-1})$$
$$\Delta_r G_m^{\ominus} = \Delta_r H_m^{\ominus} - T\Delta_r S_m^{\ominus}$$
$$= -133.6 - 298.15 \times (-424.0 \times 10^{-3})$$

$$=-7.18(\text{kJ} \cdot \text{mol}^{-1})$$

标准状态下，$\Delta_r G_m = \Delta_r G_m^{\ominus} = -7.18\text{kJ} \cdot \text{mol}^{-1} < 0$，反应能够自发进行。

除了以上三种方法计算 $\Delta_r G_m^{\ominus}$ 以外，在第 8 章还将学到用原电池的标准电动势来计算 $\Delta_r G_m^{\ominus}$。

6.4 各种因素对化学平衡移动的影响

化学反应的标准平衡常数 $K^{\ominus}$ 只由温度决定，而与浓度、压力等条件无关。但是对于化学反应，在一定温度下其 $K^{\ominus}$ 不变，化学平衡就不会发生移动了吗？回答是否定的，通过本节的学习，我们将知道，即使在 $K^{\ominus}$ 不变的情况下，改变反应的起始浓度、压力等因素，平衡也将发生移动，转化率也会发生变化。本节我们将讨论温度、浓度、压力、惰性气体及原料配比对化学平衡的影响。

6.4.1 温度对化学平衡的影响

温度对化学平衡的影响主要体现在温度对标准平衡常数的影响上。通常情况下，可依据热力学数据计算 298K 的标准平衡常数，而实际的工业生产中，化学反应是在不同温度下进行的。因此，需要得到所需温度下的 $K^{\ominus}(T)$，就要研究温度对 $K^{\ominus}$ 的影响，找出 $K^{\ominus}$ 对温度的关系。

在等压条件下，用热力学方法可以推导出热力学平衡常数与温度的关系式，称为化学反应等压方程，该方程也常称为范特霍夫方程。其表达式为

$$\left(\frac{\text{dln}K^{\ominus}}{\text{d}T}\right)_p = \frac{\Delta_r H_m^{\ominus}}{RT^2} \tag{6.21}$$

式中：$K^{\ominus}$——标准平衡常数，无量纲；

$\Delta_r H_m^{\ominus}$——标准摩尔反应焓，$\text{J} \cdot \text{mol}^{-1}$；

R——摩尔气体常数，$8.314\text{J} \cdot \text{mol}^{-1} \cdot \text{K}^{-1}$；

T——热力学温度，K。

此式为任意化学反应的标准平衡常数随温度变化的微分形式。可以看出，当 $\Delta_r H_m^{\ominus} > 0$，即为吸热反应时，温度升高将使 $K^{\ominus}$ 增大，有利于正向反应的进行；当 $\Delta_r H_m^{\ominus} < 0$，即为放热反应时，温度升高将使 $K^{\ominus}$ 减小，不利于正向反应的进行。这与以前早已熟悉的化学平衡移动原理相一致。

当温度变化范围较小时，$\Delta_r H_m^{\ominus}$ 随温度的变化可以忽略，或者在所讨论的范围内 $\Delta_r H_m^{\ominus}$ 近似看作常数，即可将式（6.21）进行积分。

定积分：

$$\ln \frac{K_2^{\ominus}}{K_1^{\ominus}} = -\frac{\Delta_r H_m^{\ominus}}{R}\left(\frac{1}{T_2} - \frac{1}{T_1}\right) \tag{6.22a}$$

或

$$\lg \frac{K_2^{\ominus}}{K_1^{\ominus}} = -\frac{\Delta_r H_m^{\ominus}}{2.303R}\left(\frac{1}{T_2} - \frac{1}{T_1}\right) \tag{6.22b}$$

式中：$K_2^{\ominus}$——温度 T_2 时的标准平衡常数，无量纲；

$K_1^\ominus$——温度 T_1 时的标准平衡常数，无量纲。

不定积分
$$\ln K^\ominus = -\frac{\Delta_r H_m^\ominus}{RT} + C \tag{6.23a}$$

或
$$\lg K^\ominus = -\frac{\Delta_r H_m^\ominus}{2.303RT} + C' \tag{6.23b}$$

式中：$K^\ominus$——温度 T 时的标准平衡常数，无量纲；

C——不定积分常数，无量纲。

C'——不定积分常数，无量纲。

通过实验测定不同温度下的 $K^\ominus$，由 $\ln K^\ominus$ 对 $1/T$ 作图，得一直线，直线的斜率为 $-\Delta_r H_m^\ominus/R$，由此可以求得 $\Delta_r H_m^\ominus$。

【例 6.9】 在 1137K、101.325kPa 条件下，反应 $Fe(s) + H_2O(g) \rightleftharpoons FeO(s) + H_2(g)$ 达到平衡时，$H_2(g)$ 的平衡分压力 $p_{H_2} = 60.0kPa$；压力不变而将反应温度升高至 1298K 时，平衡分压力 $p'_{H_2} = 56.93kPa$。求：

(1) 1137～1298K 范围内上述反应的标准摩尔反应焓 $\Delta_r H_m^\ominus$（在此温度范围内为常数）。

(2) 1200K 下上述反应的 $\Delta_r G_m^\ominus$。

解：(1) 反应：　　$Fe(s) + H_2O(g) \rightleftharpoons FeO(s) + H_2(g)$

平衡时　1137K　　　　　41.325kPa　　　　　　　60.0kPa

　　　　1298K　　　　　44.395kPa　　　　　　　59.93kPa

1137K 时　　　$K_1^\ominus = \dfrac{p_{H_2}/p^\ominus}{p_{H_2O}/p^\ominus} = \dfrac{60.0/100}{41.325/100} = 1.452$

1298K 时　　　$K_2^\ominus = \dfrac{p'_{H_2}/p^\ominus}{p'_{H_2O}/p^\ominus} = \dfrac{56.93/100}{44.395/100} = 1.282$

$$\ln \frac{K_2^\ominus}{K_1^\ominus} = -\frac{\Delta_r H_m^\ominus}{R}\left(\frac{1}{T_2} - \frac{1}{T_1}\right)$$

$$\Delta_r H_m^\ominus = \frac{RT_2 T_1}{T_2 - T_1}\ln(K_2^\ominus/K_1^\ominus)$$

$$= \frac{8.314 \times 1298 \times 1137}{1298 - 1137}\ln\frac{1.282}{1.452}$$

$$= -9490(J \cdot mol^{-1})$$

(2) $T_3 = 1200K$，$K_3^\ominus$ 的计算为

$$\ln \frac{K_3^\ominus}{K_1^\ominus} = -\frac{\Delta_r H_m^\ominus}{R}\left(\frac{1}{T_3} - \frac{1}{T_1}\right)$$

$$\ln K_3^\ominus - \ln 1.452 = -\frac{-9490}{8.314} \times \left(\frac{1137 - 1200}{1200 \times 1137}\right)$$

$$= 0.3202$$

则　　　　　　　　　　　$K_3^\ominus = 1.377$

所以　　　　　　　$\Delta_r G_m^\ominus(1200K) = -RT\ln K_3^\ominus$

$$= - 8.314 \times 1200 \times \ln 1.377$$
$$= - 3195 (\text{J} \cdot \text{mol}^{-1})$$

6.4.2　浓度对化学平衡的影响

由本章第二节可知，液相化学反应的等温方程式为 $\Delta_r G_m = \Delta_r G_m^{\ominus} + RT\ln Q_c$，当反应达到平衡时，必定满足关系式 $K^{\ominus} = Q_c$，$Q_c = \dfrac{(c_R/c^{\ominus})^r \ (c_D/c^{\ominus})^d}{(c_K/c^{\ominus})^k \ (c_J/c^{\ominus})^j}$，若保持反应系统的温度、压力不变，增加反应物的浓度或将生成物从系统中移出（即降低生成物的浓度），将使得 Q_c 减小，而浓度的变化不会引起 $K^{\ominus}$ 的变化，此时 $Q_c < K^{\ominus}$，原来的平衡受到破坏，系统中的化学平衡向生成物方向移动，直到达到新的平衡。反之，若降低反应物的浓度或增加生成物的浓度，使 $Q_c > K^{\ominus}$，平衡将向反应物方向移动。

对于气相化学反应，在保持温度、总压力不变的情况下，浓度对平衡的影响与液相化学反应的相同。根据式 $Q_p = \dfrac{(p_M/p^{\ominus})^m \ (p_N/p^{\ominus})^n}{(p_E/p^{\ominus})^e \ (p_F/p^{\ominus})^f}$，总压恒定时，增加反应物的浓度或减少生成物的浓度都会使反应物的分压增大，产物的分压减小，从而使 $Q_p < K^{\ominus}$，平衡向生成物方向移动；反之，平衡向反应物方向移动。

6.4.3　压力对化学平衡的影响

压力的变化对固相或液相反应的平衡几乎没有什么影响。因为总压力的变化对固体或液体浓度的影响不大。对于有气体参加的化学反应，若其计量系数代数和 $\sum \nu_B \neq 0$，压力变化将引起化学平衡的移动。

按照公式 $K^{\ominus} = K_y (p/p^{\ominus})^{\sum \nu_B}$，在一定温度下，$K^{\ominus}$ 不变，改变系统总压力，K_y 将随之变化。

对于 $\sum \nu_B < 0$ 的反应（分子数减少），增大系统压力 p，$(p/p^{\ominus})^{\sum \nu_B}$ 减小，K_y 增大，平衡向生成物方向移动，即向系统总摩尔数减小的方向移动。

对于 $\sum \nu_B > 0$ 的反应（分子数增加），增大系统压力 p，$(p/p^{\ominus})^{\sum \nu_B}$ 增大，K_y 减小，平衡向反应物方向移动，也是向系统总压减小的方向移动。由此可知对于有气体参加的化学反应，增大压力，平衡总是向着气体总摩尔数减小的方向移动。

对于 $\sum \nu_B = 0$ 的反应，即反应前后气体总摩尔数不变的反应，$(p/p^{\ominus})^{\sum \nu_B} = 1$，$K^{\ominus} = K_y$，压力的改变对平衡没有影响。

【例 6.10】已知合成氨反应 $\dfrac{1}{2} N_2(g) + \dfrac{3}{2} H_2(g) \rightleftharpoons NH_3(g)$，在 500K 时的 $K^{\ominus} = 0.29683$，若反应物 $N_2(g)$ 与 $H_2(g)$ 符合化学计量比，试估算此温度时，$100 \sim 1000 \text{kPa}$ 下的平衡转化率 α。可近似按理想气体计算。

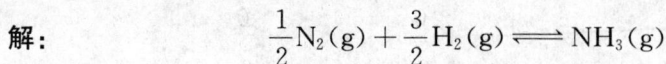

解：
$$\frac{1}{2} N_2(g) + \frac{3}{2} H_2(g) \rightleftharpoons NH_3(g)$$

开始时　　　　　　　　1　　　　　　3　　　　　　0

平衡时　　　　　　　$1-\alpha$　　　　　$3(1-\alpha)$　　　　　2α

平衡时总的物质的量 $\sum n = 1-\alpha+3(1-\alpha)+2\alpha = 4-2\alpha$

$$K^{\ominus} = K_p(p^{\ominus})^{-\sum \nu_{\mathrm{B}}} = \dfrac{\dfrac{2\alpha}{4-2\alpha}p}{\left(\dfrac{1-\alpha}{4-2\alpha}p\right)^{\frac{1}{2}} \times \left(\dfrac{3(1-\alpha)}{4-2\alpha}p\right)^{\frac{3}{2}}} p^{\ominus}$$

$$= \dfrac{2^2 \alpha(2-\alpha)p^{\ominus}}{3^{3/2}p(1-\alpha)^2} = K^{\ominus}$$

将上式整理得　　　　　$\alpha = 1 - \dfrac{1}{\sqrt{1+1.299K^{\ominus}(p/p^{\ominus})}}$

代入 $p=100\sim 1000$kPa 数值，可得如下计算结果：

　　　　$p=100$kPa 时，$\alpha=0.150$；　　　　$p=200$kPa 时，$\alpha=0.249$；

　　　　$p=500$kPa 时，$\alpha=0.416$；　　　　$p=1000$kPa 时，$\alpha=0.546$。

从结果可以看出，增加压力对体积减小的反应有利。

6.4.4 惰性气体对化学平衡的影响

此处所说的惰性气体是泛指存在于系统中但不参与反应（既不是反应物也不是生成物）的气体。对于气相化学反应来说，当温度和压力都一定时，若向反应系统中冲入惰性气体，与上述恒温降压的作用相同。它不影响标准平衡常数，但却影响平衡组成，因而使平衡发生移动。

由式 $K^{\ominus} = K_n \left(\dfrac{p}{p^{\ominus}n_{\text{总}}}\right)^{\sum \nu_{\mathrm{B}}}$ 可知充入惰性气体即增大 $n_{\text{总}}$。如果 $\sum \nu_{\mathrm{B}}=0$，$n_{\text{总}}$ 对 K_n 没有影响，惰性气体的存在与否不会影响系统的平衡组成；如果 $\sum \nu_{\mathrm{B}}>0$，$n_{\text{总}}$ 增加，K_n 必然随之增大，即化学平衡向生成物方向移动；如果 $\sum \nu_{\mathrm{B}}<0$，$n_{\text{总}}$ 增加，K_n 必然随之减小，即化学平衡向反应物方向移动。

工业上乙苯脱氢生产苯乙烯是个重要的化学反应，从化学反应方程式

来看，$\sum \nu_{\mathrm{B}}>0$，故减压有利于生产更多的苯乙烯。但一旦设备漏气，有空气进入系统会有爆炸的危险。通入惰性的水蒸气，与减压作用相同，既经济又安全，所以在实际生产中就采用这一方法。

【例 6.11】上述工业上乙苯脱氢制苯乙烯的化学反应，已知 627℃ 时 $K^{\ominus}=1.49$。试求算在此温度及标准压力时乙苯的平衡转化率；若用水蒸气与乙苯的物质的量之比为 10 的原料气，结果又将若何？

　　解：

开始时　　　　　　　　　1　　　　　　　　0　　　　　　　0

平衡时　　　　　　　　$1-\alpha$　　　　　　α　　　　　　α

设系统中水蒸气 $H_2O(g)$ 的物质的量为 n，则

$$n_总 = 1 + \alpha + n$$

$$K^\ominus = K_n \left(\frac{p}{p^\ominus \, n_总} \right)^{\sum \nu_B} = \frac{\alpha^2}{1-\alpha} \left[\frac{p}{p^\ominus \, (1+\alpha+n)} \right]$$

标准压力下，$p = p^\ominus$，上式整理得

$$K^\ominus = \frac{\alpha^2}{1-\alpha} \cdot \frac{1}{1+\alpha+n} = 1.49$$

不充入水蒸气时，$n = 0$，所以

$$\frac{\alpha^2}{1-\alpha^2} = 1.49$$

$$\alpha = 0.774 = 77.4\%$$

当充入水蒸气，$n = 10 \text{mol}$ 时，则

$$\frac{\alpha^2}{(1-\alpha)(11+\alpha)} = 1.49$$

$$\alpha = 0.949 = 94.9\%$$

6.4.5 反应物配比对化学平衡的影响

对于气相化学反应

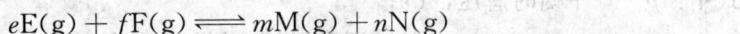

$$e\text{E}(g) + f\text{F}(g) \rightleftharpoons m\text{M}(g) + n\text{N}(g)$$

若反应开始时只有原料气 E(g) 和 F(g)，没有产物，两反应物的物质的量之比 $r = n_F/n_E$，则 r 的变化范围为 $0 < r < \infty$。在一定温度和压力下，调整反应物配比，使 r 从小到大，各组分的转化率以及产物的含量将如何变化？下面以合成氨反应为例：

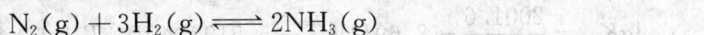

$$\text{N}_2(g) + 3\text{H}_2(g) \rightleftharpoons 2\text{NH}_3(g)$$

在 773K、30.4MPa 条件下，平衡混合物中氨气的体积分数与原料配比的关系见表 6.2。

表 6.2　氨气的体积分数与原料配比

$r = n_{H_2}/n_{N_2}$	1	2	3	4	5	6
y_{NH_3}/%	18.8	25.0	26.4	25.8	24.2	22.2

从表中数据可以看出，原料平衡组成在 $r = 3$ 时，氨在混合物中含量达到最大值。由此可以证实，对于气相化学反应，产物含量最高时所对应的反应物配比等于两种反应物的化学计量数之比，即 $r = \nu_F/\nu_E$。

在化学反应中改变反应物的配比，让一种价廉易得原料适当过量，当反应达平衡时，可以提高另一种原料的转化率。例如，水煤气转化反应中，为了尽可能地利用 CO，使水蒸气过量；在 SO_2 氧化生成 SO_3 的反应中，让氧气过量，使 SO_2 充分转化。但是一种原料的过量也应掌握好度。此外，对于气相反应，要注意原料气的性质，防止它们的配比进入爆炸范围，以免引起安全事故。

6.5　化学工艺应用热力学分析的实例

6.5.1　氨的合成

氨是化学工业中产量最大的产品之一，是化肥工业和其他化工产品的主要原料。现约有

80％的氨用于制造化学肥料，除氨本身可做化肥外，还可以加工成各种氮肥和含氮复合肥料，如尿素、硫酸铵、氯化铵、硝酸铵、磷酸铵等。可以生产硝酸、纯碱、含氮无机盐等。氨还被广泛用于化工、制药工业、化纤和塑料工业以及国防工业中。因此，氨在国民经济中占有重要地位。目前生产氨是通过氮气、氢气在高温、高压和催化剂作用下直接合成而得，由于反应后气体中氨含量不高，一般只有 10％～20％，所以氨合成工艺通常采用循环流程。

1. 氨合成反应的热效应

氨合成反应为

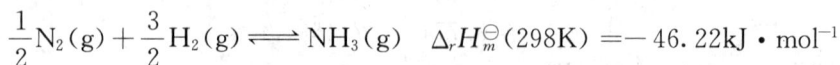

$$\frac{1}{2}N_2(g) + \frac{3}{2}H_2(g) \rightleftharpoons NH_3(g) \quad \Delta_r H_m^{\ominus}(298K) = -46.22 kJ \cdot mol^{-1}$$

由上述反应方程式可知，氨合成反应是放热和摩尔数减小的可逆反应。

氨合成反应的热效应不仅取决于温度，而且还和压力及组成有关。

化学平衡常数

$$K_p = \frac{p_{NH_3}}{(p_{N_2})^{1/2}(p_{H_2})^{3/2}} = \frac{1}{p}\frac{y_{NH_3}}{(y_{N_2})^{1/2}(y_{H_2})^{3/2}}$$

式中：p——平衡时总压，Pa；

$p_{(NH_3)}$、$p_{(N_2)}$、$p_{(H_2)}$——平衡时氨、氮气、氢气的分压力，Pa；

$y_{(NH_3)}$、$y_{(N_2)}$、$y_{(H_2)}$——平衡时氨、氮气、、氢气的摩尔分数。

压力较低时，化学平衡常数与温度的关系可用下式表示：

$$\lg K_p = \frac{2001.6}{T} - 2.6911\lg T - 5.5193 \times 10^{-5}T + 1.8489 \times 10^{-7}T^2 + 3.6842$$

（1）温度和压力的影响。当温度降低或压力增高时，都能使平衡氨浓度增大。

（2）氢氮比的影响。氢氮比 r 对平衡氨含量有显著影响，如不考虑组成对平衡的影响，$r=3$ 时平衡氨含量具有最大值。考虑到组成对平衡常数 K_p 的影响，具有最大 y_{NH_3} 的氢氮比略小于 3，随压力而异，约在 2.68～2.90 之间。

（3）惰性气体的影响。氨合成反应过程中，混合气体的物质的总量随反应进行而逐渐减少，起始惰性气体含量不等于平衡时惰性气体含量，惰性气体的含量随反应进行而逐渐升高。而 y_{NH_3} 总是随惰性气体平衡含量 $y_惰$ 的增大而减小，因此惰性气体的含量不能过高。

2. 氨合成催化剂

氨合成催化剂经过了 80 多年的研究与使用，现在仍然以熔铁为主，主要成分是 Fe_3O_4，添加 Al_2O_3、K_2O、SiO_2、MgO、CaO 等助催化剂以提高催化剂的活性、抗毒性和耐热性等。Fe_3O_4 催化剂在还原之前主要成分是 FeO 和 Fe_2O_3，其中 FeO 质量分数占 24％～38％，Fe^{2+}/Fe^{3+} 一般在 0.47～0.57 之间。催化剂在还原之前没有活性，使用前必须经过还原，使 Fe_3O_4 变成 α-Fe，另一方面是还原生成的铁结晶不能因重结晶而长大，以保证有最大的比表面积和更多的活性中心。

总之，提高平衡氨含量的途径为降低温度，提高压力，保持氢氮比为 3 左右，并减少惰性气体含量。加入催化剂不能提高平衡氨含量，但可以加快反应速率。

6.5.2 SO₂ 的催化氧化

二氧化硫氧化为三氧化硫的反应为

$$SO_2 + \frac{1}{2}O_2 \rightleftharpoons SO_3 \qquad \Delta_r H_m^{\ominus}(298K) = -96.24 \text{kJ} \cdot \text{mol}^{-1}$$

此反应是可逆放热、体积缩小的反应。同时，这个反应只有在催化剂存在下，才能实现工业生产。

其平衡常数可表示为

$$K_p = \frac{p_{SO_3}}{p_{SO_2} p_{O_2}^{0.5}}$$

式中：p_{SO_2}、p_{O_2}、p_{SO_3}——分别为 SO₂、O₂ 及 SO₃ 的平衡分压。

在 400～700℃ 范围内，平衡常数与温度的关系可用下式表示：

$$\lg K_p = \frac{4905.5}{T} - 4.6544$$

平衡常数 K_p 随着温度降低而增大。

用平衡转化率来描述某一温度下，反应可以进行的极限程度。

$$x_{平衡} = \frac{p_{SO_3}}{p_{SO_2} + p_{SO_3}} = \frac{K_p}{K_p + \dfrac{1}{\sqrt{p_{O_2}}}}$$

据以上分析可知，二氧化硫的平衡转化率随原始气体组成、温度和压力而变化。降低反应温度、增加压力，会使平衡转化率升高；但常压下平衡转化率已经较高，通常达到 95%～98%，所以工业生产中不需要采用高压。

二氧化硫氧化反应所用催化剂，主要有铂、氧化铁及钒三种。铂催化剂活性高，但价格昂贵，且易中毒。氧化铁催化剂廉价易得，在 640℃ 以上高温时才具有活性，转化率低。钒催化剂的活性、热稳定性及机械强度都比较理想，而且价格便宜，在工业上使用较普遍。

6.5.3 天然气-水蒸气转化

烃类-水蒸气转化法是以气态烃和石脑油为原料生产氨最经济的方法。具有不用氧气、投资少和耗能低的优点。以天然气为原料合成氨，在工程投资、能量消耗和生产成本等方面具有显著的优越性。目前大型合成氨厂多数以天然气为原料。

天然气的主要成分是甲烷，天然气-水蒸气转化反应主要产物为 CO 和 H₂。

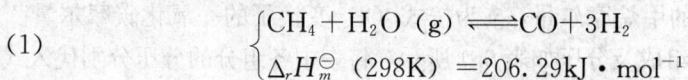

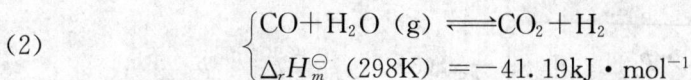

(1) $\begin{cases} CH_4 + H_2O\ (g) \rightleftharpoons CO + 3H_2 \\ \Delta_r H_m^{\ominus}\ (298K) = 206.29 \text{kJ} \cdot \text{mol}^{-1} \end{cases}$

(2) $\begin{cases} CO + H_2O\ (g) \rightleftharpoons CO_2 + H_2 \\ \Delta_r H_m^{\ominus}\ (298K) = -41.19 \text{kJ} \cdot \text{mol}^{-1} \end{cases}$

上述两个反应均为可逆反应。前者吸热，热效应随温度的增加而增大；后者放热，

热效应随温度的增加而减少。这两个反应的平衡常数分别为

$$K_{p_1} = \frac{p_{CO} \cdot p_{H_2}^3}{p_{CH_4} \cdot p_{H_2O}}$$

$$K_{p_2} = \frac{p_{CO_2} \cdot p_{H_2}}{p_{CO} \cdot p_{H_2O}}$$

式中：p_{CH_4}、p_{H_2O}、p_{CO}、p_{CO_2}、p_{H_2}——系统处于平衡状态时甲烷、水蒸气、一氧化碳、二氧化碳和氢气等组分的分压，Pa。

平衡常数 K_p 受温度和压力的影响，实际生产中天然气-水蒸气转化是在加压或高温下进行，但因压力不十分高，故可忽略压力对平衡常数的影响。

反应（1）和（2）的平衡常数与温度的关系可用下式分别表示：

$$\lg K_{p_1} = \frac{-9864.75}{T} + 8.3666\lg T - 2.0814 \times 10^{-3} T + 1.8737 \times 10^{-7} T^2 - 11.894$$

$$\lg K_{p_2} = \frac{2.183}{T} - 0.09361\lg T + 0.632 \times 10^{-3} T - 1.08 \times 10^{-7} T^2 - 2.298$$

表 6.3 中给出了不同温度下反应式（1）和（2）的平衡常数值。合成氨生产要求转化气中残留甲烷的体积分数不超过 0.5%，这样，首先要知道在一定条件下各组分的平衡含量。为此，利用平衡常数进行计算。

表 6.3　反应式（1）和（2）的平衡常数值

温度/℃	$K_{p_1} = \dfrac{p_{CO} \cdot p_{H_2}^3}{p_{CH_4} \cdot p_{H_2O}}$	$K_{p_2} = \dfrac{p_{CO_2} \cdot p_{H_2}}{p_{CO} \cdot p_{H_2O}}$	温度/℃	$K_{p_1} = \dfrac{p_{CO} \cdot p_{H_2}^3}{p_{CH_4} \cdot p_{H_2O}}$	$K_{p_2} = \dfrac{p_{CO_2} \cdot p_{H_2}}{p_{CO} \cdot p_{H_2O}}$
500	9.694×10^{-5}	4.878	800	1.68	1.015
550	7.948×10^{-4}	3.434	850	5.237	8.552×10^{-1}
600	5.163×10^{-3}	2.527	900	14.78	7.328×10^{-1}
650	2.758×10^{-2}	1.923	950	38.36	6.372×10^{-1}
700	1.246×10^{-1}	1.519	1000	92.38	5.610×10^{-1}
750	4.880×10^{-1}	1.228	——	——	——

注：压力单位已按 MPa 换算。

平衡组成的计算

已知条件：m——原料气中的水炭比 $\left(m = \dfrac{H_2O}{CH_4}\right)$；

　　　　　p——系统压力，Pa；

　　　　　t——转化温度，℃。

假设：没有副反应发生，以 1molCH₄ 为基准计算。在甲烷转化反应达到平衡时，设 x 为按式（1）转化了的甲烷摩尔量，y 为按式（2）变换了的一氧化碳摩尔量。

达到平衡时各组分的组成及分压如表 6.4 所示，将表中各组分的分压分别代入式（1）和式（2），得

$$K_{p_1} = \frac{p_{CO} \cdot p_{H_2}^3}{p_{CH_4} \cdot p_{H_2O}} = \left[\frac{(x-y)(3x+y)^3}{(1-x)(m-x-y)}\right]\left(\frac{p}{1+m+2x}\right)^2$$

$$K_{p_2} = \frac{p_{CO_2} \cdot p_{H_2}}{p_{CO} \cdot p_{H_2O}} = \frac{y(3x+y)}{(x-y)(m-x-y)}$$

表 6.4　各组分的平衡组成及分压

组　分	气体组成/mol		平衡分压/MPa
	反应前	平衡时	
CH_4	1	$1-x$	$p_{CH_4} = \frac{1-x}{1+m+2x}p$
H_2O	m	$m-x-y$	$p_{H_2O} = \frac{m-x-y}{1+m+2x}p$
CO	—	$x-y$	$p_{CO} = \frac{x-y}{1+m+2x}p$
H_2	—	$3x+y$	$p_{H_2} = \frac{2x+y}{1+m+2x}$
CO_2	—	y	$p_{CO_2} = \frac{y}{1+m+2x}p$
合计	$1+m$	$1+m+2x$	p

若已知转化温度、压力和原料气组成，利用上述两式即可求得该条件下的平衡组成。

天然气-水蒸气转化反应是吸热的可逆反应，高温对反应平衡和反应速率都有利。但即使温度在 1000℃时，其反应速率仍然很低，因此，需用催化剂来加快反应的进行。由于天然气-水蒸气转化过程是在高温下进行的，且存在析炭问题，这样就要求催化剂除具有高活性、高强度外、还要具有较好的热稳定性和抗析炭能力。镍催化剂是目前工业上常用的催化剂。

📖 小结

1. 化学反应的平衡条件　　　　$\Delta_r G_m = 0$
2. 化学反应方向及限度的判据

(1) $\Delta_r G_m \begin{cases} <0 \text{ 反应自发进行} \\ =0 \text{ 平衡态} \end{cases}$

(2) Q_p 判据 $\begin{cases} Q_p < K^\ominus, \text{反应自发进行} \\ Q_p = K^\ominus, \text{反应达到平衡} \\ Q_p > K^\ominus, \text{反应逆向自发进行} \end{cases}$

3. 化学反应的标准平衡常数 $K^\ominus$、$K_c^\ominus$ 及其他平衡常数 K_p、K_y、K_n 和 K_c 的表达式

$$K^\ominus = \prod_B (p_B/p^\ominus)^{\nu_B} \qquad K_c^\ominus = \prod_B (c_B/c^\ominus)^{\nu_B}$$

$$K_p = \prod_B p_B^{\nu_B} \qquad K_y = \prod_B y_B^{\nu_B} \qquad K_n = \prod_B n_B^{\nu_B} \qquad K_c = \prod_B c_B^{\nu_B}$$

4. 化学反应的 $K^\ominus$ 与 K_p、K_y、K_n 与 K_c 的关系

$$K^\ominus = K_p (p^\ominus)^{-\Sigma\nu_B} \qquad K^\ominus = K_y (p/p^\ominus)^{\Sigma\nu_B}$$

$$K^{\ominus} = K_n \left[\frac{p}{p^{\ominus} \sum n_B} \right]^{\sum \nu_B} \qquad K_c^{\ominus} = K_c (c^{\ominus})^{-\sum \nu_B}$$

5. 有纯凝聚态参加的理想气体化学反应的标准平衡常数

$$K^{\ominus} = \prod_B (p_{B(气)}/p^{\ominus})^{\nu_B}$$

6. 压力商 Q_p：非平衡时，生成物各组分分压力比标准压力的幂指数积与反应物各组分的分压力比标准压力的幂指数积的商，称为压力商，$Q_p = \prod_B (p_B/p^{\ominus})^{\nu_B}$。

7. 化学反应等温方程式　$\Delta_r G_m = \Delta_r G_m^{\ominus} + RT \ln Q_p$

或　　　　　　　　　$\Delta_r G_m = -RT \ln K^{\ominus} + RT \ln Q_p$

8. $\Delta_r G_m^{\ominus}$ 与 $K^{\ominus}$ 的关系　$\Delta_r G_m^{\ominus} = -RT \ln K^{\ominus}$　　$K^{\ominus} = \exp(-\Delta_r G_m^{\ominus}/RT)$

9. 平衡转化率：反应达到平衡时已转化的某种反应物占该反应物投料量的分数。

$$转化率 = \frac{平衡时某反应物消耗掉的量}{该反应物的投料量} \times 100\%$$

产率：反应达到平衡时转化为指定产物的某反应物占该反应物投料量的分数。

$$产率 = \frac{平衡时转化为指定产物的某反应物的量}{该反应物的投料量} \times 100\%$$

10. 标准摩尔反应吉布斯函数的计算

(1) 由 $\Delta_f G_m^{\ominus}$ 计算 $\Delta_r G_m^{\ominus}$：　　$\Delta_r G_m^{\ominus} = \sum_B \nu_B \Delta_f G_{m,B}^{\ominus}$

(2) 由 $K^{\ominus}$ 计算 $\Delta_r G_m^{\ominus}$：　　$\Delta_r G_m^{\ominus} = -RT \ln K^{\ominus}$

(3) 由 $\Delta_f H_m^{\ominus}$ 和 $S_m^{\ominus}$ 计算 $\Delta_r G_m^{\ominus}$：　　$\Delta_r G_m^{\ominus} = \Delta_r H_m^{\ominus} - T \Delta_r S_m^{\ominus}$

其中　$\Delta_r H_m^{\ominus} = \sum_B \nu_B \Delta_f H_{m,B}^{\ominus}$,　　$\Delta_r S_m^{\ominus} = \sum_B \nu_B S_{m,B}^{\ominus}$

11. 温度对化学平衡的影响

微分式 $\left(\dfrac{d \ln K^{\ominus}}{dT} \right)_p = \dfrac{\Delta_r H_m^{\ominus}}{RT^2}$

定积分式 $\ln \dfrac{K_2^{\ominus}}{K_1^{\ominus}} = -\dfrac{\Delta_r H_m^{\ominus}}{R} \left(\dfrac{1}{T_2} - \dfrac{1}{T_1} \right)$　　$\lg \dfrac{K_2^{\ominus}}{K_1^{\ominus}} = -\dfrac{\Delta_r H_m^{\ominus}}{2.303R} \left(\dfrac{1}{T_2} - \dfrac{1}{T_1} \right)$

不定积分式　$\ln K^{\ominus} = -\dfrac{\Delta_r H_m^{\ominus}}{RT} + C$　　$\lg K^{\ominus} = -\dfrac{\Delta_r H_m^{\ominus}}{2.303RT} + C'$

升高温度对吸热反应有利，降低温度对放热反应有利。

12. 浓度、压力、惰性气体及反应物配比对化学平衡的影响。

(1) 增加反应物的浓度或较少生成物的浓度都会使反应向生成物方向移动。

(2) 增大反应系统的总压力，化学平衡向气体分子数减少的方向移动；反之，减小反应系统的压力，化学平衡向气体分子数增大的方向移动。

(3) 在反应系统总压力不变的情况下，加入惰性气体，相当于减小了参加反应物质的总压力，从而化学平衡向气体分子数增大的方向移动。

（4）当原料配比按反应方程式的计量系数比投入时，产物的含量最高。让一种价廉易得原料适当过量，当反应达平衡时，可以提高另一种原料的转化率。

13. 本章计算题类型

（1）$K^\ominus$、$K_c^\ominus$ 及 K_p、K_y、K_n、K_c 的计算。

（2）平衡组成和平衡转化率的计算。

（3）$\Delta_r G_m^\ominus$ 和 $\Delta_r G_m$ 的计算及化学反应方向的判断。

（4）温度变化对标准平衡常数的影响的计算。

（5）压力与惰性气体等对平衡影响的计算。

习题

1. 在 $\Delta_r G_m^\ominus = -RT\ln K^\ominus$ 式中：$K^\ominus$ 是理想气体反应的标准平衡常数。$K^\ominus$ 与哪些因素有关？

2. 在等温方程式中：$\Delta_r G_m = \Delta_r G_m^\ominus + RT\ln Q_p$，$\Delta_r G_m^\ominus$、$K^\ominus$ 均是温度的函数，Q_p 亦是温度的函数，对吗？为什么？Q_p 与 $K^\ominus$ 有什么区别？

3. 比较 $\Delta_r G_m$、$\Delta_r G_m^\ominus$、$\Delta_f G_m^\ominus$ 三个物理量的异同，浅析它们之间的关系。

4. 凡是 $\Delta_r G_m > 0$ 的反应，在任何条件下均不能自发进行，而凡是 $\Delta_r G_m < 0$ 的反应，在任何条件下都能自发进行，这种说法是否正确？

5. 因为理想气体反应的标准平衡常数 $K^\ominus$ 仅与温度有关，所以温度一定时，在任何压力下化学反应的平衡组成都不变，这种说法对吗？

6. 若反应：$SO_2(g) + \frac{1}{2}O_2(g) \Longrightarrow SO_3(g)$ 的标准平衡常数为 $K_1^\ominus$，反应 $2SO_2(g) + O_2(g) \Longrightarrow 2SO_3(g)$ 的标准平衡常数为 $K_2^\ominus$，两者之间存在什么关系？两反应达平衡时，哪一个反应的转化率更高？

7. 1373K 反应：

$$C(s) + 2S(s) \Longrightarrow CS_2(g) \qquad\qquad (a)\ K_a^\ominus = 0.258$$

$$Cu_2S(s) + H_2(g) \Longrightarrow 2Cu(s) + H_2S(g) \qquad (b)\ K_b^\ominus = 3.9 \times 10^{-3}$$
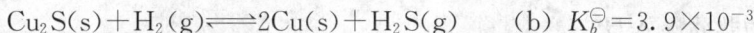
$$2H_2S(g) \Longrightarrow 2H_2(g) + 2S(s) \qquad\qquad (c)\ K_c^\ominus = 2.29 \times 10^{-2}$$

则 1373K 时反应 $C(s) + 2Cu_2S(s) \Longrightarrow 4Cu(s) + CS_2(s)$ 的 $K^\ominus$ 是多少？

8. 取 0.341mol $PCl_5(g)$ 与 0.233mol 惰性气体装入一个容积为 1dm³ 的容器中，加热至 523K，测得平衡压力为 2.933×10^3 kPa，求此温度下反应 $PCl_5(g) \Longrightarrow PCl_3(g) + Cl_2(g)$ 的平衡常数 K_p 和 $K^\ominus$。假设各气体均为理想气体。

9. $PCl_5(g)$ 分解反应为 $PCl_5(g) \Longrightarrow PCl_3(g) + Cl_2(g)$，在 473K 时的标准平衡常数 $K^\ominus = 0.312$。求：（1）473K 及 200kPa 下的 $PCl_5(g)$ 的解离度；（2）组成为 1∶5 的 $PCl_5(g)$ 与 $Cl_2(g)$ 的混合物，在 473K 及 100kPa 下的 $PCl_5(g)$ 的解离度。

10. 900K 时，纯乙烷气体通过脱氢催化后，发生分解作用

$$C_2H_6(g) \Longleftrightarrow C_2H_4(g) + H_2(g)$$

若在该温度下维持总压为 100kPa，该反应的标准摩尔反应吉布斯函数为 24480J·mol^{-1}，求：(1) 达到平衡后，乙烷的平衡转化率；(2) 达到平衡后，混合气体中氢气的摩尔分数。

11. 在 1000K 时，反应 $C(s) + 2H_2(g) \Longleftrightarrow CH_4(g)$ 的 $\Delta_r G_m^\ominus = 12.288kJ·mol^{-1}$，当气相压力为 101325Pa，组成为 $CH_4(g)10\%$，$H_2(g)80\%$，$N_2(g)10\%$ 时，计算上述反应的 $\Delta_r G_m$ 是多少？判断反应的方向。

12. 实验测知 $Ag_2O(s)$ 在 445℃ 时的分解压为 2.10×10^7 Pa，试求算该温度时 $Ag_2O(s)$ 的标准生成吉布斯函数 $\Delta_f G_m^\ominus$。

13. $NaHCO_3(s)$ 分解反应为 $2NaHCO_3(s) \Longleftrightarrow Na_2CO_3(s) + H_2O(g) + CO_2(g)$，已知各条件如表 6.5 所示。

表 6.5　各反应物质的 $\Delta_f H_m^\ominus$ 和 $S_m^\ominus$

物　　质	$NaHCO_3(s)$	$Na_2CO_3(s)$	$H_2O(g)$	$CO_2(g)$
$\Delta_f H_m^\ominus$ (298K)/(kJ·mol^{-1})	−947.4	−1131	−241.8	−393.5
$S_m^\ominus$(298K)/(J·mol^{-1}·K^{-1})	102.0	136.0	189.0	214.0

在 298~373K 之间，$\Delta_r H_m^\ominus(T)$ 及 $\Delta_r S_m^\ominus(T)$ 均可视为与 T 无关。求：

(1) 371.0K 时的 $K^\ominus$。

(2) 101.325kPa、371.0K 时，系统中 H_2O 的摩尔分数 $y = 0.65$ 的 H_2O 和 $CO_2(g)$ 混合气体，能否使 $NaHCO_3(s)$ 避免分解？

14. CO_2 与 H_2S 在高温下，有如下反应：

$$CO_2(g) + H_2S(g) \Longleftrightarrow COS(g) + H_2O(g)$$

今在 610K 时，将 4.4×10^{-3}kg 的 CO_2 加入 2.501dm³ 体积的空瓶中，然后再充入 H_2S 使总压为 1013.25kPa。平衡后取样分析其中水蒸气的摩尔分数为 0.02。同样重复上述实验，但温度维持在 620K，平衡后取样分析其中水蒸气的摩尔分数为 0.03（气体可视为理想气体）。

(1) 计算 610K 时的 $K^\ominus$。

(2) 求 610K 时的 $\Delta_r G_m^\ominus$。

(3) 计算反应的热效应 $\Delta_r H_m^\ominus$。

(4) 610K 时，在反应器中充入不活泼气体，使压力加倍（维持反应器体积不变）。请问 COS 的产量是增加、减小，还是不变？若充入不活泼气体后保持压力不变，而使体积加倍，则 COS 的产量是否受到影响？

 **自测题**

一、选择题

1. 任何一个化学反应，影响标准平衡常数数值的因素是（　　）。

　　A. 反应物的浓度　　B. 催化剂　　　　　C. 反应产物的浓度　　D. 温度

2. 在 T、p 恒定的条件下，某一化学反应 $aA+bB \rightleftharpoons lL+mM$ 其 $\Delta_r G_m$ 所代表的意义为（　　）。

    A. $\Delta_r G_m$ 表示该反应达到平衡时产物与反应物的吉布斯函数之差

    B. $\Delta_r G_m$ 表示反应系统处于标准状态时的反应趋势

    C. $\Delta_r G_m$ 表示 T、p 下且物质的量恒定时，发生一摩尔反应时引起的吉布斯函数变化

    D. $\Delta_r G_m$ 表示反应系统中反应后与反应前吉布斯函数之差

3. 肯定无单位（量纲）的平衡常数是（　　）。

    A. K_p，K_y B. $K^\ominus$，K_p C. $K^\ominus$，K_y D. $K^\ominus$，K_n

4. 已知 $2NO(g)+O_2(g) \rightleftharpoons 2NO_2(g)$ 为放热反应。反应达平衡后，欲使平衡向右移动以获得更多 NO_2，应采取的措施是（　　）。

    A. 降温和减压   B. 降温和增压   C. 升温和减压   D. 升温和增压

5. 反应 $CO(g)+H_2O(g) \rightleftharpoons H_2(g)+CO_2(g)$ 在 873K 和 101.325kPa 下达成平衡，今将压力提高到 5066.25kPa，则（　　）。

    A. 平衡转化率提高   B. 平衡转化率下降

    C. 平衡转化率不变   D. 不能确定

6. 对理想气体反应 $C_2H_6(g) \rightleftharpoons C_2H_4(g)+H_2(g)$，在 300K 时其 $K^\ominus$ 和 $K_c^\ominus$ 的比值为（　　）。

    A. $\dfrac{c^\ominus RT}{p^\ominus}$ B. $\dfrac{RT}{c^\ominus p^\ominus}$ C. $\dfrac{c^\ominus p^\ominus}{RT}$ D. $\dfrac{p^\ominus}{c^\ominus RT}$

7. 设反应 $A(s) \rightleftharpoons D(g)+G(g)$ 的 $\Delta_r G_m(J \cdot mol^{-1}) = -4500+11T$，要防止反应发生，温度必须（　　）。

    A. 高于 409K   B. 低于 136K

    C. 高于 136K 而低于 409K   D. 低于 409K

8. 某化学反应在 298K 时标准摩尔反应吉布斯函数为负值，则该温度时反应的 $K^\ominus$（　　）。

    A. $K^\ominus < 0$ B. $K^\ominus = 0$ C. $0 < K^\ominus < 1$ D. $K^\ominus > 1$

二、判断题

1. 化学反应的标准平衡常数数值发生变化时，平衡要发生移动；当化学平衡发生移动时，标准平衡常数数值也一定要发生变化。 （　　）

2. 所有单质的标准摩尔生成吉布斯函数 $\Delta_f G_m^\ominus$ 都为零。 （　　）

3. 温度一定时，化学反应的标准平衡常数不随起始浓度而变化，转化率也不随起始浓度变化。 （　　）

4. Q_p 表示化学反应在任意时刻的压力商，随着反应的不断进行，其数值不断接近标准平衡常数 $K^\ominus$，当反应达到平衡时 Q_p 等于 $K^\ominus$。 （　　）

5. 升高温度对吸热的化学反应有利。 （　　）

6. 因为 $\Delta_r G_m^\ominus = -RT\ln K^\ominus$，所以 $\Delta_r G_m^\ominus$ 是在平衡状态时吉布斯函数的变化值。

                                                       （　　）

7. 从反应系统中将生成物移出，可以促使化学平衡向生成物方向移动，提高产率。

（　　）

8. 当原料配比按化学方程式的计量系数比投入时，产物的产率最高。　　　（　　）

三、计算题

1. 298K 时，将 $NH_4NH(s)$ 放入抽空瓶中，$NH_4NH(s)$ 依下式分解：

$$NH_4NH(s) \rightleftharpoons NH_3(g) + H_2S(g)$$

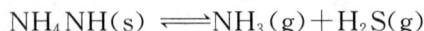

平衡时测得压力 66.66kPa，求 $K^{\ominus}$ 和 K_p 值。若瓶中原来已盛有 $NH_3(g)$，其压力为 40.00kPa，试问此瓶中总压力为若干？

2. 由甲烷制氢的反应为：$CH_4(g) + H_2O(g) \rightleftharpoons CO(g) + 3H_2(g)$。已知 1000K 时的 $K^{\ominus} = 26.56$。若平衡时总压为 405.2kPa，反应前系统存在甲烷和水蒸气，其摩尔比为 1:1，求甲烷的转化率。

3. 过去曾有人尝试用甲烷和苯蒸气的混合物在不同温度下，通过各种催化剂来制备甲苯，即

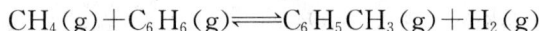

$$CH_4(g) + C_6H_6(g) \rightleftharpoons C_6H_5CH_3(g) + H_2(g)$$

但都以失败告终。今若以等物质的量甲烷与苯的混合物在 500K 时，通过适当的催化剂。

（1）试问根据热力学的分析预期得到甲苯的最高产量为若干？已知 500K 时，甲烷、苯和甲苯的标准生成吉布斯函数分别为 $-33.08kJ \cdot mol^{-1}$、$162kJ \cdot mol^{-1}$、$172.4kJ \cdot mol^{-1}$。

（2）上述过程的逆过程是芳烃加氢脱烷基反应，在石油系统中，芳烃的生产有一定意义。若在 500K 时，甲苯和 H_2 的物质量之比为 1:1，试问甲苯的平衡转化率为若干？

4. 在高温下，水蒸气通过灼热煤层反应生成水煤气。

$$C(s) + H_2O(g) \rightleftharpoons H_2(g) + CO(g)$$

已知在 1000K 及 1200K 时，$K^{\ominus}$ 分别为 2.472 及 37.58。求算（1）该反应在此温度范围内的 $\Delta_r H_m^{\ominus}$。（2）1100K 时该反应的 $K^{\ominus}$。

5. 1500K 时，含 10%CO，90%CO_2 的气体混合物能否将 Ni 氧化成 NiO？已知在此温度下：

$$Ni + \frac{1}{2}O_2 \rightleftharpoons NiO \qquad \Delta_r G_{m,1}^{\ominus} = -112050J \cdot mol^{-1}$$

$$C + \frac{1}{2}O_2 \rightleftharpoons CO \qquad \Delta_r G_{m,2}^{\ominus} = -242150J \cdot mol^{-1}$$

$$C + O_2 \rightleftharpoons CO_2 \qquad \Delta_r G_{m,3}^{\ominus} = -395390J \cdot mol^{-1}$$

6. 有反应 $3C(s) + 2H_2O(g) \rightleftharpoons CH_4(g) + 2CO(g)$，试讨论一定温度时下列情况平衡移动的方向，并简要说明理由。

（1）采用压缩方法使系统压力增大。

（2）充入 N_2 气但保持总体积不变。

（3）充入 N_2 气但保持总压力不变。

（4）充入水蒸气但保持总压力不变。

第7章 化学动力学与催化作用

☞ 学习目标

1. 掌握化学反应速率的表示方法及特点。
2. 了解化学反应速率的测定方法。
3. 理解基元反应。
4. 正确理解质量作用定律和化学反应速率常数。
5. 掌握简单反应、反应级数、反应分子数以及半衰期、活化能等基本概念。
6. 熟练掌握常见一级反应和二级反应的特点及相关计算。
7. 掌握温度对反应速率的影响。
8. 了解催化剂的特征、催化反应。

第 6 章我们学习了化学平衡，从热力学的基本原理出发，讨论了化学反应的方向和限度，从而解决了化学反应的可能性问题。然而实际经验告诉我们，在热力学上判断有可能发生的化学反应，实际上却不一定发生。例如，在 298K 时氢和氧化合生成水，其 $\Delta_r G_m^\ominus = -237.20 kJ \cdot mol^{-1}$，根据热力学观点，这一反应具有很大的平衡常数，它向右进行的趋势理论上应是很大的。但热力学对于这个反应的进行需要多长时间却不能提供任何启示。实际上在通常情况下，氢和氧化合反应进行得极慢，以致几年都观察不出来有反应发生的迹象。但是温度升高到 1073K，该反应却以爆炸的方式瞬时完成。如果选用适当的催化剂（如用钯作为催化剂），则即使在常温常压下氢和氧也能以较快的速率化合成水。这些现象单凭化学热力学知识无法圆满地回答，需要结合化学动力学知识解答。

化学动力学主要是研究浓度、压力、温度、催化剂等各种因素对反应速率的影响，以及反应的进行要经过哪些具体的步骤，即所谓反应机理。所以，化学动力学是研究化学反应速率和反应机理的科学。

通过化学动力学的研究，可以知道如何控制化学反应条件、提高主反应的速率、抑制或减慢副反应的速率，以减少原料的消耗、减轻分离操作的负担、提高产品的产量和质量；还可以提供如何避免危险品的爆炸、材料的腐蚀、产品的老化和变质等方面的知识。

本章主要讨论化学反应速率，简单级数化学反应速率方程，温度对化学反应速率的影响以及催化作用等化学动力学中的基础知识。

7.1　化学反应速率

7.1.1　化学反应速率的表示方法

　　物体移动的速率用单位时间内移动的距离表示。化学反应进行的快慢可以从参与反应物质的量的变化上体现出来：反应物的物质的量随时间不断减少；生成物的物质的量随时间不断增大。反应一般在恒定的容器中进行，因此化学反应速率可以用单位体积内参与反应物的物质的量随时间的变化率来表示。即

$$v = \pm \frac{1}{V} \frac{dn}{dt} \tag{7.1}$$

式中：V——反应系统的体积；

　　　　t——时间；

　　　　n——物质的量，mol；

　　　　v——反应速率。

　　　　$\pm$——随着反应的进行，反应物的量逐渐减少，物质的量随时间的变化值为负值，而反应速率不能用负值表示，因此在表达式前加 "$-$" 号，使速率转为正直。对于产物，描述速率用 "$+$" 号。

　　对于恒容反应，$dn_B/V = dc_B$，所以反应速率 v 的定义式也可以写成

$$v = \pm \frac{dc_B}{dt} \tag{7.2}$$

式中：c_B——B物质的量浓度，$mol \cdot m^{-3}$ 或 $mol \cdot L^{-1}$；

　　　　dc_B/dt——表示物质 B 浓度随时间的变化率。

　　　　v——反应速率。[浓度][时间]$^{-1}$

　　例如，对于气相反应

$$2NO + Br_2 \longrightarrow 2NOBr$$

在恒温恒容条件下，每一个物质的反应速率分别表示为

$$v_{NO} = -\frac{dc_{NO}}{dt} \qquad v_{Br_2} = \frac{dc_{Br_2}}{dt} \qquad v_{NOBr} = \frac{dc_{NOBr}}{dt}$$

很显然，$v_{NO} \neq v_{Br_2} \neq v_{NOBr}$，根据反应的计量系数可知，$dc_{NO} = 2dc_{Br_2} = dc_{NOBr}$

所以有

$$-\frac{1}{2}\frac{dc_{NO}}{dt} = -\frac{dc_{Br_2}}{dt} = \frac{1}{2}\frac{dc_{NOBr}}{dt}$$

即

$$\frac{1}{2}v_{NO} = v_{Br_2} = \frac{1}{2}v_{NOBr}$$

　　推广到任意化学反应，$\nu_A A + \nu_B B \longrightarrow \nu_R R + \nu_D D$ 有

$$\frac{1}{\nu_A}v_A = \frac{1}{\nu_B}v_B = \frac{1}{\nu_R}v_R = \frac{1}{\nu_D}v_D \tag{7.3}$$

　　选用任何一种物质描述该反应的速率都可以。实际工作中，常选择其中浓度比较容

易测量的物质来表示反应速率。用反应物表示的速率称为消耗速率，而用生成物表示的速率称为生成速率。

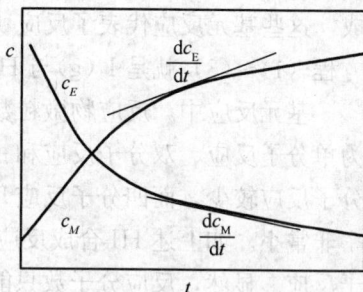

图 7.1　反应物或产物的浓度随时间变化的曲线

7.1.2　化学反应速率的测定

对于在 T、V 恒定的条件下的某均相反应，由实验测出各不同时间 t 时反应物 E 的浓度 c_E，或产物的浓度 c_M，则可绘出如图 7.1 所示的 c-t 曲线。某时间 t 时曲线的斜率 $-dc_E/dt$ 或 dc_M/dt 分别为反应物 E 的消耗速率和产物 M 的生成速率。所以，测定化学反应速率，就是分析测定不同反应时间某种反应组分的浓度。

测定反应组分浓度的方法有化学法和物理法。

（1）化学法。在反应进行的某一时刻取出一部分物质，并设法迅速使反应"冻结"（用骤冷、冲稀、加阻化剂或除去催化剂等方法），然后进行化学分析，这样可以直接得到不同时刻某物质浓度的数值。化学法的优点是设备简单，可直接得到不同时刻的浓度；缺点是操作费时，在没有合适的"冻结"方法时，往往误差很大。

（2）物理法。在反应过程中对某一种与物质浓度有关的物理量进行连续监测，获得一些原位反应的数据，通常利用的物理性质和方法有测定压力、体积、旋光度、折射率、吸收光谱、电导、电动势、介电常数、黏度、导热率或进行比色等。由于物理方法不是直接测量浓度的，所以首先需要知道浓度与这些物理量之间的依赖关系，当然最好是选择与浓度变化呈线性关系的一些物理量。物理法不必中止反应，可以在反应器内进行连续测定，测量方法快速方便，误差小，但需要较昂贵的测试装置。

7.1.3　基元反应

1. 基元反应

化学动力学的研究证明，我们通常描述的化学反应并不是按化学反应计量方程式表示的那样一步直接反应的，而是经历了一系列单一的步骤。即我们通常所写的化学方程式绝大多数并不代表反应的真正历程，而仅是代表反应的总结果。

例如，反应 $H_2(g) + I_2(g) \longrightarrow 2HI(g)$，有人认为此反应由下列几个简单反应步骤组成：

（1）$I_2(g) + M^0 \longrightarrow I\cdot + I\cdot + M_0$

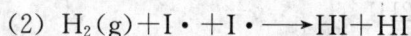
（2）$H_2(g) + I\cdot + I\cdot \longrightarrow HI + HI$

（3）$I\cdot + I\cdot + M_0 \longrightarrow I_2(g) + M_0$

式中：M^0 代表气相中高能量的 H_2、I_2 等分子；M_0 代表气相中低能量的 H_2、I_2 等分子；$I\cdot$ 代表自由原子碘，旁边的黑点"·"表示未配对的价电子。

如果一个化学反应，反应物微粒（分子、原子、离子或自由基）在碰撞中相互作用直接转化成生成物微粒，这种化学反应称为基元反应，否则就是非基元反应，或称复合反应。所以反应（1）～（3）都是基元反应。一个复合反应要经过若干个基元反应才能完成，这些基元反应代表了反应所经过的途径，动力学上就称为反应机理或反应历程，故方程（1）~（3）就是 $I_2(g)$ 与 $H_2(g)$ 反应生成 HI(g) 的历程。

基元反应中，反应物微粒数目称为反应分子数。根据反应分子数可以将基元反应分为单分子反应、双分子反应和三分子反应。基元反应多是单分子反应和双分子反应，三分子反应较少，而四分子反应几乎不可能发生，因为四个反应物微粒同时碰撞接触的概率非常小。如上述 HI 合成反应中，基元反应（1）是双分子反应，（2）和（3）是三分子反应。显然，反应分子数只能是正整数，而且只有基元反应才有反应分子数，非基元反应无反应分子数而言。

化学反应方程式，如不特别指明，一般都属于化学计量方程，而不是基元反应。

2. 基元反应的速率方程——质量作用定律

影响化学反应速率的因素有浓度、温度、催化剂等。在温度、催化剂等因素不变的条件下，表示浓度对反应速率影响的数学方程，简称速率方程，又称动力学方程。

实验证明，基元反应的速率方程与各反应物浓度的幂函数的乘积成正比，其中各反应物浓度的幂指数为基元反应中各反应物化学计量数的绝对值。基元反应的这个规律称为质量作用定律，根据质量作用定律可以直接写出基元反应的速率方程，例如，

单分子反应：$A \longrightarrow P$

$$v = kc_A \tag{7.4}$$

双分子反应：$A + B \longrightarrow P$，$A + A \longrightarrow P$

$$v = kc_A c_B \qquad\qquad v = kc_A^2 \tag{7.5}$$

三分子反应：$A + B + C \longrightarrow P$，$2A + B \longrightarrow P$，$3A \longrightarrow P$

$$v = kc_A c_B c_C \qquad v = kc_A^2 c_B \qquad v = kc_A^3 \tag{7.6}$$

速率方程中的 k 称为速率常数，数值上相当于速率方程中各物质浓度均为单位浓度时的反应速率，故也称为比速率。不同反应，k 不同。对于指定反应，k 与温度、反应介质（溶剂）和催化剂有关，甚至随反应器的形状、性质而变。

需要说明的是，质量作用定律不适用于复合反应。也就是说，只知道复合反应的计量方程式是不能预言其速率方程的。反应速率方程的形式通常只能通过实验方确定。例如，H_2 与三种不同卤素的气相反应，其化学计量方程式是类似的：

$$H_2 + Cl_2 \longrightarrow 2HCl$$

$$H_2 + Br_2 \longrightarrow 2HBr$$

$$H_2 + I_2 \longrightarrow 2HI$$

但实验证明，它们的速率方程的形式却完全不同，依次为

$$v = kc_{H_2} c_{Cl_2}^{1/2}$$

$$v = \frac{kc_{H_2} c_{Br_2}^{1/2}}{1 + k' c_{HBr}/c_{Br_2}}$$

$$v = kc_{H_2} c_{I_2}$$

这三个反应的速率方程之所以不同，是由于它们的反应机理不同所致。由实验确立的速率

方程虽然是经验性的，却有着很重要的作用。一方面知道哪些组分以怎样的关系影响反应速率，为化学工程有效控制反应提供依据；另一方面也可以为研究反应机理提供线索。

7.1.4　反应级数

经验表明，许多化学反应的速率与反应中的各物质的浓度 c_A，c_B，c_C，… 间的关系可表示为下列幂函数形式

$$v = kc_A^{\alpha} c_B^{\beta} c_C^{\gamma} \cdots \tag{7.7}$$

式中：A，B，C，… 一般为反应物和催化剂，也可以是产物或其他物质。α，β，γ，… 分别是相应物质浓度的幂指数，也分别称为物质 A，B，C，… 的分级数。令 $n = \alpha + \beta + \gamma + \cdots$，则 n 称为反应的总级数，简称反应级数。反应级数的大小反映了浓度对反应速率的影响程度，级数越大，浓度对反应速率的影响越大。例如 HCl 气体合成反应的速率方程为 $v = k[H_2][Cl_2]^{0.5}$，即该反应对 H_2 为 1 级，对 Cl_2 为 0.5 级，而该反应为 1.5 级反应，此式表明 H_2 浓度对反应速率的影响比 Cl_2 大些。

对于复合反应，无论是 α，β，γ，… 或是 n，都是由实验确定的常数，可以是整数、分数、负数或者是零。一般 n 不大于 3 但是对于基元反应来说，反应分子数与反应级数是相同的，如单分子反应就是一级反应，双分子反应就是二级反应。根据（7.7）式可知，速率常数 k 的单位为 [浓度]$^{1-n}$ [时间]$^{-1}$，k 的单位并不是固定不变的，而是随反应级数的变化而变。已知某化学反应的速率常数 k 的单位，也可推断出该反应的级数。

7.2　简单级数反应的动力学

凡是反应速率只与反应物浓度有关，而且反应级数，无论是 α，β，γ，… 或是 n 都只是零或正整数的反应，称为具有简单级数的反应。

基元反应都是具有简单级数的反应，但具有简单级数反应不一定是基元反应。前已述及的 HI 气相合成反应就是一例。具有相同级数的简单级数反应的速率方程遵循某些简单规律，本节讨论一级反应和二级反应速率方程的微分形式、积分形式及其特征，以及一级反应、二级反应的有关计算。

7.2.1　一级反应

1. 一级反应的速率方程

反应速率与某一反应物浓度的一次方成正比的反应，称为一级反应。例如，某一级反应的计量方程为

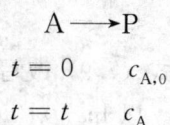

$$A \longrightarrow P$$
$$t = 0 \qquad c_{A,0}$$
$$t = t \qquad c_A$$

其速率方程为　　　　　　　　　　　　$$v_A = -\frac{dc_A}{dt} = kc_A \tag{7.8}$$

定积分上式

$$-\int_{c_{A,0}}^{c_A}\frac{\mathrm{d}c_A}{c_A}=k\int_0^t\mathrm{d}t$$

得

$$\ln\frac{c_{A,0}}{c_A}=kt \tag{7.9}$$

式中：t——反应进行的时间；

　　　k——反应速率常数，$[时间]^{-1}$；

　　　$c_{A,0}$——A 的初始浓度，$mol\cdot m^{-3}$ 或 $mol\cdot L^{-1}$；

　　　c_A——t 时刻 A 的浓度，$mol\cdot m^{-3}$ 或 $mol\cdot L^{-1}$。

如果用 x_A 表示 t 时刻 A 消耗的浓度，即 $x_A=c_{A,0}-c_A$，则一级反应速率方程的积分式为

$$\ln\frac{c_{A,0}}{c_{A,0}-x_A}=kt \tag{7.10}$$

如果用 y_A 表示 t 时刻反应物 A 的转化率，即 $y_A=\dfrac{x_A}{c_{A,0}}$，则一级反应速率方程的积分式为

$$\ln\frac{1}{1-y_A}=kt \tag{7.11}$$

2. 一级反应的特点

从上述一级反应速率方程式的积分式可以看出，一级反应主要有以下几个方面的特征：

(1) 一级反应的速率常数 k 的单位为 $[时间]^{-1}$，说明 k 的数值与时间单位有关，而与浓度单位无关。

(2) 反应物浓度消耗掉一半所需要的时间称为该反应的半衰期，用符号 $t_{1/2}$ 表示。将 $c_A=\dfrac{c_{A,0}}{2}$ 代入式 (7.9) 可得

$$t_{1/2}=\frac{\ln 2}{k}=\frac{0.693}{k} \tag{7.12}$$

由此可见反应物的半衰期与 k 成反比，与反应物的初始浓度无关。这就是说对于一级反应，不管反应物 A 的浓度从 $4mol\cdot L^{-1}$ 降至 $2mol\cdot L^{-1}$，还是从 $2mol\cdot L^{-1}$ 降至 $1mol\cdot L^{-1}$，所需的时间是相同的。

(3) 反应物转化相同百分比所需要的时间与反应物的初始浓度无关。

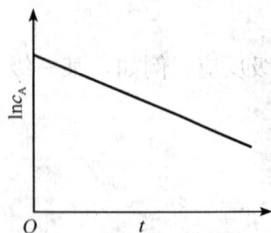

图 7.2　一级反应的 $\ln c_A$-t 图

(4) 将式 (7.9) 改写为 $\ln c_A=-kt+\ln c_{A,0}$，可以看出这是直线方程。以 $\ln c_A$ 对 t 作图应得一条直线 (图 7.2)，其斜率为 $-k$，截距为 $\ln c_{A,0}$。

根据这些特征，可以判断一个反应是否为一级反应。属于

一级反应的实例有很多，如放射性元素的蜕变过程（如 $R_a \longrightarrow R_n + \alpha$）；大多数热分解反应（如 $2N_2O_5 \longrightarrow 2N_2O_4 + O_2$）；分子重排反应；异构化反应等。一些药物分解反应，糖的水解反应也服从一级反应。例如，

$$C_{12}H_{22}O_{11} + H_2O \longrightarrow C_6H_{12}O_6 + C_6H_{12}O_6$$
$$\text{蔗糖} \qquad\qquad \text{葡萄糖} \qquad \text{果糖}$$

$$v = kc_{水}\, c_{蔗糖}$$

该式表明它是二级反应，但是由于该反应是在水溶液中进行的，水的浓度在反应过程中近似为常数，所以该反应可转变为一级反应

$$v = k' c_{蔗糖}$$

速率常数 k' 中包含了水的浓度。这种由于一种反应物浓度大大过量于另一种反应物浓度，而使反应降为一级的反应称为准一级反应。

【例 7.1】 二甲醚的气相分解反应是一级反应

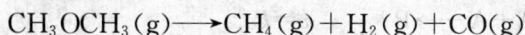

$$CH_3OCH_3(g) \longrightarrow CH_4(g) + H_2(g) + CO(g)$$

504℃时，把二甲醚充入真空反应器中，测得反应到 777s 时，容器内压力为 65.1kPa；反应经无限长时间，容器内压力为 124.1kPa，计算 504℃时该反应的速率常数。

解： 假设反应气体为理想气体，则根据理想气体状态方程式 $p_A V = n_A RT$ 可知

$$c_A = \frac{n_A}{V} = \frac{p_A}{RT} \qquad c_{A,0} = \frac{n_{A,0}}{V} = \frac{p_{A,0}}{RT}$$

因此一级反应动力学方程的积分式为

$$k = \frac{1}{t}\ln\frac{c_{A,0}}{c_A} = \frac{1}{t}\ln\frac{p_{A,0}}{p_A}$$

$$CH_3OCH_3(g) \longrightarrow CH_4(g) + H_2(g) + CO(g)$$

$t=0$s 时	$p_{A,0}$	0	0	0
$t=777$s 时	p_A	$(p_{A,0}-p_A)$	$(p_{A,0}-p_A)$	$(p_{A,0}-p_A)$
$t=\infty$ 时	0	$p_{A,0}$	$p_{A,0}$	$p_{A,0}$

由上述分析可知
$$3p_{A,0} = 124.1\text{kPa}$$
$$p_{A,0} = 41.37\text{kPa}$$
$$3(p_{A,0}-p_A) + p_A = 65.1\text{kPa}$$
$$p_A = 29.5\text{kPa}$$

因此
$$k = \frac{1}{t}\ln\frac{p_{A,0}}{p_A} = \frac{1}{777}\ln\frac{41.37}{29.5} = 4.35\times10^{-4}\ (\text{s}^{-1})$$

504℃时该反应的速率常数为 $4.35\times10^{-4}\text{s}^{-1}$。

【例 7.2】 金属钚（Pu）的同位素进行 α 放射，经 14 天后，同位素的活性降低 6.85%，试求此同位素的蜕变速率常数和半衰期；分解 90% 需多长时间？

解： 因同位素蜕变为一级反应，设反应开始时物质的量为 100%，14 天后分解 6.85%，则由一级反应速率方程可得

$$\ln\frac{1}{1-y_A} = kt$$

速率常数
$$k = \frac{1}{t} \ln \frac{1}{1-y} = \frac{1}{14} \ln \frac{1}{1-0.0685}$$
$$= 0.00507 \ (\mathrm{d}^{-1})$$

半衰期
$$t_{\frac{1}{2}} = \frac{0.693}{k} = \frac{0.693}{0.00507} = 136.7 \ (\mathrm{d})$$

分解 90% 需时
$$t = \frac{1}{k} \ln \frac{1}{1-y} = \frac{1}{0.00507} \ln \frac{1}{1-0.9} = 454.2 \ (\mathrm{d})$$

7.2.2　二级反应

反应速率与反应物浓度的二次方成正比的反应，称为二级反应。比较常见的二级反应有：乙烯、丙烯的二聚；乙酸乙酯皂化；碘化氢、甲醛热分解，以及许多在溶液中进行的有机化学反应等。二级反应有两种类型

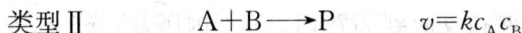

类型 I　　　　　　$A + A \longrightarrow P$　　　　$v = kc_A^2$

类型 II　　　　　$A + B \longrightarrow P$　　　　$v = kc_A c_B$

下面分别讨论这两种类型反应的速率方程。若反应物分子只有一种，则反应速率与反应物浓度的平方成正比：

$$A + A \longrightarrow P$$

开始时　　　　　　　$t = 0$　　　　　$c_{A,0}$

反应任意时刻 t　　　$t = t$　　　　　c_A

其速率方程为
$$v_A = -\frac{dc_A}{dt} = kc_A^2$$

定积分上式

$$-\int_{c_{A,0}}^{c_A} \frac{dc_A}{c_A^2} = k \int_0^t dt$$

得
$$\frac{1}{c_A} - \frac{1}{c_{A,0}} = kt \tag{7.13}$$

或
$$\frac{x_A}{c_{A,0}(c_{A,0} - x_A)} = kt \tag{7.14}$$

$$\frac{y_A}{c_{A,0}(1 - y_A)} = kt \tag{7.15}$$

式中：$c_{A,0}$、c_A、x_A、y_A 的意义与一级反应相同。根据速率方程，可得到此类反应的三个基本特征：

(1) k 的单位为 [浓度]$^{-1}$ [时间]$^{-1}$。

(2) 将 $c_A = c_{A,0}/2$ 代入式 (7.13) 中，得

$$t_{\frac{1}{2}} = \frac{1}{kc_{A,0}} \tag{7.16}$$

即反应物的半衰期与反应物初始浓度和速率常数成反比，反应物的初始浓度越大，反应掉一半所需的时间越短。

（3）将式（7.13）中浓度的倒数 $1/c_A$ 对时间 t 作图，可得一直线，直线的斜率为 k，截距为 $\dfrac{1}{c_{A,0}}$。

图 7.3　二级反应的 $\dfrac{1}{c_A}$-t 图

对于反应类型 II，设 A 和 B 的初始浓度分别为 $c_{A,0}$ 和 $c_{B,0}$，反应过程中任一时刻 t 时 A 和 B 的浓度为 c_A 和 c_B，即

$$A \quad + \quad B \longrightarrow P$$

$t=0$	$c_{A,0}$	$c_{B,0}$	0
$t=t$	c_A	c_B	x
或　$t=t$	$c_{A,0}-x$	$c_{B,0}-x$	x

则速率方程为

$$v_A = -\frac{dc_A}{dt} = kc_A c_B \tag{7.17}$$

这里分两种情况讨论。

一类是若 $c_{A,0}=c_{B,0}$，那么在反应的任一时刻，A 和 B 的浓度均相等，即 $c_A : c_B = 1 : 1$。则式（7.17）变为

$$v_A = -\frac{dc_A}{dt} = kc_A^2$$

其形式与类型 I 的情况完全相同，因此积分后也可得到与式（7.13）和式（7.14）相同的形式和结论。其特点也与类型 I 相同。

另一类是若反应物 A 和 B 的浓度不相等，$c_{A,0} \neq c_{B,0}$，速率方程可写成

$$v = \frac{dx}{dt} = k(c_{A,0}-x)(c_{B,0}-x) \tag{7.18}$$

对式（7.18）作定积分

$$\int_0^x \frac{dx}{(c_{A,0}-x)(c_{B,0}-x)} = \int_0^t k dt$$

得

$$\frac{1}{c_{A,0}-c_{B,0}} \ln \frac{c_{B,0}(c_{A,0}-x)}{c_{A,0}(c_{B,0}-x)} = kt \tag{7.19a}$$

或

$$\ln \frac{c_{A,0}-x}{c_{B,0}-x} = (c_{A,0}-c_{B,0})kt + \ln \frac{c_{A,0}}{c_{B,0}} \tag{7.19b}$$

由式（7.19b）可以看出 $\ln \dfrac{c_{A,0}-x}{c_{B,0}-x}$ 对 t 作图，可以得到一条直线，其斜率为 $(c_{A,0}-c_{B,0})k$，截距为 $\ln \dfrac{c_{A,0}}{c_{B,0}}$。由于此类反应 A 和 B 的初始浓度不同，但反应过程中的消耗量相等，因此 A、B 消耗一半所需的时间也不相同，所以 A、B 的半衰期不等，对整个反应而言无半衰期，k 的单位为 ［浓度］$^{-1}$［时间］$^{-1}$。

【例 7.3】由氯乙醇和碳酸氢钠制取乙二醇的反应

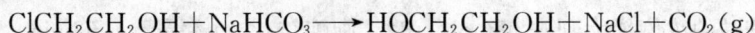

$$ClCH_2CH_2OH + NaHCO_3 \longrightarrow HOCH_2CH_2OH + NaCl + CO_2(g)$$

为二级反应。反应在 355K 的恒温条件下进行，反应物的起始浓度 $c_{A,0}=c_{B,0}=1.20$mol ·

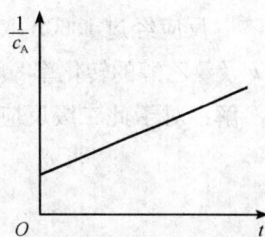

dm^{-3}，反应经过 1.60h 取样分析，测得 $c_{NaHCO_3} = 0.109 mol \cdot dm^{-3}$。试求此反应的速率常数 k 及氯乙醇的转化率 $y_A = 95.0\%$ 时所需的时间 t。

解：对于此二级反应，两反应物的初始浓度相同

$$\frac{1}{c_A} - \frac{1}{c_{A,0}} = kt$$

$$k = \frac{1}{t} \cdot \frac{c_{A,0} - c_A}{c_{A,0} c_A} = \frac{1.20 - 0.109}{1.60 \times 1.20 \times 0.109}$$

$$= 5.21(mol^{-1} \cdot dm^3 \cdot h^{-1})$$

由式 $\dfrac{y_A}{c_{A,0}(1-y_A)} = kt$ 可知

$$t = \frac{y_A}{k c_{A,0}(1-y_A)} = \frac{0.95}{5.21 \times 1.20 \times (1-0.95)}$$

$$= 3.04(h)$$

【例 7.4】在 298K 时，乙酸乙酯皂化反应为简单二级反应，其速率常数 $k = 6.36 L \cdot mol^{-1} \cdot min^{-1}$。

(1) 若乙酸乙酯和氢氧化钠的起始浓度相同，均为 0.02mol/L。试求反应的半衰期和反应进行到 10min 时的转化率。

(2) 若乙酸乙酯的起始浓度为 0.02mol/L，氢氧化钠的起始浓度为 0.03mol/L，求乙酸乙酯反应 50% 所需要的时间。

解：(1) 两种反应物起始浓度相同：

$$t_{1/2} = \frac{1}{k c_{A,0}} = \frac{1}{6.36 \times 0.02} = 7.86(min)$$

反应进行到 10min 时，

$$\frac{y_A}{c_{A,0}(1-y_A)} = kt$$

即

$$\frac{y_A}{0.02 \times (1-y_A)} = 6.36 \times 10$$

$$y_A = 55.99\%$$

(2) 两反应物起始浓度不相等则：

$$t = \frac{1}{k(c_{A,0} - c_{B,0})} \ln \frac{c_{B,0}(c_{A,0} - x)}{c_{A,0}(c_{B,0} - x)}$$

$$= \frac{1}{6.36 \times (0.02 - 0.03)} \ln \frac{0.03 \times (0.02 - 0.01)}{0.02 \times (0.03 - 0.01)}$$

$$= 4.52(min)$$

从上面计算可以看出，当酯和碱的起始浓度均为 0.02mol/L 时，酯转化 50% 需要 7.86min；若碱的浓度增大到 0.03mol/L 时，则酯转化 50% 需要 4.52min。这也是工业上提高酯化反应速率的一种方法。

7.3　温度对速率常数的影响

温度对化学反应速率的影响，主要体现在温度对速率常数 k 的影响上。从 19 世纪中叶起，就有人逐渐总结出温度对反应速率影响的各种经验规律，其中由范特霍夫提出的一种半定量的经验规律是：温度每升高 10K，反应速率约增加至原速率的 $2\sim4$ 倍，即

$$\frac{k_{(T+10)}}{k_T} = 2\sim4 \tag{7.20}$$

式中：k_T——温度 T 时的速率常数；

　　　k_{T+10}——$T+10$K 时的速率常数。

大部分简单级数反应的反应速率受温度的影响是符合这一经验规律的。如乙酸乙酯皂化，308K 时的反应速率是 298K 时反应速率的 1.82 倍。又如，蔗糖水解，308K 时的反应速率是 298K 时反应速率的 4.13 倍。

温度对反应速率的影响大体可分为五种类型，如图 7.3 所示。

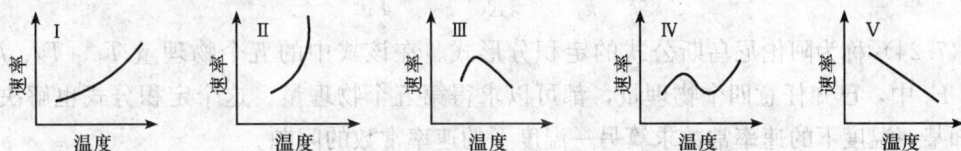

图 7.4　反应速率常数与温度的关系图

各种化学反应的速率与温度的关系相当复杂。第Ⅰ种类型是反应速率随温度升高逐渐增大，它们之间呈指数关系，这种类型最常见，称为阿伦尼乌斯型。第Ⅱ种类型是有爆炸极限的反应，其特点是温度升高到某一值后，反应速率常数迅速增大，发生爆炸。第Ⅲ种类型是复相催化反应，只有在某一温度时速率最大。第Ⅳ种类型是碳的氧化反应，反应速率常数不仅出现极大值，还出现极小值，这可能是由于温度升高时副反应产生较大影响，而使反应复杂化。第Ⅴ种类型是反应速率常数随温度升高而减少。如 $2NO+O_2 \longrightarrow 2NO_2$ 反应就属于这种情况。

本节主要讨论常见的第Ⅰ种类型，即阿伦尼乌斯型温度与反应速率常数的关系。

7.3.1　阿伦尼乌斯方程

1889 年阿伦尼乌斯总结了大量实验结果后，提出了一个表示速率常数与温度关系的经验方程：

$$k = A \cdot e^{-E_a/RT} \tag{7.21}$$

式中：A——指前因子，单位与速率常数 k 相同；

　　　E_a——活化能，$J \cdot mol^{-1}$ 或 $kJ \cdot mol^{-1}$；

　　　R——摩尔气体常数，$8.314 J \cdot mol^{-1} \cdot K^{-1}$；

　　　T——热力学温度，K；

$e^{-E_a/RT}$——玻尔兹曼因子或活化分子百分数。

当温度变化范围不大时，A 和 E_a 可以看作是与温度无关的经验常数。由于温度 T 和活化能 E_a 是在 e 的指数项中，故它们对速率常数 k 的影响很大，反应温度越高，k 值越大；活化能越小，k 值越大。对于活化能的物理意义，将在后面进行讨论。

将式（7.21）两边取对数，得

$$\ln k = -\frac{E_a}{RT} + \ln A \tag{7.22}$$

以 $\ln k$ 对 $1/T$ 作图，得一直线，直线的斜率为 $-E_a/R$，截距为 $\ln A$。从而可以用多组实验数据求得反应的活化能和指前因子。式（7.22）称为阿伦尼乌斯公式的对数形式。将该式对温度求导，得

$$\frac{\mathrm{d}\ln k}{\mathrm{d}T} = \frac{E_a}{RT^2} \tag{7.23}$$

由于 E_a 恒大于零，当温度升高时，速率常数 k 增大。式（7.23）称为阿伦尼乌斯公式的微分形式。将该式在 T_1 和 T_2 之间作定积分，得

$$\ln \frac{k_2}{k_1} = -\frac{E_a}{R}\left(\frac{1}{T_2} - \frac{1}{T_1}\right) \tag{7.24}$$

式（7.24）称为阿伦尼乌斯公式的定积分形式。在该式中的五个物理量 T_1、T_2、k_1、k_2、E_a 中，已知任意四个物理量，都可以求得第五个物理量。这个定积分式也解决了已知某一温度下的速率常数求算另一温度下的速率常数的问题。

以上四个公式是阿伦尼乌斯方程的不同形式，在温度变化范围不太宽（约在 100K 内），基元反应和大多数复合反应都能很好地符合阿伦尼乌斯方程。

【例 7.5】已知 $CO(CH_2COOH)_2$ 在水溶液中分解反应的速率常数在 60℃和 10℃时分别为 $5.484\times10^{-2}\,\mathrm{s}^{-1}$ 和 $1.080\times10^{-4}\,\mathrm{s}^{-1}$。试求（1）反应的活化能 E_a。（2）在 30℃时该反应进行 1000s 后的转化率为多少？

解：（1）由式 $\ln\dfrac{k_2}{k_1} = -\dfrac{E_a}{R}\left(\dfrac{1}{T_2} - \dfrac{1}{T_1}\right)$ 可知，反应活化能：

$$
\begin{aligned}
E_a &= \frac{RT_1T_2\ln(k_2/k_1)}{T_2 - T_1} \\
&= \frac{8.314\times283.15\times333.15\times\ln(5.484\times10^{-2}/1.080\times10^{-4})}{333.15 - 283.15} \\
&= 97.721\times10^3\,(\mathrm{J\cdot mol^{-1}})
\end{aligned}
$$

（2）首先求出反应在 30℃时速率常数 k_3：

$$\ln\frac{k_3}{k_1} = -\frac{E_a}{R}\left(\frac{1}{T_3} - \frac{1}{T_1}\right)$$

$$\ln\frac{k_3}{k_1} = -\frac{97.721\times10^3}{8.314}\times\left(\frac{1}{303.15} - \frac{1}{283.15}\right) = 2.7386$$

$$
\begin{aligned}
k_3 &= 15.465k_1 = 15.465\times1.080\times10^{-4}\,\mathrm{s}^{-1} \\
&= 1.670\times10^{-3}\,\mathrm{s}^{-1}
\end{aligned}
$$

由题给反应 k 的单位可知该反应为一级反应，故

$$\ln \frac{1}{1-y} = kt$$

$$kt = \ln \frac{1}{1-y} = -\ln(1-y)$$

$$y = 1 - e^{-kt} = 1 - e^{-1.670 \times 10^{-3} \times 1000} = 0.812 = 81.2\%$$

【例 7.6】 实验测得 N_2O_5 分解反应在不同温度下的速率常数 k 值列于表 7.1。

表 7.1　N_2O_5 分解反应速率常数与温度的关系

反应温度 T/K	273	298	308	318	328	338
$k \times 10^5/s^{-1}$	0.0787	3.46	13.5	49.8	150	487

（1）用作图法求该反应的活化能。

（2）求 300K 时，N_2O_5 分解率达 80% 所需时间。

解：（1）根据题给数据算出所需数据列于表 7.2。

表 7.2　反应温度、$(1/T) \times 10^{-3}$、$\ln k$ 的值

反应温度 T/K	273	298	308	318	328	338
$(1/T) \times 10^3/$ $(1/K)$	3.66	3.36	3.25	3.14	3.05	2.96
$\ln k/s^{-1}$	−14.06	−10.27	−8.91	−7.61	−6.50	−5.32

以 $\ln k$ 为纵坐标，$1/T$ 为横坐标作图得一直线，如图 7.4 所示。求得斜率 m。

$$m = -12.3 \times 10^3 \text{K}$$

根据公式 $\ln k = -\dfrac{E_a}{RT} + \ln A$，有 $m = -\dfrac{E_a}{R}$，则

$$E_a = -mR = 12.3 \times 10^3 \times 8.314 = 1.02 \times 10^5 (\text{J} \cdot \text{mol}^{-1})$$

（2）由速率常数 k 的单位可以判断该反应为一级反应。

$T = 300$K 时，$1/T = 3.3 \times 10^{-3} \text{K}^{-1}$

从图中查得 $\ln k = -9.67$，$k = 6.31 \times 10^{-5} \text{s}^{-1}$

$$t = \frac{1}{k} \ln \frac{1}{1-y} = \frac{1}{6.31 \times 10^{-5}} \ln \frac{1}{1-80\%} = 2.55 \times 10^4 (\text{s})$$

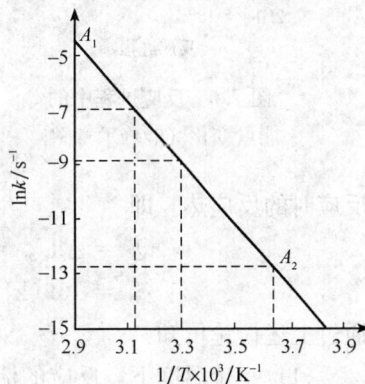

图 7.5　例 7.6 的附图

7.3.2　表观活化能

阿伦尼乌斯经验方程中提出了活化能的概念。活化能的大小对反应速率的影响是非常大的。例如，假设两个反应的指前因子相等，而活化能的差值 $\Delta E_a = E_{a,2} - E_{a,1} = 120 - 110$ （$\text{kJ} \cdot \text{mol}^{-1}$）$= 10 \text{kJ} \cdot \text{mol}^{-1}$，则在 300K 时，两反应的速率常数之比

$$k_2/k_1 = e^{-(E_{a,2} - E_{a,1})/RT} = e^{\Delta E_a/RT} = e^{-10000/(8.314 \times 300)} = 1/55.1$$

即活化能小 $10 \text{kJ} \cdot \text{mol}^{-1}$，速率常数 k 可以提高 55 倍之多。这表明活化能的大小对反

应速率的影响很大，活化能越小，反应速率越大。活化能的物理意义是什么？它为什么对化学反应速率有如此大影响？下面对此作以简介。

阿伦尼乌斯认为，在反应系统中，并非所有互相碰撞的反应物分子都能够发生反应，这是因为反应的发生伴随有旧键的破坏和新键的形成。旧键的破坏需要能量，而形成新键时要放出能量，因此，只有那些能量足够高的反应物分子间的碰撞，才能使旧键断裂而发生反应。这些能量足够高、通过碰撞能发生反应的反应物分子称为活化分子，活化分子所处的状态称为活化状态。活化分子的能量比普通分子的能量的超出值即为反应的活化能。后来，托尔曼曾用统计力学证明对基元反应来说，活化能是活化分子的平均能量 $\langle E^* \rangle$ 与所有反应物分子平均能量 $\langle E \rangle$ 之差，可用下式表示

$$E_a = \langle E^* \rangle - \langle E \rangle$$

也可将活化能视为化学反应所必须克服的能峰，化学反应活化能的大小就代表能峰的高低。能峰愈高，反应的阻力愈大，反应就愈难以进行，即反应速率愈低。

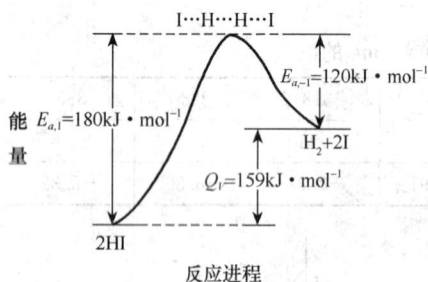

图 7.6　反应进程中的
能量变化（能峰示意图）

例如，反应：$2HI \longrightarrow H_2 + 2I\cdot$，反应进程中的能量变化如图 7.5 所示。每摩尔普通的 HI 分子至少要吸收 180kJ 的能量，才能达到此反应的活化状态 $[I\cdots H\cdots H\cdots I]$，此能峰的峰值就是活化分子的能量与普通分子的能量差值，即为上述正反应的活化能，$E_{a,1} = 180kJ \cdot mol^{-1}$。由活化状态生成产物分子 H_2 和 $2I\cdot$，并放出 21kJ · mol^{-1} 的能量，即上述逆反应的活化能 $E_{a,-1} = 21kJ \cdot mol^{-1}$。可以证明，在恒容条件下，正、逆反应活化能的差值则为正反应进行一个完整的反应时的反应热。即

$$Q_V = \Delta_r U_m = E_{a,1} - E_{a,-1} = (180 - 21)kJ \cdot mol^{-1}$$
$$= 159(kJ \cdot mol^{-1})$$

通过上述讨论可知：

（1）一定温度下，反应的活化能越小，具有翻越能峰的反应物分子数就越多，反应的速率就越快。

（2）对于一定反应，其反应的活化能为定值，当温度升高时，分子运动的平动能增加，活化分子的数目及其碰撞次数就增多，因而使反应速率增加。

（3）对于不同反应，活化能越大，其速率随温度的变化率越大。也就是说，当几个反应同时进行时，高温对活化能较大的反应有利，低温对活化能较小的反应有利。工业生产上常利用这些特殊性来加速主反应，抑制副反应。

对于非基元反应，阿伦尼乌斯方程仍然成立，但是由于非基元反应是由两个或两个以上的基元反应构成的，因此活化能没有明确的物理意义，称为表观活化能，其数值一样能反映化学反应速率的相对快慢和温度对反应速率的影响程度。

7.4　催化剂与催化作用

前面我们分别讨论了浓度和温度对化学反应速率的影响，本节将讨论影响化学反应速率的另一因素——催化剂。催化剂无论在工业生产上还是在科学实验中均应用得非常广泛。目前化工产品的生产有 80% 以上离不开催化剂的使用。许多熟知的工业反应如氮氢合成氨、SO_2 氧化制 SO_3、氨氧化制硝酸、尿素的合成、橡胶的合成、高分子的聚合反应等，都需要在催化剂存在下进行，有机染料、医药、农药的生产等也都离不开催化剂。

7.4.1　催化作用及其特征

有些物质能明显地延缓或抑制某一反应的速率，称为阻化剂。阻化剂往往在反应中消耗掉而不能反复使用，例如，为防止塑料制品老化而加入的防老剂、减缓金属腐蚀的缓蚀剂等通称为阻化剂。一种或几种物质加入某化学反应系统中，可以显著加快反应的速率，而本身的质量和化学性质在反应前后保持不变，这种物质称为催化剂。催化剂能显著加快反应速率的这种作用则称为催化作用。

催化反应可以分为三大类：一是均相催化，即催化剂与反应物质处于同一相，如酸对于蔗糖水解的催化；二是多相催化，即催化剂与反应物不在同一相中，如 V_2O_5 对 SO_2 氧化为 SO_3 反应的催化；三是酶催化，如馒头的发酵、制酒过程中的发酵等。这三类催化反应的机理各不相同，本节将分别进行介绍。但它们具有基本的共同点，即催化剂的基本特征。

催化剂的基本特征有四方面，简述如下：

（1）在反应前后，催化剂本身的质量及化学性质均保持不变，但常有物理性状的改变。如，块状变为粉状或结晶的大小有了变化等。例如，催化 $KClO_3$ 分解的 MnO_2，作用进行后，MnO_2 从块状变为粉状。催化 NH_3 氧化的铂网，经过几个星期表面就变得比较粗糙。

（2）催化剂能改变反应途径，降低反应活化能，从而加速反应的进行。例如 HI 的分解在 503K、无催化剂时，反应的活化能为 184.1kJ·mol^{-1}，当以 Au 为催化剂时反应的活化能降低为 104.6kJ·mol^{-1}。假定指前因子 A 大体相同，两反应的速率常数之比为

$$\frac{k_{催化}}{k_{非催化}} = \frac{A\exp\left[-\dfrac{E_{催化}}{RT}\right]}{A\exp\left[-\dfrac{E_{非催化}}{RT}\right]} = \frac{\exp[-104.6 \times 10^3/(RT)]}{\exp[-184.1 \times 10^3/(RT)]}$$

$$= \exp[79500/(8.314 \times 503)] = 1.8 \times 10^8$$

计算表明，使用 Au 作为催化剂后，HI 的分解反应速率提高了一亿八千万倍。

（3）催化剂只能缩短达到化学平衡的时间，而不能改变化学平衡。从热力学的观点来看，催化剂不能改变反应系统中的 $\Delta_r G_m^{\ominus}$。因此，催化剂不能使在热力学上不能进行的反应发生任何变化，对于已经达到平衡的反应，加入催化剂也不能使反应的平衡转化率发生变化。催化剂对反应的正、逆两个方向都产生同样的影响，所以对正方向反应优良的催

化剂也应为对逆反应的优良催化剂。这一规律对寻找催化剂实验提供了很多方便。例如，由 CO 和 H_2 合成 CH_3OH （g）需要在高压下进行，研究其反应催化剂，实验操作极为不便，我们可以在常压下研究 CH_3OH 分解反应的催化剂，就可以作为合成 CH_3OH 的催化剂。

（4）催化剂具有特殊的选择性。催化剂的选择性具有两个方面的含义：第一，不同类型的反应需要选择不同的催化剂。例如，氧化反应的催化剂和脱氢反应的催化剂是不同的。即使是同一类型的反应，其催化剂也不一定相同。例如，SO_2 的氧化用 V_2O_5 作催化剂，而乙烯氧化却用 Ag 作催化剂。第二，对同样的反应物，选择不同的催化剂，可能得到不同的产物。例如，乙醇的分解反应，不同的催化剂和不同的反应条件，可以得到不同的产物。

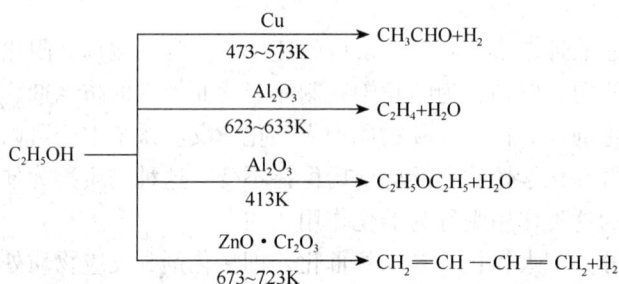

$$
C_2H_5OH
\begin{cases}
\xrightarrow[473\sim573K]{Cu} CH_3CHO+H_2 \\
\xrightarrow[623\sim633K]{Al_2O_3} C_2H_4+H_2O \\
\xrightarrow[413K]{Al_2O_3} C_2H_5OC_2H_5+H_2O \\
\xrightarrow[673\sim723K]{ZnO\cdot Cr_2O_3} CH_2{=}CH{-}CH{=}CH_2+H_2
\end{cases}
$$

在化工生产中经常利用催化剂的选择性，加速所需的主反应，抑制副反应。

7.4.2　均相催化反应

均相催化反应的特点是反应物和催化剂同处于一相中，反应物和催化剂能够充分均匀接触，活性及选择性较高，反应条件温和，但催化剂的分离和回收较为困难。

均相催化反应的机理可表示为

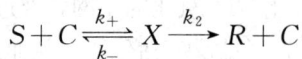

$$S+C \underset{k_-}{\overset{k_+}{\rightleftharpoons}} X \xrightarrow{k_2} R+C$$

式中：S 和 R 分别表示反应物和产物，C 是催化剂，X 是不稳定中间化合物。催化剂参与反应改变了原来的反应途径，致使反应活化能显著降低。

均相催化反应有两类，一类为气相催化反应，如乙醛的气相热分解反应，百分之几的碘蒸汽可使分解速率增加几千倍。另一类是液相催化反应，液相催化反应中最常见的是酸碱催化反应，它在工业中的应用很多。有的反应只受 H^+ 催化，有的反应只受 OH^- 催化，有的反应既受 H^+ 催化也受 OH^- 催化。

例如，蔗糖的转化和酯类的水解是受 H^+ 催化的，其反应式为

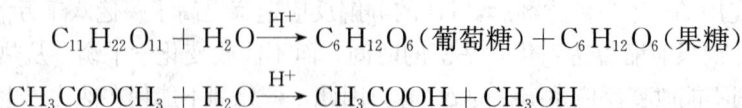

$$C_{11}H_{22}O_{11}+H_2O \xrightarrow{H^+} C_6H_{12}O_6（葡萄糖）+C_6H_{12}O_6（果糖）$$

$$CH_3COOCH_3+H_2O \xrightarrow{H^+} CH_3COOH+CH_3OH$$

实验表明，不仅酸和碱有催化作用，而且凡是能够接受质子的物质（称广义碱）或能放出质子的物质（称广义酸），也具有催化作用。如硝基胺可以在 OH^- 催化下分解：

$$NH_2NO_2 + OH^- \longrightarrow H_2O + NHNO_2^- \text{（质子转移）}$$

$$NHNO_2^- \longrightarrow N_2O + OH^-$$

也可以在广义碱 CH_3COO^- 催化下分解：

$$NH_2NO_2 + CH_3COO^- \longrightarrow CH_3COOH + NHNO_2^- \text{（质子转移）}$$

$$NHNO_2^- \longrightarrow N_2O + OH^-$$

$$CH_3COOH + OH^- \longrightarrow CH_3COO^- + H_2O$$

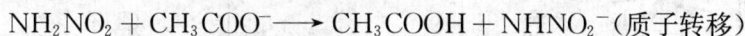

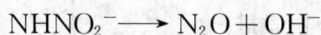

在酸碱催化反应中，质子转移的活化能较低，且生成正（或负）离子不稳定，易分解，因而反应速率加快。另外酸碱催化反应的速率与酸和碱的强度有很大关系。

液相催化反应中还有一类是络合催化。近 20 年来，络合催化成为均相催化进展的主流，特别是近十年中有很大的进展。所谓络合催化，又称配位催化，就是指催化剂与反应基团构成配键，形成中间络合物，使反应基团活化，从而使反应易于进行。在化学工业的某些过程中，如加氢、脱氢、氧化、异构化、高分子聚合等已成功地得到应用。络合催化的机理，一般可表示为

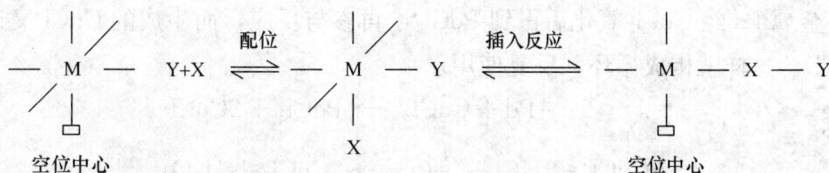

式中：M 代表中心金属原子，Y 代表配体，X 代表反应分子。首先反应分子 X 与配位数不饱和的络合物直接配位，然后配位体 X 随即转移插入到相邻的 M—Y 键中，形成 M—X—Y 键，插入反应又使空位恢复，然后又可重新进行络合和插入反应。

下面以乙烯氧化制乙醛为例说明络合催化机理。总反应为

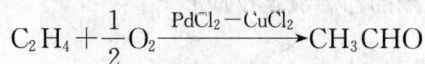

$$C_2H_4 + \frac{1}{2}O_2 \xrightarrow{PdCl_2 - CuCl_2} CH_3CHO$$

其反应机理如下：

（1）$PdCl_2$ 在足够高的 Cl^- 浓度下，以 $[PdCl_4]^{2-}$ 存在，它能与 C_2H_4 强烈作用形成 π-络合物，即

$$[PdCl_4]^{2-} + C_2H_4 \rightleftharpoons [PdCl_3(C_2H_4)]^- + Cl^-$$

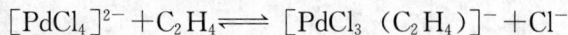

（2）此 π-络合物发生水解反应：

$$[PdCl_3(C_2H_4)]^- + H_2O \rightleftharpoons [PdCl_2(OH)(C_2H_4)]^- + H^+ + Cl^-$$

（3）水解产物发生插入反应，转化为 σ-络合物：

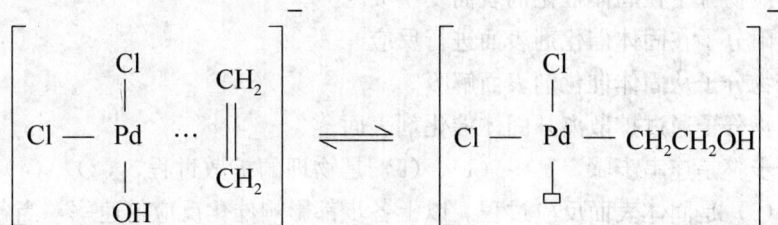

（4）第三步是乙烯插入到金属氧键（Pd—O）中去。所得到的中间体很不稳定，迅速发生重排而得到产物乙醛和不稳定的钯氢化合物，后者迅速分解产生金属钯。

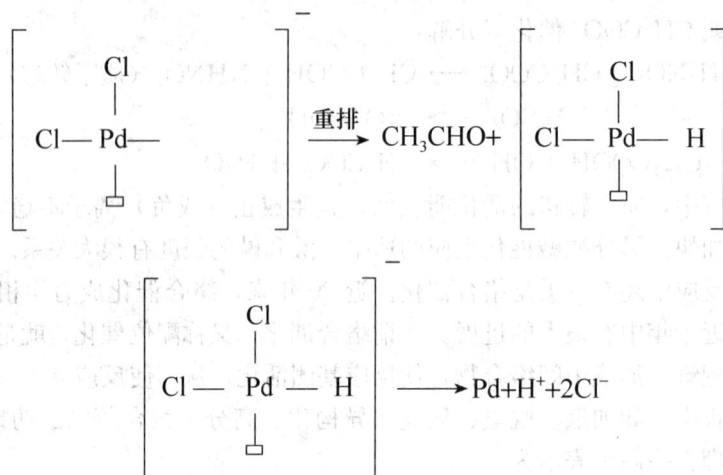

$$\left[\begin{array}{c} Cl \\ | \\ Cl-Pd- \\ | \end{array}\right]^{-} \xrightarrow{\text{重排}} CH_3CHO + \left[\begin{array}{c} Cl \\ | \\ Cl-Pd-H \\ | \end{array}\right]^{-}$$

$$\left[\begin{array}{c} Cl \\ | \\ Cl-Pd-H \\ | \end{array}\right]^{-} \longrightarrow Pd+H^{+}+2Cl^{-}$$

（5）金属 Pd 经 CuCl$_2$ 氧化后得到 PdCl$_2$，再参与反应，而生成的 CuCl 又迅速被氧化为 CuCl$_2$。这样就构成循环，反复使用。

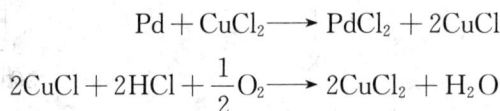

$$Pd + CuCl_2 \longrightarrow PdCl_2 + 2CuCl$$

$$2CuCl + 2HCl + \frac{1}{2}O_2 \longrightarrow 2CuCl_2 + H_2O$$

另外还有一些重要的络合催化剂作用，有些已用于工业生产，如烯烃氢甲酰化反应（以钴或铑含膦配位体的羰基化合物为催化剂）。α-烯烃配位聚合（以 TiCl$_4$/Al(C$_2$H$_5$)$_3$ 为催化剂的乙烯聚合反应，以 TiCl$_4$/MgCl$_2$ 为催化剂的丙烯聚合反应）、烯烃氧化取代反应（以 PdCl$_2$/HCl 为催化剂的乙烯氧化反应）等。

7.4.3　多相催化反应

多相催化反应，最常见的是固体催化剂催化气相或液相反应。不论是液体反应物或是气体反应物都是在固体催化剂表面进行反应，其中气-固相催化在化工生产中得到广泛的应用。

1. 气-固相催化反应的步骤

（1）反应物分子扩散到固体催化剂表面。

（2）反应物分子在固体催化剂表面发生吸附。

（3）吸附分子在固体催化剂表面进行反应。

（4）产物分子从固体催化剂表面解吸。

（5）产物分子通过扩散离开固体催化剂表面。

这五个步骤是连串步骤，其中（1）、（5）是物理的扩散过程，（2）、（4）是吸附和脱附过程，（3）是固体表面反应过程。以上各步都影响催化反应的速率，当各步速率相差很大时，则最慢的一步就决定了总反应速率。若扩散最慢，则（1）、（5）控制反应速率；若吸附最慢，则（2）为速率控制步骤；若表面化学反应速率最慢，则（3）控制整个反应速率。由于吸附、扩散和化学反应各自服从不同规律，因此，不同的控制步骤便有不同的动力学方程。

2. 固体催化剂的分类

目前使用的固体催化剂种类繁多，大体可分为：

（1）金属催化剂。如 Fe、Ni、Pt、Pd 等，这些催化剂均为导体。金属容易将氢分子解离为氢原子而吸附在金属表面，使氢活性大大提高，所以金属催化剂有利于加氢、脱氢反应。

（2）半导体金属氧化物或硫化物催化剂。如 CuO、NiO、WS_2 等，主要用于氧化、还原等反应，为半导体催化剂。这一类催化剂热稳定性较差，加热时晶格中能得到或失去氧，使其化学计量关系有偏差，也正是由于晶体中氧的不稳定性，使其在氧化、还原反应上有较强的催化性能。

（3）绝缘性金属氧化物催化剂。如 Al_2O_3、MgO 等，主要用于脱水、异构化等反应，该类催化剂都是绝缘体。由于催化剂与水有较好的亲和力，因而是有效的脱水剂。

3. 固体催化剂的构成与寿命

工业上所用的固体催化剂往往不是单一的物质，而是由主催化剂、助催化剂和载体组成。其中单独存在时具有明显催化活性的成分为主催化剂，如上述金属催化剂、金属氧化物催化剂。所说的助催化剂是指单独存在时不具有或只有很小的催化活性，但与主催化剂组合后，则可明显改善、增强催化剂活性、选择性，或延长催化剂寿命的物质。如合成氨所用的 Fe 催化剂，加入少量 Al_2O_3 和 K_2O，催化性能显著改变。但是如果在合成氨中有 O_2、$H_2O(g)$、CO、CO_2 等杂质，将会使催化剂 Fe 中毒，失去催化活性。

工业上还常将催化剂吸附在一些多孔物质上作为催化剂的骨架，这些多孔物质称为载体，起到分散、黏合或支持催化剂的作用，如硅胶、氧化铅、活性炭、分子筛等。载体可增加催化剂的表面积，提高催化性能，同时也能增加催化剂的机械强度，延长催化剂的寿命。

催化剂在使用过程中，由于反应物存在少量杂质或反应生成副产物，使催化剂活性急剧下降或完全消失，这种现象称为催化剂中毒。这类物质称为催化剂毒物。催化剂中毒的原因是由于毒物在催化剂表面上被强烈吸附或者同表面物质发生化学反应，从而遮盖了催化剂的活性表面，使反应物无法在催化剂表面形成活化物。

催化剂的中毒一般分为两种：可逆性中毒和永久性中毒。可逆性中毒是指经过处理，催化剂的活性可恢复的中毒。而永久性中毒则指催化剂的活性无法再恢复的中毒。催化剂的活性降低甚至失活后又能再一次得以部分或完全恢复的特性叫催化剂的再生性。

催化剂的活性与反应温度有关。通常温度过高会引起活性组分重结晶，甚至发生烧结和熔融等现象，使催化剂失活。因此，催化剂必须在规定的温度范围内使用。

催化剂的活性还与使用时间有关。刚投入使用的催化剂，其活性在使用过程中逐渐提高，一段时间后，达到最高，称为成熟期。当催化剂成熟后活性会略有下降并保持一个相当长的时间不变，达到稳定期。稳定期因使用条件而异，可以从数周到数年。最后催化剂的活性逐渐下降，称为衰老期。

因此，催化剂的使用寿命不仅与其结构有关，还受温度、催化剂毒物等因素的影响。在控制好温度、及时排除反应系统中的催化剂毒物的前提下，应根据催化剂的使用寿命，按期再生或更新催化剂。

7.4.4　酶催化反应

在生物体内进行各种复杂的反应，如蛋白质、脂肪、碳水化合物的合成、分解等基本上都是酶催化反应。目前，已知的各种各样的酶，其本身也都是某种蛋白质，其质点的直径范围在 $10 \sim 100 nm$ 之间。因此，酶催化反应可以看作是介于均相与多相催化之间，既可以看成反应物（在讨论酶催化作用时常将反应物叫做底物）与酶形成了中间化合物，也可以看成是在酶的表面上首先吸附了底物，而后再进行反应。

酶是一种特殊的生物催化剂，除具有一般催化剂的共性外，酶催化反应还有以下几个特点：

（1）有较高的选择性。有些酶对底物的要求不太严格。例如，转氨酶、蛋白水解酶、肽酶等，可以催化某一类底物的反应，选择性不是很高。但有些酶对底物的要求则很专一。例如，尿素酶只能催化尿素水解为氨和二氧化碳的反应，对其他底物毫无作用。

（2）催化效率高。对同一反应来说，酶的催化能力比一般无机或有机催化剂高 $10^8 \sim 10^{12}$ 倍。一个过氧化氢分解酶的分子，能在一秒钟分解 10^5 个 H_2O_2 分子，而石油裂解所使用的硅酸铝催化剂在 $773K$ 条件下，约 $4s$ 才能分解一个烃分子。

（3）反应条件温和。酶催化反应一般在常温常压下即可进行，例如，合成氨工业需高温（$770K$）高压（$3 \times 10^6 Pa$），且需特殊设备，而某些植物茎中的固氮生成酶，非但能在常温常压下固定空气中的氮，而且能将它还原成氨。

（4）酶催化反应的历程复杂，受 pH、温度以及离子强度的影响较大。

酶催化反应用于工业生产中，可以简化工艺过程、降低能耗、节约资源、减少污染等。如生产酒、抗菌素、有机酸等的酿造工业已成为一项重要的产业，又如，生物过滤法和活性污泥处理污水是环境工程中应用酶催化反应的例证。

小结

1. 反应速率：单位体积内参与反应物质的物质的量随时间的变化率。

反应速率的定义式　　　$v = \pm \dfrac{1}{V} \dfrac{dn}{dt}$　　　$v = \pm \dfrac{dc_B}{dt}$

2. 基元反应：反应物微粒（分子、原子、离子或自由基）在碰撞中相互作用直接转化成生成物微粒的反应。

3. 非基元反应：由两个或两个以上基元反应所组成的反应。

4. 反应分子数：基元反应中反应物微粒的数目。根据反应分子数可以将基元反应分为单分子反应、双分子反应和三分子反应。

5. 基元反应的速率方程——质量作用定律

基元反应的速率方程与各物质的浓度的幂函数的乘积成正比。

单分子反应：$A \longrightarrow P$，$v = kc_A$

双分子反应：$A + B \longrightarrow P$，$A + A \longrightarrow P$

$$v = kc_A c_B \qquad\qquad v = kc_A^2$$

三分子反应：$A + B + C \longrightarrow P$，$2A + B \longrightarrow P$，$3A \longrightarrow P$

$$v = kc_A c_B c_C \qquad\qquad v = kc_A^2 c_B \qquad\qquad v = kc_A^3$$

6. 反应速率常数：化学反应速率方程中的比例常数 k。

7. 反应级数：若化学反应的速率方程具有幂函数的形式，如 $v = kc_A^\alpha c_B^\beta c_C^\gamma \cdots$，式中：$\alpha$，$\beta$，$\gamma$，$\cdots$ 分别是相应物质浓度的幂指数，分别称为物质 A，B，C，$\cdots$ 的分级数，令 $n = \alpha + \beta + \gamma + \cdots$，则 n 称为反应的总级数，简称反应级数。对于基元反应来说，反应分子数等于反应级数。

8. 一级反应：反应速率与反应物浓度的一次方成正比的反应。

$A \longrightarrow P$ 速率方程的微分式 $v_A = -\dfrac{\mathrm{d}c_A}{\mathrm{d}t} = kc_A$

速率方程的积分式 $\ln \dfrac{c_{A,0}}{c_A} = kt$ 或 $\ln \dfrac{c_{A,0}}{c_{A,0} - x_A} = kt$ 或 $\ln \dfrac{1}{1 - y_A} = kt$

一级反应的特点：

① 速率常数 k 的单位为 [时间]$^{-1}$。

② 半衰期 $t_{1/2}$ 与 k 成反比，与反应物的初始浓度无关 $t_{1/2} = \dfrac{\ln 2}{k} = \dfrac{0.693}{k}$。

③ $\ln c_A$ 对 t 作图应得一直线，斜率为 $-k$，截距为 $\ln c_{A,0}$。

9. 二级反应：反应速率与反应物浓度的二次方成正比的反应。

(1) $A + A \longrightarrow P$ 速率方程的微分式 $\qquad v_A = -\dfrac{\mathrm{d}c_A}{\mathrm{d}t} = kc_A^2$

速率方程的积分式 $\dfrac{1}{c_A} - \dfrac{1}{c_{A,0}} = kt$ 或 $\dfrac{x_A}{c_{A,0}(1 - x_A)} = kt$ 或 $\dfrac{y_A}{c_{A,0}(1 - y_A)} = kt$

同种反应物分子的二级反应的特点：

① 速率常数 k 的单位为 [浓度]$^{-1}$ [时间]$^{-1}$；

② 半衰期 $t_{1/2}$ 与反应物初始浓度和 k 成反比；$t_{\frac{1}{2}} = \dfrac{1}{kc_{A,0}}$；

③ $1/c_A$ 对 t 作图得一直线，直线的斜率为 k，截距为 $\dfrac{1}{c_{A,0}}$。

(2) $A+B\longrightarrow P$

① 若 $c_{A,0}=c_{B,0}$，则其速率方程的微分式，积分式及特点与 $A+A\longrightarrow P$ 相同。

② 若 $c_{A,0}\neq c_{B,0}$，则其速率方程的微分式 $v=\dfrac{dx}{dt}=k\ (c_{A,0}-x)\ (c_{B,0}-x)$

速率方程的积分式 $\ln\dfrac{c_{A,0}-x}{c_{B,0}-x}=(c_{A,0}-c_{B,0})kt+\ln\dfrac{c_{A,0}}{c_{B,0}}$

反应物分子不同且 $c_{A,0}\neq c_{B,0}$ 的二级反应的特点：

① 速率常数 k 的单位为 ［浓度］$^{-1}$ ［时间］$^{-1}$。

② 对于整个反应无半衰期。

③ $\ln\dfrac{c_{A,0}-x}{c_{B,0}-x}$ 对 t 作图，可以得到一条直线，其斜率为 $(c_{A,0}-c_{B,0})k$，截距为 $\ln\dfrac{c_{A,0}}{c_{B,0}}$。

10. 阿伦尼乌斯方程

指数形式 $k=A\cdot e^{-E_a/RT}$

对数形式 $\ln k=-\dfrac{E_a}{RT}+\ln A$

微分形式 $\dfrac{d\ln k}{dT}=\dfrac{E_a}{RT^2}$

积分形式 $\ln\dfrac{k_2}{k_1}=-\dfrac{E_a}{R}\left(\dfrac{1}{T_2}-\dfrac{1}{T_1}\right)$

11. 活化能：能量足够高、通过碰撞能发生反应的反应物分子称为活化分子，活化分子所处的状态称为活化状态。活化分子的能量比普通分子的能量的超出值称为反应的活化能。$E_a=\langle E^*\rangle-\langle E\rangle$

12. 催化剂：可以显著加快反应的速率，而本身的质量和化学性质在反应前后保持不变的物质。

催化作用：能显著加快反应速率的作用。

催化剂的主要特征：

① 在反应前后，催化剂本身的质量及化学性质均保持不变，物理性质可能发生改变。

② 能改变反应途径，降低反应活化能，加速反应进行。

③ 只能缩短达到化学平衡的时间，而不能改变化学平衡。

④ 催化剂具有特殊的选择性。

催化反应：有催化剂参加的反应。分为均相催化反应、多相催化反应和酶催化反应。

13. 本章计算题类型

① 一级反应和二级反应有关 c、t、k 和 v 的计算。

② 阿伦尼乌斯方程有关 k、T 和 E_a 的计算。

习题

1. $N_2 + 3H_2 \longrightarrow 2NH_3$，以 N_2、H_2 和 NH_3 的浓度随时间变化来表示反应速率，这三种表示法之间有什么关系？

2. 如何区分反应级数和反应分子数两个不同的概念？二级反应一定是双分子反应吗？双分子反应一定是二级反应吗？

3. 质量作用定律是否适用于任意反应？

4. 反应 $A \longrightarrow P$，当 A 反应掉 3/4 所需时间恰是它反应掉 1/2 所需时间的 2 倍，该反应为几级？

5. 什么是活化能？活化能对反应速率有什么影响？

6. 催化剂的基本特征是什么？

7. 多相催化反应包括哪些基本步骤？

8. 根据质量作用定律写出下列基元反应的反应速率表示式（试用各种物质分别表示）。

(1) $A + B \longrightarrow P$

(2) $2A + B \longrightarrow 2P$

(3) $A + 2B \longrightarrow 2P + 2S$

(4) $2Cl + M \longrightarrow Cl_2 + M$

9. 298K 时 N_2O_5 (g) 分解反应其半衰期 $t_{1/2}$ 为 5.7h，此值与 N_2O_5 的起始浓度无关，试求：

(1) 该反应的速率常数。

(2) 作用完成 90% 时所需时间。

10. 某人工放射性元素放出 α 粒子，反应速率常数为 $0.04621 min^{-1}$。求反应的半衰期以及该试样分解 80% 需要的时间？

11. 某二级反应 $A + B \longrightarrow P$ 两种反应物的初始浓度皆为 $2.0 mol \cdot L^{-1}$，经 10min 后，反应掉 25%，求速率常数 k 和半衰期 $t_{1/2}$。

12. 298K 时乙酸乙酯与 NaOH 的皂化作用，速率常数为 $6.36 dm^3 \cdot mol^{-1} \cdot min^{-1}$。若酯与碱的初始浓度均为 $0.02 mol \cdot dm^{-3}$，试求 10min 时酯水解的百分数。

13. 在某化学反应 $A \longrightarrow P$ 中随时检测物质 A 的含量，1h 后，发现 A 已作用了 75%，试问 2h 后 A 还剩余多少没有作用？若该反应对 A 来说是：

(1) 一级反应。

(2) 二级反应。

14. 某单分子反应在 340K 时完成 20% 需时间 3.20min，而在 300K 时同样完成

20%需时间 12.6min，试计算该反应的活化能。

15. 在 651.7K 时，$(CH_3)_2O$ 的热分解反应为一级反应，其半衰期为 363min，活化能 $E_a = 217570J \cdot mol^{-1}$。试计算此分解反应在 723.2K 时的速率常数 k 及使 $(CH_3)_2O$ 分解掉 75%所需的时间。

自测题

一、选择题

1. 基元反应中（　　）。
A. 反应级数与反应分子数一定一致
B. 反应级数一定大于反应分子数
C. 反应级数一定小于反应分子数
D. 反应级数与反应分子数不一定总一致。

2. 基元反应 $H + Cl_2 \longrightarrow HCl + Cl$ 的反应分子数是（　　）。
A. 单分子反应　　B. 双分子反应　　C. 三分子反应　　D. 四分子反应

3. 某化学反应的方程式为 $2A \longrightarrow P$，则该反应为（　　）。
A. 二级反应　　B. 基元反应　　C. 双分子反应　　D. 以上都无法确定

4. 下面描述一级反应的特征，（　　）是不正确的。
A. $\ln c$ 对时间 t 做图为一条直线
B. 半衰期与反应物起始浓度成反比
C. 同一反应，当反应物消耗的百分数相同时所需的时间一样，与初始浓度无关
D. 速率常数的单位是（时间）$^{-1}$

5. 某放射性同位素的半衰期为 50 天，经 100 天后，其放射性为初始时的（　　）。
A. 1/4　　B. 3/4　　C. 3/8　　D. 都不对

6. 二级反应的半衰期（　　）。
A. 与反应物的起始浓度无关　　B. 与反应物的起始浓度成正比
C. 与反应物的起始浓度成反比　　D. 无法知道

7. 反应 $A \longrightarrow 2B$ 在温度 T 时的速率方程为 $\dfrac{dc_B}{dt} = k_B c_A$，则此反应的半衰期为（　　）。
A. $\dfrac{\ln 2}{k_B}$　　B. $\dfrac{2\ln 2}{k_B}$　　C. $k_B \ln 2$　　D. $2k_B \ln 2$

8. 某反应速率常数 $k = 2.31 \times 10^{-2}$ $(mol \cdot dm^{-3})^{-1} \cdot s^{-1}$，反应起始浓度为 1.0mol·$dm^{-3}$，则其反应的半衰期为（　　）。
A. 43.29s　　B. 15s　　C. 30s　　D. 21.65s

9. 某二级反应，反应物消耗 1/3 需时间 10min，若再消耗初始量的 1/3 还需时间为（　　）。
A. 10min　　B. 20min　　C. 30min　　D. 40min

10. 某具有简单级数的反应，$k = 0.1$ $(mol \cdot dm^{-3})^{-1} \cdot s^{-1}$，反应物起始浓度为

$0.1mol \cdot dm^{-3}$，当反应速率降至起始速率 1/4 时，所需时间为（　　）。

  A. 0.1s   B. 333s   C. 30s   D. 100s

二、判断题

1. 一级反应不一定是单分子反应。　　　　　　　　　　　　　　　（　　）

2. 对于任意一个化学反应，反应级数和反应分子数都只是正整数。　（　　）

3. 某一级反应的半衰期为 15min，那么该反应进行完全所需的时间为 30min。（　　）

4. 一级反应的转化率和半衰期都与初始浓度无关，与速率常数成反比。（　　）

5. 二级反应与一级反应不同，二级反应的半衰期与反应物的起始浓度有关。（　　）

6. 二级反应，若两反应物的初始浓度不同，则该反应的半衰期等于各反应物半衰期的平均值。　　　　　　　　　　　　　　　　　　　　　　　　　（　　）

7. 阿伦尼乌斯方程式并不是适用于所有的化学反应。　　　　　　　（　　）

8. 正反应的活化能大于逆反应的活化能，则该反应为放热反应。　　（　　）

9. 催化剂加快化学反应的进行是由于它提高了正反应的速率，同时降低了逆反应的速率。　　　　　　　　　　　　　　　　　　　　　　　　　　　（　　）

10. 某反应在一定条件下的平衡转化率为 65%，加入适当的催化剂可使反应的转化率超过 65%。　　　　　　　　　　　　　　　　　　　　　　　　（　　）

三、计算题

1. 甲醇的合成反应

$$CO + 2H_2 \longrightarrow CH_3OH$$

已知某条件下甲醇的生成速率 $k = 2.44 \times 10^3 mol \cdot m^{-3} \cdot h^{-1}$。分别求同样条件下 CO 和 H_2 的消耗速率为多少？

2. 偶氮甲烷的热分解反应

$$CH_3N = NCH_3(g) \longrightarrow C_2H_6(g) + N_2(g)$$

是一级反应。560K 时在真空密闭的容器中，放入偶氮甲烷，测得其初始压力为 21.3kPa，经 1000s 后，总压力为 22.7kPa。求该反应的速率常数 k 和反应的半衰期 $t_{1/2}$。

3. 某抗菌素在人体血液中分解呈简单级数的反应，如果给病人在上午 8 点注射一针抗菌素，然后在不同时刻 t 测定抗菌素在血液中的浓度 c（以 $mg \cdot 100cm^{-3}$ 表示），得到如表 7.3 所示的数据。

表 7.3　不同时刻抗生素在血液中的浓度

t/h	4	8	12	16
$c/(mg \cdot 100cm^{-3})$	0.480	0.326	0.222	0.151

（1）确定反应级数。

（2）求反应的速率常数 k 和半衰期 $t_{1/2}$。

（3）若抗菌素在血液中浓度不低于 $0.37mg \cdot 100cm^{-3}$ 才为有效，问约何时该注射第二针。

4. 反应 $CH_3CH_2NO_2 + OH^- \longrightarrow H_2O + CH_3CH = NO_2$ 为二级反应，在 0℃时 $k = 3.91L \cdot mol^{-1} \cdot min^{-1}$。若有 $0.004mol \cdot L^{-1}$ 的硝基乙烷和 $0.005mol \cdot L^{-1}$ 的氢氧化钠

水溶液，问多少时间后有 90% 的硝基乙烷发生反应。

5. 甲酸在金属表面上的分解反应在 140℃和 185℃时速率常数分别为 $5.5 \times 10^{-4} \mathrm{s}^{-1}$ 和 $9.2 \times 10^{-4} \mathrm{s}^{-1}$。试求此反应的活化能。

6. 在 T、V 恒定条件下，反应

$$A(g) + B(g) \longrightarrow D(g)$$

为二级反应。当 A、B 的初始浓度皆为 $1 \mathrm{mol} \cdot \mathrm{dm}^{-3}$ 时，经 10min 后 A 反应掉 25%，求反应的速率系数 k 为若干?

7. 硝基异丙烷在水溶液中与碱的中和反应是二级反应，其速率常数可用下式表示：

$$\ln k = -\frac{7284.4}{T/K} + 27.383$$

时间以 min 为单位，浓度用 $\mathrm{mol} \cdot \mathrm{m}^{-3}$ 表示。

(1) 计算反应的活化能 E_a;

(2) 在 283K 时，若硝基异丙烷与碱的浓度均为 $0.008 \mathrm{mol} \cdot \mathrm{m}^{-3}$，求反应的半衰期。

8. 气相反应 $CO(g) + Cl_2(g) \longrightarrow COCl_2(g)$ 是一个二级反应，当 $CO(g)$ 和 $Cl_2(g)$ 的初始压力均为 10kPa 时，在 25℃时反应的半衰期为 1h，在 35℃时反应的半衰期为 0.5h。(1) 计算 25℃和 35℃时的反应的速率常数。(2) 计算该反应活化能 E_a 和指前因子 A。

第8章　电解质溶液及电化学系统

📖 **学习目标**

1. 理解法拉第定律，并学会其有关计算。

2. 掌握表征电解质溶液导电性质的物理量（电导、电导率、摩尔电导率）的定义，了解溶液浓度对电导率及摩尔电导率的影响。

3. 理解离子独立运动定律，并学会应用。

4. 了解电导测定在实际中的应用。

5. 理解可逆电池的概念，理解能斯特方程并能熟练地应用。

6. 掌握常用电极符号、电极、电池反应，掌握电极电势和电池电动势的计算及其应用。

7. 熟练地写出电极反应、电池反应及原电池的图示。

8. 了解分解电压、极化作用的意义和超电势的概念及其产生的原因。

电化学是物理化学的重要分支，是研究化学现象与电现象之间关系的科学。其主要研究内容有电解质溶液、原电池、电解和极化三部分。电化学不仅为其他学科提供理论基础和研究方法，还广泛应用于石油化工、能源、材料、地质、环境、医学和生命科学等各个领域。

8.1　电解质溶液的导电机理

8.1.1　电解质溶液的导电机理

实现化学能和电能相互转换的电化学装置有两种，一种是原电池，它是将化学能转化成电能；一种是电解池，它是将电能转变为化学能。无论是原电池还是电解池，要实现其能量之间的相互转化，都必须在电解质溶液或熔融电解质介质中完成，而且它们都由两个电极组成。电极一般是由金属或石墨等导体插入电解质溶液中而构成。

电解质溶液是指溶于溶剂或熔化状态时能形成带相反电荷的离子而具有导电能力的物质。电解质在溶剂中解离成离子的现象叫电离。根据电解质电离度的大小，将电解质分为强电解质和弱电解质。强电解质在溶液中或熔融状态下几乎全部解离成正、负离子。弱电解质在溶液中部分解离成正、负离子，在一定条件下，正、负离子与未解离的电解质分子之间存在着电离平衡。电解质溶液的导电作用通过溶液中离子的迁移完成。

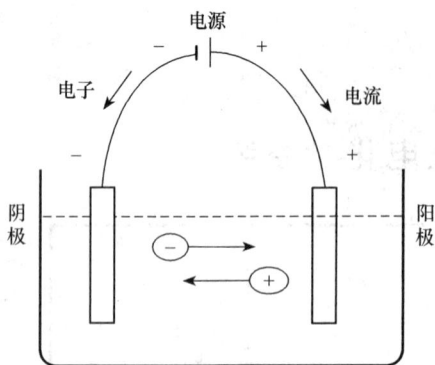

图 8.1　电解池示意图

与外电源正极相连的 Pt 片为阳极，当电流通过电解质溶液时，电解质溶液的导电作用是靠正、负离子的定向移动来完成的，同时，还伴随着化学反应的发生。以图 8.1CuCl$_2$ 水溶液的电解为例。将两个 Pt 片浸入 CuCl$_2$ 水溶液中，电极与直流电源相连接。与外电源正极相连的 Pt 片为阳极，与外电源负极相连的 Pt 片为阴极。在外电场作用下，溶液中的 Cu^{2+} 向电势较低的阴极移动，而 Cl$^-$ 向电势较高的阳极移动。溶液中的电流是靠离子的定向迁移来实现的。当电子从电源负极通过外电路流至阴极时，在阴极与溶液的界面就发生阳离子与电子结合的还原反应，即

$$Cu^{2+} + 2e^- \longrightarrow Cu$$

同时，在阳极上发生阴离子给出电子的氧化反应，即

$$2Cl^- \longrightarrow Cl_2 + 2e^-$$

氧化反应中放出的电子通过外电路流向电源的正极。这样整个电路才有电流通过，并且回路中的任一截面，无论是金属导线、电解质溶液，还是电极与溶液之间的界面，在相同时间内，必然有相同的电量通过。

8.1.2　法拉第定律

1. 法拉第定律

在电解池的回路中，同一段时间内通过各截面的电量是相同的，通过电解质溶液的电量等于电极反应得失的电量。1833 年法拉第研究了大量电解实验的结果后，归纳出通过电解质溶液的电量与电极上析出的物质的量之间的定量关系，这就是著名的法拉第定律。

法拉第定律：电流通过电解质溶液时，在电极上发生化学反应的某物质的物质的量与通入的电量成正比，同一时间间隔内通过任一截面的电量相等，析出物质的质量与其摩尔质量成正比。法拉第定律数学表达式为

$$n_B = \frac{Q}{zF} \tag{8.1a}$$

式中：Q——通过电解池的电量，C；

z——电极反应中得失电子数；

n_B——发生电极反应的物质的量，mol；

F——法拉第常数，是指 1mol 电子所带电量，其数值为

$F = Le = 6.0221367 \times 10^{23}/mol \times 1.60217733 \times 10^{-19}C = 96485.309C/mol$

$\approx 96500C/mol$

式（8.1a）又可以表示为

$$Q = zn_B F \tag{8.1b}$$

$$Q = It = \frac{m_B}{M_B} zF \tag{8.1c}$$

$$m_B = \frac{QM_B}{zF} \tag{8.1d}$$

法拉第定律是电化学的基本定律，适用于电解池和原电池中任一电极反应，在任何温度和压力下均可使用，没有使用条件的限制。法拉第定律可以计算电解或电镀中，生产某一定量的电解产物所需通过的电量或根据通过的电量计算产品的产量。需要注意的是，应用法拉第定律时物质基本单元的选取，即式中 M_B 和 z 的一致性。

例如，电解 $Au(NO_3)_3$ 溶液，通入一定的电量，在阴极上析出 Au（s）的质量，随基本单元的选取不同计算如下：

（1）$Au^{3+} + 3e \longrightarrow Au(s)$

所选取粒子的基本单元为 Au(s)，其摩尔质量为 $M_{Au} = 197.0 g \cdot mol^{-1}$，$z = 3$，

$$m_B = \frac{QM_B}{zF} = \frac{Q \times 197.0}{3 \times 96500}$$

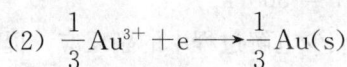

（2）$\frac{1}{3}Au^{3+} + e \longrightarrow \frac{1}{3}Au(s)$

所取粒子的基本单元为 $\frac{1}{3}Au(s)$，其摩尔质量为 $(1/3) \times 197.0 g \cdot mol^{-1}$，$z = 1$，

$$m_B = \frac{QM_B}{zF} = \frac{Q \times (1/3 \times 197.0)}{1 \times 96500}$$

用两种不同的方法代入法拉第定律中计算，析出 Au(s) 的质量是相同的。

【例 8.1】在 $CuCl_2$ 水溶液中用 Pt 电极通过 20A 电流 15min，试求理论上阴极能析出多少铜？

解：$CuCl_2$ 水溶液电解反应

阴极反应：$Cu^{2+} + 2e \longrightarrow Cu(s)$；　　　阳极反应：$2Cl^- \longrightarrow Cl_2(g) + 2e$

$\qquad\qquad I = 20A \qquad t = 15min = 900s \qquad M_{Cu} = 63.546 g \cdot mol^{-1}$

阴极析出 Cu 的质量为

$$\begin{aligned} m_{Cu} &= ItM_B/zF \\ &= 20 \times 900 \times 63.546/(2 \times 96500) \\ &= 5.94(g) \end{aligned}$$

理论上能析出 5.94g 铜。

2. 电流效率

法拉第定律在生产中有重要的应用，根据法拉第定律可以估算生产过程中的一些定量关系。例如，计算生产某一定量的电解产物时需要多少电量，或根据通过的电量计算产量等。但是在实际电解过程中，由于电极上有副反应发生，消耗了电能，使得实际消耗的电量比理论计算量要大些，两者之比为电流效率：

$$\eta = \frac{Q_{理论}}{Q_{实际}} \times 100\% = \frac{m_{实际}}{m_{理论}} \times 100\% \tag{8.2}$$

式中：η——电流效率；

$\qquad Q_{理论}$——按法拉第定律计算的电量，C；

$Q_{实际}$——实际生产所消耗的电量，C；

$m_{实际}$——电极上实际所得产物的质量，kg；

$m_{理论}$——按法拉第定律计算的该产物的质量，kg。

【例 8.2】 某氯碱厂电解食盐水生产氢气、氯气和氢氧化钠。每个电解槽通过电流为 1.00×10^4 A。(1) 计算理论上每个电解槽每天生产氯气多少 kg？(2) 如果电流效率为 97%，每天实际生产氯气多少 kg？已知 $M_{Cl_2} = 70.9$ g·mol^{-1}。

解：(1) 阳极反应为 $2Cl^- \longrightarrow 2Cl_2(g) + 2e^-$

由式 (8.1) 有

$$m_{Cl_2} = \frac{M_{Cl_2}}{zF} = \frac{70.9 \times 10^{-3} \times 1.00 \times 10^4 \times 24 \times 60 \times 60}{2 \times 96500} = 317.4(kg)$$

(2) 实际每天生产的氯气：

$$m_{(实际)} = m_{理论} \cdot \eta = 317.4 \times 0.97 = 308(kg)$$

在实际生产中，我们应该尽量采取措施，消除或减少电解过程中的副反应，提高电流效率，以便降低产品能量的消耗。

8.2　电解质溶液的电导和应用

8.2.1　电解质溶液的电导

导体导电能力的强弱可以用电阻 R 表示，导体的电阻越大则导电能力越弱。而电解质溶液导电的难易程度通常用电导表示，电导是电阻的倒数，用符号 G 表示，定义式为

$$G = \frac{1}{R} \tag{8.3}$$

式中：G——电导，S（西门子，简称西），$1S = 1\Omega^{-1}$；

　　　R——电阻，Ω（欧姆）。

电导越大，电解质溶液的导电能力越强。

8.2.2　电导率与摩尔电导率

1. 电导率

(1) 电导率的定义。电导率在电化学中是一个非常重要的物理量。它与电阻率 ρ 互为倒数，用 κ 表示。

则

$$G = \frac{1}{R} = \frac{1}{\rho} \cdot \frac{A}{L} = \kappa \frac{A}{L}$$

即

$$\kappa = G \cdot \frac{L}{A} \tag{8.4}$$

式中：G——电导，S；

　　　L/A——电导池常数，m^{-1}；

κ——电导率，S/m。

对于电子导体而言，κ 的物理意义为：单位长度（m）、单位横截面积（m^2）的导体所具有的电导值。而对于电解质溶液而言，电导率就是单位距离（1m）的两极间，单位体积（$1m^3$）的溶液所具有的电导。

电导率也是一种表示导体导电性质的物理量，电导的数值与电极的面积及距离有关（即与电解质溶液的体积有关），所以不能直接用来比较不同浓度溶液的导电能力。而用电导率的数值可直接比较不同浓度溶液的导电能力。因为已对电解质溶液的几何形状进行了规定，不需要考虑电极的面积和距离因素，因此用电导率来比较电解质的导电能力比电导要直观。例如，5％的 NH_4Cl 溶液的 $\kappa = 9.180 S \cdot m^{-1}$，10％的 NH_4Cl 溶液的 $\kappa = 17.78 S \cdot m^{-1}$，可见后者的导电性比前者好。

（2）电导率与浓度的关系。电导率的大小是随电解质溶液浓度的变化而变化的，强电解质和弱电解质的变化规律有所不同。图 8.2 是实验测出的若干电解质溶液在 18℃时的电导率随浓度的变化曲线。由图中可以看出：

① 强酸和强碱的电导率最大，盐类次之，弱电解质如 HAc 的电导率最小。

② 不论强、弱电解质，它们的电导率随浓度的变化都是先随浓度增大而增大，越过极值后，又随浓度的增大而减小。

κ-c 曲线出现极大值说明有两个相互制约的因素影响着电解质溶液的导电能力，就是溶液中离子的数目和离子间的相互作用。显然，单位体积溶液中离子的数目愈多，导电能力愈强；相反，离子间相互作用愈强，离子的迁移速度越慢，离子运动的阻力愈大，导电能力愈弱。

图 8.2　电导率与物质的
量浓度的关系

对强电解质来说，浓度较低时，增加浓度，离子数目增加是主要的因素，电导率随之增加很快。但溶液达到一定浓度后，继续增加浓度，离子间相互作用逐渐增强，当离子间相互作用增加到一定程度时，κ 出现了极大值，再继续增加浓度，离子间的相互制约作用是主要的，离子向电极的定向移动受阻，κ 减小。

对弱电解质来说，浓度增加，单位体积电解质分子的数目增加。但因受电离度的影响，离子数目的增加受到限制。因此，在起始阶段溶液浓度增加时，随着单位体积电解质分子数目的增加，离子数目有所增加，κ 也随之增大。但当溶液浓度达到一定值后，弱电解质电离度的减小和离子间的相互作用的增加共同占据了主导地位，这时溶液浓度增大反而使 κ 减小。

2. 摩尔电导率

（1）摩尔电导率的定义。溶液的电导率与电解质的浓度有关，因此在比较不同类型电解质的导电能力时很不方便。为了便于使用，应该规定相同物质的量的电解质作比较，因而引入摩尔电导率 Λ_m。

$$\Lambda_m = \kappa / c \qquad (8.5)$$

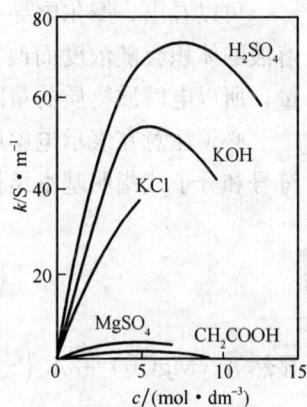

式中：c——电解质溶液物质的量浓度，$mol \cdot m^{-3}$；

　　　κ——电导率，$S \cdot m^{-1}$；

　　　Λ_m——摩尔电导率，$(S \cdot m^2) \cdot mol^{-1}$。

若已测得浓度为 c 的电解质溶液的 κ，便可由式（8.5）求出 Λ_m。

若有一长、宽、高各为 1m 的立方体电导池，其中平行相对的左右两个侧面是两个电极。在电导池中充满 $1m^3$ 电解质溶液时所测出的电导即该溶液的电导率 κ。若此时将浓度为 $3mol/m^3$ 的电解质溶液，放入此电导池中，此时溶液的摩尔电导率为

$$\Lambda_m = \kappa/c = \kappa/3(mol \cdot m^{-3})$$

也就是说，对于浓度为 $3mol/m^3$ 的电解质溶液，取 $1/3 m^3$ 电解质溶液，含电解质 1mol，放入该电导池中（溶液高度为 1/3m），此时测得的电导即为摩尔电导率。

可以看出，摩尔电导率限定了电解质物质的量为 1mol，没有限定溶液体积，所以溶液的体积会随浓度而改变。而电导率则限定了溶液的体积为 $1m^3$，没有限定溶质的量，所以电解质物质的量随浓度而改变。

必须注意在表示电解质的摩尔电导率时，应注明物质的基本结构单元。通常用元素符号和分子式指明基本结构单元。例如，某条件下 $MgCl_2$ 的摩尔电导率 Λ_m 可写成：

$$\Lambda_m(MgCl_2) = 0.0258 S \cdot m^2 \cdot mol^{-1}$$

$$\Lambda_m\left(\frac{1}{2}MgCl_2\right) = 0.0129 S \cdot m^2 \cdot mol^{-1}$$

显然 $\Lambda_m(MgCl_2) = 2\Lambda_m\left(\frac{1}{2}MgCl_2\right)$。一般对离子价数高于 1 的电解质，基本单元最好选

与 1 价离子相当。如 $MgCl_2$ 的 Λ_m 选 $\frac{1}{2}MgCl_2$ 更能体现出用摩尔电导率表征电解质溶液

导电能力的优越性。

这样，摩尔电导率数值的大小就能反映各种电解质性质的不同及稀释程度的影响。所以，无论是比较同一种电解质在不同浓度下的导电能力，还是比较不同电解质溶液在指定温度和浓度等条件下的导电能力，用摩尔电导率比用电导率更方便。

（2）摩尔电导率与物质的量浓度的关系。电解质溶液的摩尔电导率与浓度的关系，可由实验得出。图 8.3 是实验得出的 Λ_m 与 $\sqrt{c}$ 之间的关系曲线。由图可知，无论是强电解质还是弱电解质，其摩尔电导率均随溶液物质的量浓度的降低而增大，但增大的规律及原因不同。

对强电解质而言，摩尔电导率随溶液浓度的降低而增大，是因为强电解质在溶液中是全部电离的，因而摩尔电导率只与溶液中离子的迁移速率有关。随着溶液物质的量浓度的降低，离子间的距离增大，离子间的引力变小，离子的运动速率加快，使摩尔电导率增大。

科尔劳施总结大量实验数据得出如下结论：很稀的强电解质溶液，其摩尔电导率与浓度的平方根呈直线关系。数学表达式为

$$\Lambda_m = \Lambda_m^{\infty} - A\sqrt{c} \tag{8.6}$$

式中：Λ_m^{∞}——电解质的极限摩尔电导率，当 $c \to 0$ 时电解质的摩尔电导率，$S \cdot m^2 \cdot mol^{-1}$；

A——常数，数值与温度、电解质及溶剂性质有关。

该公式适用于浓度在 $0.001 \mathrm{mol \cdot L^{-1}}$ 以下的强电解质溶液。在低浓度范围内图 8.3 中的曲线接近一条直线，强电解质的 Λ_m^∞ 可由直线外推到 $c=0$，直线的截距即为该电解质的极限摩尔电导率。

弱电解质的 Λ_m^∞ 也是随着电解质物质的量浓度的减小而增大，但减小的规律不同。在溶液物质的量浓度较大时，由于弱电解质的电离度很小，溶液中的离子数量很少，且随浓度变化缓慢；而在溶液极稀时，弱电解质的电离度随溶液物质的量浓度下降而增大，使得溶液中离子数增多，而且正负离子间相互作用随浓度 c 降低而减小，因此弱电解质的 Λ_m 随着物质的量浓度的减小而急剧增加。弱电解质的 Λ_m^∞ 不能用外推法求得，但可利用科尔劳施离子独立运动定律经过计算得到。

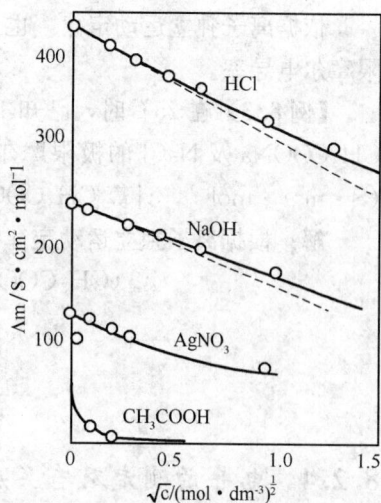

图 8.3　摩尔电导率与物质的量浓度平方根的关系（298.15K）

8.2.3　离子独立运动定律

科尔劳施研究了大量的实验结果，认为无论是强电解质还是弱电解质，或者金属的难溶盐类，在溶液无限稀释时，均可认为其全部电离，并且离子间的相互作用均可忽略不计，即离子彼此独立运动，互不影响。也就是说每种离子的摩尔电导率不受其他离子的影响，它们对电解质的摩尔电导率都有独立的贡献。因而无限稀释电解质溶液的极限摩尔电导率可以认为是无限稀释溶液中正、负离子摩尔电导率之和。这个规律称为科尔劳施离子独立运动定律。其数学表达式为

$$\Lambda_m^\infty = v_+ \Lambda_{m,+}^\infty + v_- \Lambda_{m,-}^\infty \tag{8.7}$$

表 8.1 列出了一些离子在 25℃时无限稀释的摩尔电导。

表 8.1　一些离子在 25℃时无限稀释的摩尔电导

正离子	$\Lambda_{m,+}^\infty \times 10^4/(\mathrm{S \cdot m^2 \cdot mol^{-1}})$	负离子	$\Lambda_{m,-}^\infty \times 10^4/(\mathrm{S \cdot m^2 \cdot mol^{-1}})$
H^+	349.82	OH^-	198.0
Li^+	38.69	Cl^-	76.34
Na^+	50.11	Br^-	78.4
K^+	73.52	I^-	76.8
NH_4^+	73.4	NO_3^-	71.44
Ag^+	61.92	CH_3COO^-	40.9
$1/2Ca^{2+}$	59.50	ClO_4^-	68.0
$1/2Ba^{2+}$	63.64	$1/2SO_4^{2-}$	79.8
$1/2Mg^{2+}$	53.06	$1/2CO_3^{2-}$	83.00

依据离子独立运动定律，也可以用强电解质的极限摩尔电导率来计算弱电解质的极限摩尔电导率。

【例 8.3】 在 25℃时，已知 HCl 极限摩尔电导率为 $42.6 \times 10^{-3} (S \cdot m^2) \cdot mol^{-1}$，$CH_3COONa$ 及 NaCl 的极限摩尔电导率为 $9.1 \times 10^{-3} (S \cdot m^2) \cdot mol^{-1}$ 和 $12.7 \times 10^{-3} (S \cdot m^2) \cdot mol^{-1}$，计算 CH_3COOH 的极限摩尔电导率。

解： 根据离子独立运动定律

$$\Lambda_m^\infty (CH_3COOH) = \Lambda_{m\,CH_3COO^-}^\infty + \Lambda_{m\,H^+}^\infty$$
$$= \Lambda_{m\,HCl}^\infty + \Lambda_{m\,CH_3COONa}^\infty - \Lambda_{m\,NaCl}^\infty$$
$$= (42.6 + 9.1 - 12.7) \times 10^{-3}$$
$$= 3.9 \times 10^{-2} (S \cdot m^2 \cdot mol^{-1})$$

8.2.4　电导的测定及有关应用

1. 电导的测定

电导的测定方法，实际上就是采用惠斯顿电桥测定电阻的方法。如图 8.4 所示，图中 AB 为均匀滑线电阻，R_Z 为可变电阻，T 为耳机或阴极示波器，R_X 为待测电阻，电源使用 1000Hz 左右的交流电，因为使用直流电通过电解质溶液时会发生电解，引起电极附近浓度变化，同时电极上析出的电解产物还会改变电极的性质，可导致测定出现误差。为防止出现极化，电池中的电极采用镀铂黑的铂电极。为补偿电导池电容的影响，需要在桥的另一臂可变电阻 R_Z 上并联一个可变电容 K。测定时，在选定适当的 R_Z 数值后接通电源，移动接触点 C，使得流经 T 的电流接近于零，此时电桥达到平衡，各个电阻之间存在如下关系：

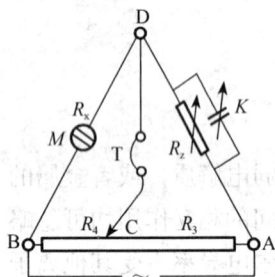

图 8.4　测定电阻的惠斯顿电桥

$$\frac{R_Z}{R_X} = \frac{R_3}{R_4} \tag{8.8}$$

$$R_X = \frac{R_Z R_4}{R_3} \tag{8.9}$$

待测电解质溶液的电导计算公式：

$$G = \frac{1}{R_X} = \frac{R_3}{R_Z R_4} \tag{8.10}$$

2. 电导测定的应用

通过电导测定可以推算电解质的某些基本物理性质，还能快速测出溶液中电解质的浓度，所以电导测定在生产及科学研究中应用很广。例如，水纯度的检测、硫酸浓度的测定、钢铁中碳和硫的定量分析、大气中二氧化硫的检测及二氧化碳和一氧化碳气体的检测、锅炉用水含盐量的测定等。现举例如下：

（1）水纯度的检验。在生产和科研中有时需要纯度很高的水，如果纯度达不到要求，就会影响产品的性能及分析结果。如普通蒸馏水的电导率 κ 约为 $1.00 \times 10^{-3} S \cdot m^{-1}$，重蒸馏水（蒸馏水经用 $KMnO_4$ 和 KOH 溶液处理除去 CO_2 及其有机杂质，然后在石英器皿中重新蒸馏 1～2 次）和去离子水的 κ 值可以达到小于 $1.00 \times 10^{-4} S \cdot m^{-1}$。

由于水本身是一种弱电解质，它存在如下电离平衡：$H_2O \Longleftrightarrow H^+ + OH^-$，但只是微弱的电离，水在 298K（理论计算）的 κ 最低为 $5.5 \times 10^{-6} S/m$。故 $\kappa < 1.00 \times 10^{-4} S/m$ 的水就是相当纯净的，称为"电导水"。所以只要测出水的 κ，就可以知道其纯度是否符合要求。

另外，利用电导率可以求得水的离子积。由于纯水的电离度很小，可以把纯水视为 H^+ 和 OH^- 的无限稀释溶液，把这部分解离的水的浓度设为 c，其摩尔电导率 Λ_m 用极限摩尔电导率代替，由离子独立移动定律可求得水的离子积。

$$\Lambda_m = \Lambda_m^\infty = \Lambda_{m,H^+}^\infty + \Lambda_{m,OH^-}^\infty$$

因为

$$\Lambda_m = \frac{\kappa}{c}$$

其浓度

$$c = c_{H^+} = c_{OH^-} = \kappa / (\Lambda_{m,H^+}^\infty + \Lambda_{m,OH^-}^\infty) = \frac{5.5 \times 10^{-6}}{0.03498 + 0.01983}$$

$$= 1.003 \times 10^{-4} \ (mol \cdot m^{-3}) = 1.003 \times 10^{-7} \ (mol \cdot L^{-1})$$

因此，水的离子积：$K_w = C_{H^+} \cdot C_{OH^-} = 1.01 \times 10^{-14}$

（2）求弱电解质的电离度及电离常数。弱电解质在水溶液中，部分解离成离子，且离子与未解离的分子之间达成动态平衡。例如，醋酸水溶液中，醋酸分子部分电离：

$$HAc \Longleftrightarrow H^+ + Ac^-$$

由于弱电解质的电离度很小，溶液中离子的浓度很低，可以认为离子运动速度受浓度改变的影响极其微弱，因而某一浓度下弱电解质溶液的摩尔电导率与其在无限稀释时的摩尔电导率的差别主要来自于电离度的不同。例如，1mol 醋酸在水溶液中无限稀释时，电离度趋近于 1，即有 $1molH^+$、$1molAc^-$ 同时参与导电，此时的摩尔电导率为 Λ_m^∞。当溶液的浓度为 c 时，电离度为 α，此时的摩尔电导率为 Λ_m^∞。因为摩尔电导率仅取决于溶液中的离子数目，即是由电离度不同造成的，则有：

$$\alpha = \Lambda_m / \Lambda_m^\infty \tag{8.11}$$

利用电离度可进一步求出弱电解质的电离常数，见例 8.4。

【例 8.4】 在 298K 时，实验测得 $0.1000 mol \cdot L^{-1}$ 醋酸溶液的摩尔电导率 Λ_m 为 $5.201 \times 10^{-4} S \cdot m^2 \cdot mol^{-1}$。查表可得该温度下醋酸溶液的极限摩尔电导率 Λ_m^∞ 为 $390.7 \times 10^{-4} S \cdot m^2 \cdot mol^{-1}$，求该溶液的电离度。

解： 根据 $\alpha = \Lambda_m / \Lambda_m^\infty$ 可知该醋酸溶液的电离度为

$$\alpha = (5.201 \times 10^{-4} / 390.7 \times 10^{-4}) = 0.013 = 1.33\%$$

$$HAc \Longleftrightarrow H^+ + Ac^-$$

初始浓度　　　　　　　　　　　　　c　　　0　　0

平衡时浓度　　　　　　　　　$c(1-\alpha) \quad c \cdot \alpha \quad c \cdot \alpha$

$$K_c = \frac{c_{H^+} \cdot c_{Ac^-}}{c_{HAc}} = \frac{(c \cdot \alpha)^2}{c(1-\alpha)} = \frac{c \cdot \alpha^2}{1-\alpha}$$

$$K_c = \frac{0.1000 \times 0.0133^2}{1 - 0.0133} = 1.79 \times 10^{-5}$$

（3）求难溶盐的溶解度和溶度积。$BaSO_4$、$AgCl$ 等微溶盐在水中的溶解度很小，很难用普通的滴定方法测定出来，但是可以用电导测定的方法求得。

溶度积（也叫活度积）用 K_{SP} 表示。

例如，$AgCl$ 在水中部分电离

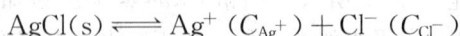

$$AgCl(s) \rightleftharpoons Ag^+ (C_{Ag^+}) + Cl^- (C_{Cl^-})$$

$AgCl$ 在水中的溶度积　　$K_{SP} = \dfrac{c_{Ag^+} \cdot c_{Cl^-}}{c_{AgCl}} = c_{Ag^+} \cdot c_{Cl^-}$

【例 8.5】$AgCl$ 饱和水溶液在 25℃时的电导率 $\kappa_{溶液} = 3.41 \times 10^{-4} S \cdot m^{-1}$，在此温度下，该溶液所用水的电导率 $\kappa_水 = 1.6 \times 10^{-4} S/m$，计算 $AgCl$ 的溶解度。

解：因为 $AgCl$ 饱和水溶液的电导率是水和氯化银电导率的总和，则有

$$\kappa_{AgCl} = \kappa_{溶液} - \kappa_水 = 3.41 \times 10^{-4} - 1.6 \times 10^{-4} = 1.81 \times 10^{-4} (S \cdot m^{-1})$$

由于 $AgCl$ 饱和水溶液在 25℃时离子的浓度很小，其 Λ_m 可近似看作 Λ_m^∞，则

$$\Lambda_{mAgCl} \approx \Lambda_{m\,AgCl}^\infty = \Lambda_{m\,Ag^+}^\infty + \Lambda_{m\,Cl^-}^\infty$$

查表得　　　　$\Lambda_{m\,Ag^+}^\infty = 61.92 \times 10^{-4} S \cdot m^2 \cdot mol^{-1}$

$$\Lambda_{m\,Cl^-}^\infty = 76.34 \times 10^{-4} S \cdot m^2 \cdot mol^{-1}$$

则　　$\Lambda_{m\,AgCl} \approx \Lambda_{m\,AgCl}^\infty = \Lambda_{m\,Ag^+}^\infty + \Lambda_{m\,Cl^-}^\infty$

$$= (61.92 + 76.34) \times 10^{-4}$$
$$= 138.26 \times 10^{-4} (S \cdot m^2 \cdot mol^{-1})$$

根据 $\Lambda_m = \kappa/c$，则有

$AgCl$ 的溶解度　　$c = \kappa_{AgCl}/\Lambda_{m\,AgCl}$

$$= \frac{1.81 \times 10^{-4}}{138.26 \times 10^{-4}} = 0.01309 (mol \cdot m^{-3})$$

（4）电导滴定。利用滴定终点前后溶液电导变化的转折来确定滴定终点的方法称为电导滴定。当溶液浑浊或有颜色，而不便应用指示剂时，常用此方法来测定溶液中电解质的浓度。

溶液的电导发生变化；通常是被滴定溶液中的一种离子被另一种离子所代替而造成的。例如，$NaOH$ 溶液滴定 HCl 溶液，如图 8.5 所示，在滴定前，溶液中只有 HCl 一种电解质，溶液中由于 H^+ 有很大的电导率，所以溶液的电导率也很大，当逐渐滴入 $NaOH$ 后，溶液中 H^+ 与滴入的 OH^- 结合生成了 H_2O，其效果是电导率较小的 Na^+ 代替了电导率较大的 H^+，溶液的电导率随 $NaOH$ 的滴入而逐渐变小（图中 AB 段），当 HCl 全部被 $NaOH$ 中和时溶液的电导率最小，即为滴定终点（B 点）。此后再滴入 $NaOH$，由于过剩 OH^- 的电导率很大，溶液的电导率又开始增加（图中 BC 段），由横坐标上 B 点所对应的 $NaOH$ 溶液的体积就可计算 HCl 溶液的浓度。

某些沉淀反应也可以用电导滴定的方法。例如，KCl 与 $AgNO_3$ 溶液的反应。

$$AgNO_3 + KCl \longrightarrow AgCl \downarrow + KNO_3$$

在滴定过程中溶液中的 Ag^+ 被 K^+ 代替,由于它们的电导率差别不大,因而溶液的电导率变化很小。当 Ag^+ 完全被沉淀而出现过量的 KCl 时,溶液的电导率开始增加,如图 8.6 所示,图中的转折点就是滴定的终点。

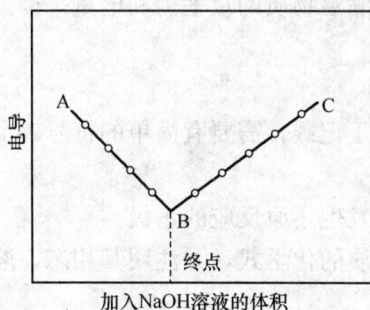

图 8.5　强酸强碱的电导滴定　　　　　　图 8.6　沉淀反应的电导滴定

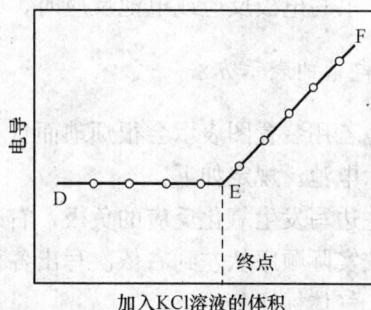

在化学动力学中,常用滴定反应系统的电导随时间的变化数据来建立反应动力学方程,求算反应级数。在工业生产中,还可以利用电导测定给出的不同电流信号,进行自动记录和自动控制。

8.3　可逆电池

8.3.1　原电池及其表示方法

1. 原电池

原电池是化学能转化为电能的装置(即 $\Delta_r G_m < 0$ 的化学反应自发地把化学能转变为电能),电解池是由电能转化为化学能的装置(即利用电能促使 $\Delta_r G_m > 0$ 的化学反应发生,制得相应的化学产品或进行其他电化学工艺生产,如电镀等)。原电池和电解池均由两电极组成,电池工作时,两电极均发生化学反应,其中发生氧化反应的为阳极,发生还原反应的为阴极。对于两极的连接导线而言,电子流总是由发生氧化反应的电极流向发生还原反应的电极,而电流的流动方向恰恰相反,总是从电源电势高的电极流向电势低的电极,电势高的电极为正极,电势低的电极为负极。对于原电池,阳极即为负极,阴极为正极;而电解池的阳极为正极;阴极为负极。

最典型的原电池是铜-锌原电池,也叫丹尼耳电池,电池的装置如图 8.7 所示:将锌片插入 1mol/L 的 $ZnSO_4$ 溶液中,将铜片插入 1mol/L 的 $CuSO_4$ 溶液中,两种溶液之间用多孔隔膜隔开,多孔隔膜的作用是防止 $ZnSO_4$ 溶液和 $CuSO_4$ 溶液相互混合,但可以允许电解质离子及溶剂通过。锌片与铜片之间用铜导线连接,如此构成铜锌原电池。该电池的化学反应如下:

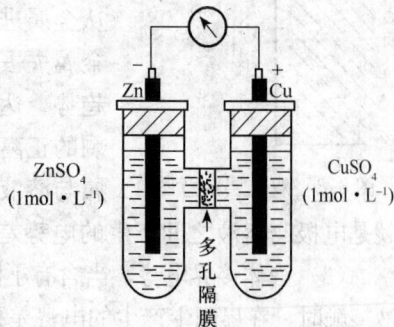

图 8.7　铜锌电池

负极　　　　$Zn(s) \longrightarrow Zn^{2+}(1mol \cdot L^{-1}) + 2e$

正极　　　　$Cu^{2+}(1mol \cdot L^{-1}) + 2e^- \longrightarrow Cu(s)$

电池反应　$Zn(s) + Cu^{2+}(1mol \cdot L^{-1}) \longrightarrow Zn^{2+}(1mol \cdot L^{-1}) + Cu(s)$

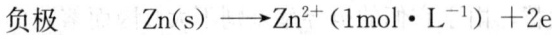

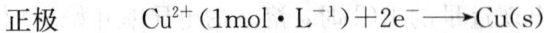

注意：书写电极反应或电池反应时，必须满足物质的量平衡和电量平衡。

2. 原电池的表示方法

原电池若用装置图表示会很烦琐而且不利于记载，需要有简单的符号表征。常采用图式法表示电池。规定如下：

（1）左边写发生氧化反应的负极，右边写发生还原反应的正极。

（2）按实际顺序从左到右依次写出各种物质的化学式，并注明其相态，溶液中溶质标注浓度、气体标注分压。

（3）用单竖线"｜"表示不同相的接界面（也可用"，"表示）；用双竖线"‖"表示盐桥，溶液与溶液之间的接界电势通过盐桥已经降低到可以忽略不计的程度。

（4）由气体或同种金属的不同价态离子构成电极时，必须用惰性金属如铂作为导体。按上述规定，铜－锌电池的图式应为

$$Zn(s) | ZnSO_4(1mol \cdot L^{-1}) \| CuSO_4(1mol \cdot L^{-1}) | Cu(s)$$

常见金属如 Zn、Cu、Ag 等可不注明相态，不参加反应的离子如 SO_4^{2-} 等亦可不写。还应指明温度和压力，若不指明，一般是指 25℃ 和 100kPa。

8.3.2 电池电动势的产生

电池电动势等于电池中各相界面上所产生电势差的代数和。如铜－锌电池内有三种界面电势差。

（1）接触电势，用铜线将铜-锌电池接入外线路，则在铜-锌之间有接触电势，其产生的原因是不同金属的电子逸出功不同，相互穿越的电子数目不等，使界面一侧电子过剩带负电，另一侧缺少电子带正电。此即接触电势，但接触电势很小，可忽略不计。

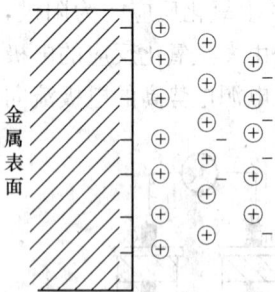

（2）电极电势，它是正负两极分别与周围的溶液界面之间的电势差。把金属浸入含有该金属离子的溶液中，将发生离子从金属进入溶液和溶液中的离子沉积到金属上的化学过程。若金属失去电子变成离子进入溶液，则金属的溶解趋势大于沉积趋势，达平衡时，金属表面带过剩的负电荷，而溶液中就有过剩的正离子。由于静电吸引和扩散作用二者综合的结果，在金属与溶液界面上就形成了双电层（图 8.8）。双电层的电势降，就是电极与溶液之间产生的电势差，简称电极电势。

图 8.8　双电层示意图

（3）液体接界电势，当含有不同电解质的两种溶液或含同一电解质而浓度不同的溶液接触时，在界面上产生的电势差称为液体接界电势，或称为扩散电势，其产生的原因是离子在溶液中的扩散速度不同，如图 8.9（a）所示。隔膜两边分别为 $0.1mol \cdot L^{-1}$ 的 HCl 溶液和 KCl 溶液。在界面上 H^+ 向右扩散的速率大于 K^+ 向左扩散的速率，故在相同的时

间内迁移到 KCl 溶液中的 H$^+$ 的数目要比迁移
到 HCl 溶液中的 K$^+$ 的数目多，在形成双电层
时，右边带正电荷，左边带负电荷。因而在界
面两边形成双电层，产生电位差。图 8.9（b）
表示的是同一电解质不同浓度下的情况。膈膜
两边分别为 0.1mol·L^{-1} 和 0.01mol·L^{-1} 的
AgNO$_3$ 溶液。左边 AgNO$_3$ 溶液浓度较大将向右
扩散，由于 Ag$^+$ 的扩散速率比 NO$_3^-$ 快得多，结

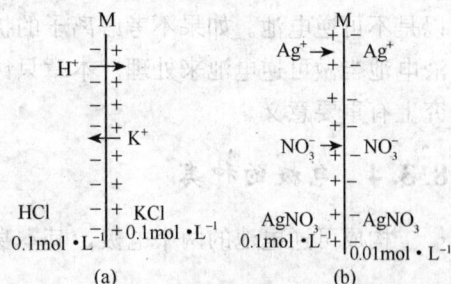

图 8.9　液接电势产生示意图

果使右边带有正电荷，左边有过剩的 NO$_3^-$ 而带负电荷，同样产生电位差。

　　液接电势的大小一般不超过 0.03V，为保证测量的精确度，应尽量减少液体接界电
势。常用的方法是在两溶液之间放置一个盐桥。盐桥的构造通常是将一定浓度的 KCl
溶液或 NH$_4$NO$_3$ 溶液加热并溶入适量琼脂，将其倒入 U 型管中，待冷却后溶液为胶冻
状，将 U 型管倒置，两端插入电池的两种不同溶液中，以两个新的液体界面代替原来
的一个液体界面，由于 KCl 溶液或 NH$_4$NO$_3$ 溶液中正、负离子的扩散速度接近，可消
除液接电势。

　　若忽略接触电势并用盐桥消除液体接界电势时，电池电动势就等于正负两极电极电
势之差。

8.3.3　可逆电池

　　电池可分为可逆电池和不可逆电池。所谓可逆电池就是其中进行的一切过程都是可
逆过程的电池。按照热力学可逆过程的特点，可逆电池必须具备以下条件。

　　（1）放电时的电极反应和充电时的电极反应要互为逆反应。

　　（2）放电和充电时通过电极的电流要无限小。此时电极反应在无限接近平衡态下进
行，放电时对外做的电功和充电消耗的电功大小相等，保证当系统恢复原状时，环境也
能复原而不留下其他变化。

　　例如，电池：Pt｜H$_2$(p)｜HCl(c)｜AgCl(s)｜Ag(s)

　　假设原电池的电动势与外加反方向电池电动势的差值为 dE。

　　当 dE＞0 时，原电池放电，电池发生如下反应：

阳极（负极）　　　　H$_2$(p, g)——→2H$^+$(c)+2e$^-$

阴极（正极）　　　2AgCl(s)+2e$^-$——→2Ag(s)+2Cl$^-$

电池反应为　　　　H$_2$(p, g)+2AgCl(s)——→2Ag(s)+2HCl(c)

　　当 dE＜0 时，原电池被充电，变为电解池。电池所发生的反应为原电池放电时的
逆反应。

　　当 dE＝0 时，反应立即停止。此电池无论是放电还是充电均在电流无限趋近于零
的条件下进行。原电池所进行的一切过程都是在无限接近平衡条件下进行的，因此它是
一个可逆电池。

　　而对于如同丹尼耳电池的双液电池而言，由于两种溶液接界面存在着离子的扩散，
是热力学不可逆的，尽管其电极反应可逆，充电、放电过程可逆，但是因存在扩散，所

以是不可逆电池。如果不考虑离子的扩散，并且放入盐桥消除液体接界电势，则可将双液电池当做可逆电池来处理。本章只讨论可逆电池，因可逆电池电动势在化学热力学研究上有重要意义。

8.3.4　电极的种类

构成可逆电池的两个电极，其本身也必须是可逆的。可逆电极一般分三类。

1. 第一类电极

这类电极一般是将某金属或吸附了某种气体的惰性金属置于含有该元素离子的溶液中构成的，包括金属电极、氢电极、氧电极和卤素电极等。

（1）金属电极和卤素电极。这两类电极均较简单，例如，

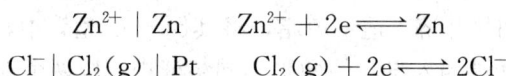

$$Zn^{2+} \mid Zn \qquad Zn^{2+} + 2e \rightleftharpoons Zn$$
$$Cl^- \mid Cl_2(g) \mid Pt \qquad Cl_2(g) + 2e \rightleftharpoons 2Cl^-$$

（2）氢电极。将镀有铂黑的铂片浸入含有 H^+ 的溶液中，并不断通入 H_2。该电极的电极反应为

$$2H^+ + 2e^- \longrightarrow H_2(g)$$

氢电极的最大优点是其电极电势随温度改变很小，但它的使用条件比较苛刻，既不能用在含有氧化剂的溶液中，也不能用在含有汞或砷的溶液中。

通常所说的氢电极是在酸性溶液中，但也可将镀有铂黑的铂片浸入碱性溶液中并通入 H_2，此时即构成碱性溶液中的氢电极：

$$H_2O, OH^- \mid H_2(g) \mid Pt$$

其电极反应为　　　　　$2H_2O + 2e^- \rightleftharpoons H_2(g) + 2OH^-$

（3）氧电极。氧电极在结构上与氢电极类似，也是将镀有铂黑的铂片浸入酸性或碱性（常见）溶液中，但通入的是 $O_2(g)$。

酸性氧电极：　　　　　　　$H_2O, H^+ \mid O_2(g) \mid Pt$

电极反应：　　　　　　　　$O_2(g) + 4H^+ + 4e^- \rightleftharpoons 2H_2O$

碱性氧电极：　　　　　　　$H_2O, OH^- \mid O_2(g) \mid Pt$

电极反应：　　　　　　　　$O_2(g) + 2H_2O + 4e^- \rightleftharpoons 4OH^-$

2. 第二类电极

第二类电极包括金属-难溶盐电极和金属-难溶氧化物电极。

（1）金属-难溶盐电极。这类电极是在金属上覆盖一层该金属的难溶盐，然后将它浸入含有与该难溶盐具有相同阴离子的溶液中而构成的。最常用的有银—氯化银电极和甘汞电极。

甘汞电极可表示为　　　　　$Cl^- \mid Hg_1Cl_2(s) \mid Hg,$

电极反应　　　　　　　　$Hg_2Cl_2(s) + 2e^- \rightleftharpoons 2Hg + 2Cl^-$

甘汞电极的电极电势只与温度和 Cl^- 的浓度有关。298K 时三种不同 Cl^- 浓度的甘汞电极的电极电势见表 8.2。

表 8.2　不同 Cl^- 浓度甘汞电极的皂板电势

KCl 溶液浓度	$E(T)/V$	$E(298K)/V$
$0.1mol \cdot L^{-1}$	$0.3337 - 7 \times 10^{-5} (T-298)$	0.3337
$1mol \cdot L^{-1}$	$0.2801 - 2.4 \times 10^{-4} (T-298)$	0.2801
饱和 KCl	$0.2412 - 7.6 \times 10^{-4} (T-298)$	0.2412

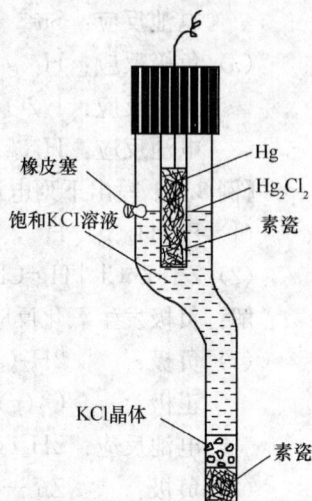

甘汞电极的优点是容易制备，电极电势稳定。在测量电池电动势时，常用甘汞电极作为参比电极（图 8.10）。

（2）金属-难溶氧化物电极。由金属表面覆盖一层该金属的难溶氧化物，然后浸入含有 OH^-（或 H^+）的溶液中所构成的电极。以锑一氧化锑电极为例。在锑棒上覆盖一层三氧化二锑，将其浸入含有 H^+ 或 OH^- 的溶液中就构成了锑一氧化锑电极。

酸性溶液中：H^+，$H_2O \mid Sb_2O_3(s) \mid Sb$

电极反应：$Sb_2O_3(s) + 6H^+ + 6e^- \Longrightarrow 2Sb + 3H_2O$

碱性溶液中：OH^-，$H_2O \mid Sb_2O_3(s) \mid Sb$

电极反应：$Sb_2O_3(s) + 3H_2O + 6e^- \Longrightarrow 2Sb + 6OH^-$

锑-氧化锑电极为固体电极，应用起来很方便，直接浸入溶液中即可。但不能应用于强酸性溶液中。

图 8.10　甘汞电极

3. 第三类电极

这类电极主要包括氧化还原电极。

任何电极均可发生氧化还原反应。这里所说的氧化还原电极专指如下一类电极：由惰性金属铂片浸入含有同一元素不同价态离子的溶液中构成，即电极反应是在同一溶液中不同价态的离子间进行的。如电极 Fe^{3+}，$Fe^{2+} \mid Pt$；MnO_4^-，Mn^{2n}，H^+，$H_2O \mid Pt$。

两电极的电极反应分别为：$Fe^{3+} + e^- \Longrightarrow Fe^{2+}$

$$MnO_4^- + 8H^+ + 5e^- \Longrightarrow Mn^{2+} + 4H_2O$$

用来测定溶液 pH 的醌氢醌电极也属于氧化还原电极。醌氢醌是等分子比的醌 $C_6H_4O_2$（用 Q 代表）和氢醌 $C_6H_4(OH)_2$（用 H_2Q 代表）结合成的复合物，即 $C_6H_4O_2 \cdot C_6H_4(OH)_2$。它是墨绿色晶体，在水中的溶解度甚小，如 25℃时约为 $0.005mol \cdot L^{-1}$。已溶解的 $Q \cdot H_2Q$ 在水溶液中是完全分解的

$$C_6H_4O_2 \cdot C_6H_4(OH)_2 \Longrightarrow C_6H_4O_2 + C_6H_4(OH)_2$$

在含有 H^+ 的溶液中加入少许 $Q \cdot H_2Q$，插入惰性金属 Pt 就构成了醌氢醌电极，其图示和电极反应为：H^+，$Q \cdot H_2Q$ 饱和溶液 $\mid Pt$

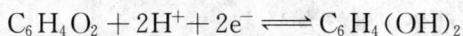

$$C_6H_4O_2 + 2H^+ + 2e^- \Longrightarrow C_6H_4(OH)_2$$

【**例 8.6**】写出下列原电池的电极反应和电池反应。

（1）Pt，$H_2(g) \mid HCl(c) \mid AgCl(s)$，$Ag(s)$。

（2）$Pt \mid Sn^{4+}$，$Sn^{2+} \parallel Ti^{3+}$，$Ti^+ \mid Pt$。

（3）Pt，$H_2(g) \mid NaOH(c) \mid O_2(g)$，$Pt$。

解：（1）负极反应：$1/2H_2(g) \longrightarrow H^+(c) + e^-$

正极反应：$AgCl(s) + e^- \longrightarrow Ag(s) + Cl^-(c)$

电池反应：$1/2H_2(g) + AgCl(s) \longrightarrow Ag(s) + HCl(c)$

（2）负极反应：$Sn^{2+} \longrightarrow Sn^{4+} + 2e^-$

正极反应：$Ti^{3+} + 2e^- \longrightarrow Ti^+$

电池反应：$Sn^{2+} + Ti^{3+} \longrightarrow Ti^+ + Sn^{4+}$

（3）负极反应：$H_2(g) + 2OH^- \longrightarrow 2H_2O + 2e^-$

正极反应：$1/2O_2(g) + H_2O + 2e^- \longrightarrow 2OH^-$

电池反应：$H_2(g) + 1/2O_2(g) \longrightarrow H_2O(l)$

【例 8.7】 写出下列电池的化学反应：

（1）$Pt|H_2(g)|H^+，H_2O|O_2(g)|Pt$。

（2）$Zn|ZnCl_2|Hg_2Cl_2(s)|Hg$。

解： 负极发生氧化反应，正极发生还原反应，二者之和即电池反应。

（1）负极：　　$2H_2(g) \longrightarrow 4H^+ + 4e^-$

正极：　　$O_2(g) + 4H^+ + 4e^- \longrightarrow 2H_2O$

电池反应：$2H_2(g) + O_2(g) \longrightarrow 2H_2O$

（2）负极：　　$Zn \longrightarrow Zn^{2+} + 2e^-$

正极：　　$Hg_2Cl_2(s) + 2e^- \rightleftharpoons 2Hg + 2Cl^-$

电池反应：$Zn + Hg_2Cl_2(s) \longrightarrow 2Hg + Zn^{2+} + 2Cl^-$

8.4　能斯特方程

可逆电池中进行的都是可逆过程，根据前面所学的热力学原理可知，在恒温恒压可逆的条件下，设某原电池中进行的任意化学反应为

$$aA + bB \longrightarrow dD + hH$$

此系统所做的可逆非体积功 W_r' 为可逆电功。则

$$\Delta_r G_m = W_r' \tag{8.12}$$

可逆电功又等于电量与电动势的乘积，而 $Q = zF$，即

$$W_r' = -zEF \tag{8.13}$$

则　　　　　　　　　　$\Delta_r G_m = -zFE \tag{8.14}$

式中：$\Delta_r G_m$——摩尔反应吉布斯函数，单位为 $J \cdot mol^{-1}$；

z——电极的氧化还原反应式中：得失电子数；

F——法拉第常数，单位为 $C \cdot mol^{-1}$；

E——可逆电池电动势，单位为 V。

此关系式是沟通热力学与电化学的桥梁。

若电池中各反应物质都处于标准状态，则有

$$\Delta_r G_m^{\ominus} = -zFE^{\ominus} \tag{8.15}$$

$E^{\ominus}$ 为标准电池电动势，"$\ominus$"代表是标准状态，即电池中溶液浓度为 $1mol/L^{-1}$，

气体压力为标准压力 100kPa。将化学反应等温方程应用于电池反应，即

$$\Delta_r G_m = \Delta_r G_m^\ominus + RT \ln \prod (c_B)^{\nu_B} \tag{8.16}$$

将前三式综合即得

$$E = E^\ominus - (RT/zF) \lg \prod (c_B)^{\nu_B} \tag{8.17}$$

此式称为电动势的能斯特方程，它表明了可逆电池电动势与电池反应的各物质浓度之间的关系。

若 T=298.15K，式（8.17）变为

$$E = E^\ominus - \frac{0.0592}{z} \lg \prod (c_B)^{\nu_B} \tag{8.18}$$

8.5　电极电势与电池电动势

由前面所学可知，在忽略接触电势和消除液体接界电势的情况下，电池电动势等于正负两极电极电势之差，但至今仍无法单独测量每个电极的电极电势。为了计算电池电动势，实际应用中，选定一个标准电极作为基准，以此来确定各种电极的相对电势，即电极电势，用它代替了电极电势的绝对值来计算电池电动势。这个基准电极就是标准氢电极。

8.5.1　标准电极电势与电极电势

国际上采用的标准电极是标准氢电极，标准氢电极的构成如下：把镀了铂黑的铂片插入氢离子浓度为 1mol·L^{-1} 的溶液中（铂片镀铂黑是为了增加电极的表面积以提高氢的吸附量并借以促使电极反应加速达到平衡），并以标准压力（$p^\ominus$）的干燥氢气不断冲击到铂电极上，这样的电极称为标准氢电极。氢电极的构造如图 8.11 所示。

$$E_{H^+/H_2}^\ominus = 0$$
$$E = E_{电极} - E_{H^+/H_2}^\ominus$$
$$E_{电极} = E$$

标准电极电势是指参与电极反应的各物质都处于标准状态时的电极电势。$E^\ominus = E^\ominus$（电极）如以铜电极

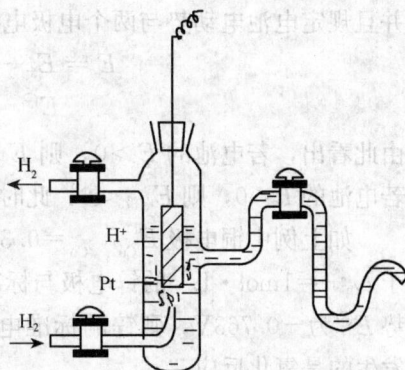

图 8.11　标准氢电极

为指定电极，将铜电极 $Cu^{2+}[c(Cu^{2+})]|Cu(s)$ 做正极，标准氢电极做负极，构成原电池如下：$Pt|H_2(P^\ominus)|H^+(c_{H^+}=1mol·L^{-1})||Cu^{2+}[c_{Cu^{2+}}]|Cu(s)$

负极反应：$H_2(p^\ominus) \longrightarrow 2H^+ + 2e^-$

正极反应：$Cu^{2+}[c_{Cu^{2+}}] + 2e^- \longrightarrow Cu(s)$

电池反应：$H_2 + Cu^{2+} \longrightarrow 2H^+ + Cu(s)$

根据电池电动势能斯特方程（8.17），得电池电动势为

$$E = E^{\ominus} - \frac{RT}{2F} \ln \frac{c_{H^+}^2 \cdot c_{Cu}}{[p_{H_2}/P^{\ominus}]c_{Cu^{2+}}}$$

$E_{电极} = E$，$E^{\ominus} = E^{\ominus}_{电极}$，对于标准氢电极，$c_{H^+} = 1mol \cdot L^{-1}$，$p_{H_2} = p^{\ominus} = 100kPa$，

则

$$E_{Cu^{2+}/Cu} = E^{\ominus}_{Cu^{2+}/Cu} - \frac{RT}{2F} \ln \frac{1}{c_{Cu^{2+}}}$$

当 $T = 298K$，$c_{Cu^{2+}} = 1mol \cdot L^{-1}$ 时，测得上述电池的 $E^{\ominus} = 0.3400V$，则铜电极的标准电极电势 $E^{\ominus}_{Cu^{2+}/Cu} = 0.3400V$。

书后附录列出了常见电极的标准电极电势。

对于任意指定电极，根据电极电势的规定，其电极反应均应写成下面的通式

$$氧化态 + ze^- \longrightarrow 还原态$$

因此，电极电势的表达通式为

$$E_{电极} = E^{\ominus}_{电极} - \frac{RT}{zF} \ln \frac{c_{还原态}}{c_{氧化态}} \tag{8.19}$$

此式称为电极电势能斯特方程。式中：$c_{还原态}$ 是指电极反应中各产物 $c_B^{v_B}$ 的连乘，而 $c_{氧化态}$ 是指各反应物 $c_B^{v_B}$ 的连乘。例如碱性溶液中的氧电极的电极反应

$$O_2 + 2H_2O + 4e \Longrightarrow 4OH^-$$

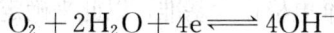

电极电势表达式为

$$E_{O_2/OH^-} = E^{\ominus}_{O_2/OH^-} - \frac{RT}{4F} \ln \frac{c_{OH^-}^4}{[p_{O_2/p^\ominus}] \cdot c_{H_2O}^2}$$

这样规定的电池中，指定电极发生的是还原反应，故电极电势称为还原电极电势，并且规定电池电动势与两个电极电势的关系为

$$E = E_+ - E_- = E_{指定} - E_{H^+/H_2} = E_{指定}$$

$$E^{\ominus} = E_{指定} - E^{\ominus}_{H^+/H_2} = E^{\ominus}_{指定}$$

由此看出，若电池的 $E > 0$，则 $E_{电极} > 0$，说明指定电极上确实进行还原反应，相反，若电池的 $E < 0$，则 $E_{电极} < 0$，此时指定电极上实际进行的应是氧化反应。

如上例中铜电极 $E^{\ominus}_{Cu^{2+}/Cu} = 0.3400V$，说明铜电极作为正极发生了还原反应，而对于 $c_{Zn^{2+}} = 1mol \cdot L^{-1}$ 的锌电极与标准氢电极所组成的电池，在 298K 时，测得标准电动势 $E^{\ominus}$ 为 $-0.763V$，则锌的标准电极电势为 $-0.763V$。说明锌电极实际是作为负极，发生的是氧化反应。

由此可见，电极电势越高，表明电极中氧化态物质得电子能力越强；电极电势越低，表明电极中还原态物质失电子能力越强。电极电势表能表明参与反应的各物质在标准态时的氧化能力或还原能力。

8.5.2　电池电动势的计算

显然，由任意两个电极构成的电池，其电动势 E 的计算有两种方法：

1. 从整个电池反应的电池电动势能斯特方程计算

（1）写出电极反应与电池反应（物量和电量要平衡）。

（2）由表查出两个电极的标准电极电势，并计算标准电池电动势：

$$E^{\ominus} = E^{\ominus}_{+} + E^{\ominus}_{-}$$

（3）电池反应，由电池电动势能斯特方程计算 E

该电池的电动势 E 为

$$E = E^{\ominus} - (RT/zF)\ln\prod(c_{B})^{v_{B}}$$

【例 8.8】计算 298K 时，下列电池的电动势：

$$Zn\,|\,Zn^{2+}(c = 0.1875mol \cdot L^{-1})\,\|\,Cd^{2+}(c = 0.0137mol \cdot L^{-1})\,|\,Cd$$

已知 298K 时，$E^{\ominus}$ 为 0.36V。

解：已知：$T = 298K$，$E^{\ominus} = 0.36V$，$c_{Zn^{2+}} = 0.1875mol \cdot L^{-1}$，$c_{Cd^{2+}} = 0.0137mol \cdot L^{-1}$

阳极　　　　　　　$Zn \longrightarrow Zn^{2+} + 2e^{-}$

阴极　　　　　　　$Cd^{2+} + 2e^{-} \longrightarrow Cd$

电池反应　　　　　$Zn + Cd^{2+} \longrightarrow Zn^{2+} + Cd$

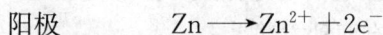

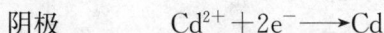

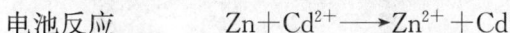

代入能斯特公式得

$$E = E^{\ominus} - \frac{RT}{2F}\ln\frac{c_{Zn^{2+}}}{c_{Cd^{2+}}} = 0.360 - \frac{0.0592}{2}\lg\frac{0.1875}{0.0137} = 0.326(V)$$

2.　由两个电极的电极电势计算

（1）写出电极反应和电池反应（物量和电量要平衡）。

（2）由表查出两个电极的标准电极电势 $E^{\ominus}$（电极）。

（3）由电极电势能斯特方程

$$E_{电极} = E^{\ominus}_{电极} - (RT/zF)\ln\frac{c_{还原态}}{c_{氧化态}}$$

算出 E_{+}，E_{-}。

（4）由 $E = E_{+} - E_{-}$ 算电池电动势 E。

$E > 0$，说明该电池反应是自发正向进行的，电池设计合理。另外，计算时还应注意：不管电极实际发生什么反应，电极电势的计算都用还原电极电势。计算电池电动势 E 时用电池右边正极的还原电极电势 E_{+} 减去左边负极的还原电极电势 E_{-}。

【例 8.9】利用电极电势能斯特方程计算例 8.8 的电池电动势 E。

解：利用电极电势能斯特方程计算电池电动势，

（1）首先写出电极反应，见例 8.8。

（2）查出两个电极的标准电极电势 $E^{\ominus}_{电极}$。

（3）利用电极电势能斯特方程计算在给定状态下的两个电极电势

$$E_{Zn^{2+}/Zn} = E^{\ominus}_{Zn^{2+}/Zn} - \frac{RT}{zF}\ln\frac{c_{Zn}}{c_{Zn^{2+}}}$$

$$= -0.763 + \frac{0.02569}{2}\ln\frac{1}{0.1875}$$

$$= -0.784(V)$$

$$E_{Cd^{2+}/Cd} = E^{\ominus}_{Cd^{2+}/Cd} - \frac{RT}{zF}\ln\frac{c_{Cd}}{c_{Cd^{2+}}}$$

$$= -0.403 - \frac{0.02569}{2}\ln\frac{1}{0.0137}$$

$$= -0.458(V)$$

（4）由 $E = E_+ - E_-$ 计算电池电动势。

$$E = E_+ - E_- = E_{Cd^{2+}/Cd} - E_{Zn^{2+}/Zn} = -0.485 - (-0.784) = 0.326(V)$$

与例8.8结果一致，说明这两种方法是等效的，提倡用电池反应能斯特方程来计算较简便些。

【例8.10】 试计算下列电池在298K时的电动势。

$$Zn\,|\,Zn^{2+}(c = 0.10mol \cdot L^{-1})\,\|\,Cu^{2+}(c = 0.30mol \cdot L^{-1})\,|\,Cu$$

解： 对于各种浓度时电池的电动势的计算有两种方法。

方法一： 从两个电极的电极电势计算

（1）写出电极反应与电池反应

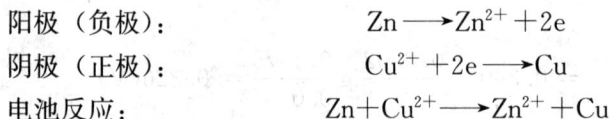

阳极（负极）：　　　　　　　　$Zn \longrightarrow Zn^{2+} + 2e$

阴极（正极）：　　　　　　　　$Cu^{2+} + 2e \longrightarrow Cu$

电池反应：　　　　　　　　　　$Zn + Cu^{2+} \longrightarrow Zn^{2+} + Cu$

（2）由书后附录6查得　　　　$E^{\ominus}_{Zn^{2+}/Zn} = -0.763V$

$$E^{\ominus}_{Cu^{2+}/Cu} = 0.340V$$

（3）算两个电极的电极电势。

铜电极的电极电势为

$$E_{Cu^{2+}/Cu} = E^{\ominus}_{Cu^{2+}/Cu} - \frac{RT}{zF}\ln\frac{c_{Cu}}{c_{Cu^{2+}}}$$

$$= 0.340 - \frac{0.02569}{2}\ln\frac{1}{0.300}$$

$$= 0.3245(V)$$

锌电极的电极电势为

$$E_{Zn^{2+}/Zn} = E^{\ominus}_{Zn^{2+}/Zn} - \frac{RT}{zF}\ln\frac{c_{Zn}}{c_{Zn^{2+}}}$$

$$= 0.763 - \frac{0.02569}{2}\ln\frac{1}{0.100}$$

$$= 0.7926(V)$$

（4）计算电池电动势 E 为

$$E = E_+ - E_- = 0.3425 - (-0.7926) = 1.117(V)$$

方法二： 应用电池能斯特方程进行计算

电池反应　　　　　　　　　$Zn + Cu^{2+} \longrightarrow Zn^{2+} + Cu$

由书后附录6查得　　　　　$E^{\ominus}_{Zn^{2+}/Zn} = -0.763V$

$$E^{\ominus}_{Cu^{2+}/Cu} = 0.340V$$

因此此电池的标准电极电势为 $E^{\ominus} = E^{\ominus}_+ - E^{\ominus}_- = 0.340 - (-0.763) = 1.103(V)$

所以此电池电动势为　　　　$E = E^{\ominus} - \dfrac{RT}{2F} \ln \dfrac{c_{Zn^{2+}} \, c_{Cu}}{c_{Cu^{2+}} \, c_{Zn}}$

$$= 1.103 - \frac{0.0592}{2} \ln \frac{0.100}{0.300}$$

$$= 1.117 \ (V)$$

两种方法结果是一致的。

8.6　电动势的应用

8.6.1　电池电动势的测定

1. 对消法测电池的电动势

对消法测定某一可逆电池电动势的原理是在电池的外电路接一个与待测电池的电动势方向相反而数值相等的电压,用于对抗待测电池的电动势,而使待测原电池内几乎没有电流通过,此时测得的外电路电压数值即为该待测电池的电动势。电路图如图 8.12 所示。图中 E_W 为工作电池(即外电压),R 为可变电阻,E_X 为待测电池电动势,E_S 为标准电池电动势,K 为双向开关,G 为灵敏度高的检流计,C 为滑线电阻 AB 上可移动的接触点。根据移动 C 点得到 $\overline{AC}$ 线段的长度可计算出待测原电池的电动势的数据。

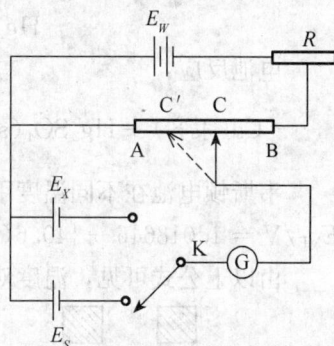

图 8.12　补偿法测定电动势

在测定时,首先将开关 K 与标准电池相接,移动均匀滑线电阻的接触点 C 至标准电池在室温下的电动势值,这一数值可用 $\overline{AC}$ 线段的长度表示。然后调节可变电阻 R,直到检流计中无电流通过为止,此时,标准电池的电动势 E_S 被 $\overline{AC}$ 线段的电势降所抵消,即

$$E_S = E(\overline{AC}) = IR(\overline{AC})$$

式中:$E(\overline{AC})$ 表示 $\overline{AC}$ 线段的电势降,$R(\overline{AC})$ 表示均匀滑线电阻上 $\overline{AC}$ 线段的电阻。当可变电阻调定之后(即固定了 $ABRE_WA$ 回路中的电流值),将开关 K 与待测电池接通,调节均匀滑线电阻 AB 的接触点至 C' 点,使得检流计 G 中无电流通过,此时待测电池电动势 E_X 又被 $\overline{AC'}$ 线段的电势所抵消,即

$$E_X = E(\overline{AC'}) = IR(\overline{AC'})$$

由于电势差与电阻线段的长度成正比,因此

$$\frac{E_S}{E_X} = \frac{IR(\overline{AC})}{IR(\overline{AC'})} = \frac{\overline{AC}}{\overline{AC'}}$$

则　　　　　　　　　　　　　　　　$E_X = E_S \dfrac{\overline{AC'}}{\overline{AC}}$ 　　　　　　　　(8.20)

可见只要读出均匀滑线电阻的长度$\overline{AC}$及$\overline{AC'}$即可得到待测电池的电动势 E_X。在实际测量中，均匀滑线电阻的值已经换算成相应的电动势的数值，在仪器上可以直接得到 E_X 的数值。

2. 韦斯顿标准电池

测定电池电动势所使用的标准电池，要求必须是电池反应高度可逆，电动势已知且数值保持长期稳定不变。韦斯顿电池就是一个高度可逆的电池，又因为该电池的电动势准确、稳定，常以它作为标准电池与电位差计配合，测定电池的电动势。

韦斯顿电池的表示式如下：

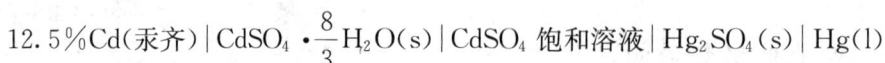

$$12.5\%Cd(汞齐)\,|\,CdSO_4 \cdot \frac{8}{3}H_2O(s)\,|\,CdSO_4\ 饱和溶液\,|\,Hg_2SO_4(s)\,|\,Hg(l)$$

阳极（负极）反应：

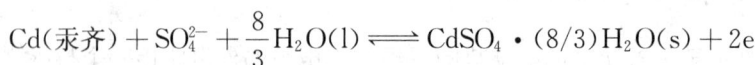

$$Cd(汞齐) + SO_4^{2-} + \frac{8}{3}H_2O(l) \Longrightarrow CdSO_4 \cdot (8/3)H_2O(s) + 2e$$

阴极（正极）反应：

$$Hg_2SO_4(s) + 2e \Longrightarrow 2Hg(l) + SO_4^{2-}$$

电池反应：

$$Cd(汞齐) + Hg_2SO_4(s) + \frac{8}{3}H_2O(l) \Longrightarrow CdSO_4 \cdot (8/3)H_2O(s) + 2Hg(l)$$

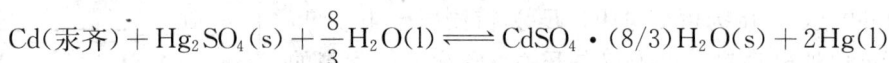

韦斯顿电池在不同温度下的电动势 E_{MF} 计算公式如下：

$$E_{MF}/V = 1.018646 - \{40.6(t/℃-20) + 0.95(t/℃-20)^2 - 0.01(t/℃-20)^3\} \times 10^{-6}$$

由以上公式可见，温度对电池电动势的影响很小，电池电动势稳定、准确。

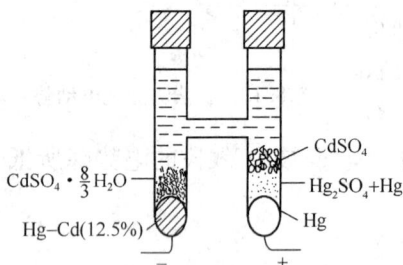

图 8.13　韦斯顿标准电池构造图

韦斯顿标准电池构造图见图 8.13。电池的阳极是含质量百分数为 12.5% 镉的镉汞齐，将其浸入硫酸镉溶液中，该溶液为 $CdSO_4 \cdot \frac{8}{3}H_2O$ 晶体的饱和溶液。阴极为汞与硫酸亚汞的糊状体，将此糊状体也浸入硫酸镉的饱和溶液中。在糊状体的下面放置少量汞是为了使引出的导线与糊状体紧密接触。

8.6.2　电池电动势的应用

电池电动势可由实验测出，也可用能斯特方程计算得到，它在实际工作中有多方面的应用。现介绍几种：

1. 计算电池反应的摩尔反应吉布斯函，并由 E 的符号判断电池反应的方向

根据热力学原理，在恒温恒压条件下，任意化学反应进行时其摩尔反应吉布斯函（$\Delta_r G_m$）等于该化学反应在可逆条件下进行时所做的最大非体积功，可逆电池电动势 E 与 $\Delta_r G_m$ 的关系：

$$\Delta_r G_m = W'_r = -zFE \tag{8.21}$$

若 $E>0$，$\Delta_r G_m<0$，说明电池反应在所给条件下可以自发进行。

若 $E<0$，$\Delta_r G_m>0$，说明电池反应在所给条件下不能自发进行。

若 $E=0$，$\Delta_r G_m=0$，说明电池反应在所给条件下达到平衡。

若电池反应处于标准状态，则有

$$\Delta_r G_m^{\ominus} = -zFE^{\ominus} \tag{8.22}$$

2. 计算电池反应的 $K^{\ominus}$

根据 $\Delta_r G_m^{\ominus}=-zFE^{\ominus}$，又由于 $\Delta_r G_m^{\ominus}$ 与标准平衡常数存在着如下关系：

$$\Delta_r G_m^{\ominus} = -RT\ln K^{\ominus}$$

则电池标准电动势与电池反应标准平衡常数的关系如下：

$$E^{\ominus} = \frac{RT}{zF}\ln K^{\ominus} \tag{8.23}$$

应用式（8.23）可由电池标准电动势 $K^{\ominus}$ 计算电池反应的标准平衡常数 $K^{\ominus}$。

【例 8.11】有一电池表示为

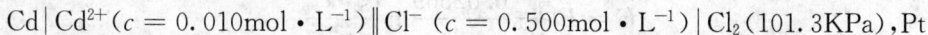

$Cd\,|\,Cd^{2+}(c=0.010\text{mol}\cdot L^{-1})\,\|\,Cl^-\,(c=0.500\text{mol}\cdot L^{-1})\,|\,Cl_2(101.3\text{KPa}),Pt$

（1）写出该电池的电极反应和电池反应。

（2）计算 298K 时电池反应的 $K^{\ominus}$。

（3）计算该电池反应的 $\Delta_r G_m^{\ominus}$，已知该电池的标准电动势 $E^{\ominus}$ 为 1.761V。

解：（1）该电池的电极反应为

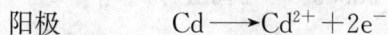

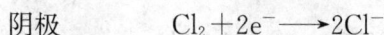

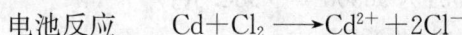

阳极　　　　$Cd \longrightarrow Cd^{2+} + 2e^-$

阴极　　　　$Cl_2 + 2e^- \longrightarrow 2Cl^-$

电池反应　　$Cd + Cl_2 \longrightarrow Cd^{2+} + 2Cl^-$

（2）由式（8.23）求 $K^{\ominus}$

$$\ln K^{\ominus} = \frac{ZFE^{\ominus}}{RT} = \frac{2\times96500\times1.761}{8.314\times298} = 137.18$$
$$K^{\ominus} = 3.77\times10^{59}$$

（3）由式（8.22）得

$$\Delta_r G_m^{\ominus} = -zFE^{\ominus} = -2\times96500\times1.761 = -339.9(\text{kJ/mol})$$

$\Delta_r G_m^{\ominus}<0$，说明该电池反应可自动正向进行。

【例 8.12】用电池电动势的能斯特方程进行计算。写出电池 $Cd(s)\,|\,Cd^{2+}$（$c_{Cd^{2+}}=$ $0.01\text{mol}\cdot L^{-1}$）$\|\,Cl^-(c_{Cl^-}=0.5\text{mol}\cdot L^{-1})\,|\,Cl_2(p^{\ominus})\,|\,Pt$ 的电极反应和电池反应，并计算 298.15K 时该电池反应的标准平衡常数。

解：负极反应：　　　$Cd(s)\longrightarrow Cd^{2+}+2e$

正极反应：　　　$Cl_2(p^{\ominus})+2e\longrightarrow 2Cl^-$

电池反应：　　　$Cd(s)+Cl_2(p^{\ominus})\longrightarrow Cd^{2+}+2Cl^-$

查表可知：$E^{\ominus}(Cd^{2+}/Cd)=-0.4029V$；$E^{\ominus}(Cl_2/Cl^-)=+1.3595V$

则　　　$E_{MF}^{\ominus}=E^{\ominus}(Cl^-\,|\,Cl_2)-E^{\ominus}(Cd^{2+}\,|\,Cd)=+1.7624V$

根据
$$E_{MF}^{\ominus} = (RT/zF)\ln K^{\ominus}$$
$$\ln K^{\ominus} = zFE^{\ominus}/RT = 2 \times 96500 \times 1.7624/(8.314 \times 298.15)$$
$$= 137.22$$

所以
$$K^{\ominus} = 3.925 \times 10^{59}$$

【例 8.13】 计算电池 $Sn \mid Sn^{2+}(c = 0.600 mol \cdot L^{-1}) \mid Pb^{2+}(c = 0.300 mol \cdot L^{-1}) \mid Pb$ 在 298K 时的电池电动势 E，$\Delta_r G_m^{\ominus}$，$\Delta_r G_m$，$K^{\ominus}$，并判断反应能否自动进行。

解:（1）计算电池电动势

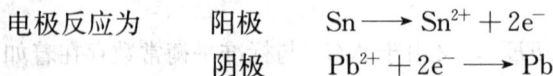

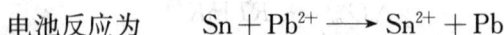

电极反应为　　　阳极　　　$Sn \longrightarrow Sn^{2+} + 2e^-$

　　　　　　　　阴极　　　$Pb^{2+} + 2e^- \longrightarrow Pb$

电池反应为　　　$Sn + Pb^{2+} \longrightarrow Sn^{2+} + Pb$

查出标准电极电势 $E_{Sn^{2+}/Sn}^{\ominus} = -0.140V$，$E_{Pb^{2+}/Pb}^{\ominus} = -0.126V$ 并计算标准电池电动势。

$$E^{\ominus} = E_+^{\ominus} - E_-^{\ominus} = -0.126 - (-0.140) = 0.0140(V)$$

由电池电动势能斯特方程计算 E。

$$E = E^{\ominus} - \frac{0.02569}{2}\ln\frac{c_{Sn^{2+}} c_{Pb}}{c_{Pb^{2+}} c_{Sn}}$$

$$= 0.014 - \frac{0.02569}{2}\ln\frac{0.6}{0.3} = 0.0051V$$

（2）由式（8.22）计算 $\Delta_r G_m^{\ominus}$。

$$\Delta_r G_m^{\ominus} = -zE^{\ominus}F = -2 \times 0.014 \times 96500 = -2702(J)$$

（3）由式（8.21）计算 $\Delta_r G_m$。

$$\Delta_r G_m = -zEF = -2 \times 0.0051 \times 96500 = -984.3(J)$$

（4）由式（8.23）计算 $K^{\ominus}$。

$$\lg K^{\ominus} = \frac{zE^{\ominus}F}{2.303RT} = \frac{2 \times 0.014}{0.0592} = 0.473$$

则
$$K^{\ominus} = 2.97$$

（5）因为上述计算结果中 $E > 0$，$\Delta_r G_m < 0$，所以在该条件下，电池反应能够自动正向进行，且该电池设计合理。

3. 溶液 pH 的计算

溶液中氢离子浓度的测定，可以采用测定电池电动势的方法间接测定。该方法测定 pH 的关键是选择对氢离子可逆的电极（如氢电极、醌—氢醌电极、玻璃电极及锑电极等），与一个参比电极相联组成电池，测得该电池的电动势即可求出溶液中的氢离子浓度。常采用醌氢醌电极或玻璃电极与参比电极（常用摩尔甘汞电极）组成电池，测定电池的电动势从而求出溶液的 pH。

醌氢醌电极的电极反应为　　　$C_6H_4O_2 + 2H^+ + 2e \Longrightarrow C_6H_4(OH)_2$

$$E_{醌氢醌} = E_{醌,氢醌}^{\ominus} + 0.0592\lg c_{H^+}$$

实验测得 298.15K 时 $E_{醌,氢醌}^{\ominus}=0.6993V$，则醌氢醌电极的电极电势为

$$E_{醌氢醌} = 0.6993 + 0.0592\lg c_{H^+}$$

由于　　　$\lg(1/c_{H^+})=pH$

因此　　　$E_{醌氢醌}=0.6993-0.0592pH$

将醌氢醌电极与甘汞电极组成电池，就可以测定溶液的 pH，在 pH<7.1 时醌氢醌电极作正极。

甘汞电极‖待测溶液 $\{c_{H^+}\}$｜醌氢醌电极｜(Pt)

在 25℃时摩尔甘汞电极的电极电势为 0.2801V，则组成电池电动势为

$$E_{MF} = E_{醌氢醌} - E_{甘汞} = 0.6995 - 0.0592pH - 0.2801$$
$$= 0.4194 - 0.0592pH$$

所以　　　　　　　　　　　$$pH = \frac{0.4194 - E}{0.0592} \tag{8.24}$$

在 pH>7.1 时醌氢醌电极作负极

(Pt)｜醌氢醌电极｜待测溶液$\{c_{H^+}\}$‖甘汞电极

在 25℃时，电池电动势为

$$E_{MF} = E_{甘汞} - E_{醌氢醌} = 0.2801 - (0.6995 - 0.0592pH)$$
$$= -0.4194 + 0.0592pH$$
$$pH = \frac{0.4194 + E}{0.0592} \tag{8.25}$$

醌氢醌电极不能用于碱性溶液中，在碱性溶液中醌氢醌电极容易被氧化，影响测定结果，所以一般不用于 pH>8.5 溶液的测定。

【例 8.14】在药物酸度检验中，在药液中放入醌氢醌后构成醌氢醌电极，将其与一个摩尔甘汞电极组成电池。在 25℃时测得电池的电动势为 0.2121V。计算该药液的 pH。

解：根据 $pH=(0.4191-E_{MF})/0.0592$

该药液的 pH 为

$$pH = (0.4191 - 0.2121)/0.0592 = 3.497$$

另外，玻璃电极也是测定溶液 pH 常用的一种指示电极。其结构如图 8.14 所示，在一支玻璃管下端焊接一个由特殊玻璃（组成 72%SiO_2，22%Na_2O，6%CaO）制成的玻璃薄膜球，球内盛有一定 pH 的缓冲溶液，或用 0.1mol·L^{-1} 的盐酸溶液，溶液中浸入一根 Ag-AgCl 电极（作为内参比电极），玻璃电极是可逆电极，其电极符号表示为

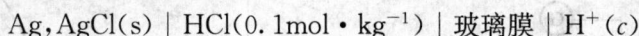

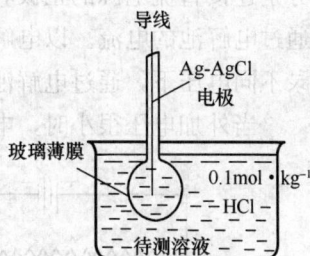

图 8.14　玻璃电极构造图

$$Ag,AgCl(s)｜HCl(0.1mol·kg^{-1})｜玻璃膜｜H^+(c)$$

玻璃电极的电极电势为

$$E_{玻璃} = E_{玻璃}^{\ominus} - \frac{RT}{F}\ln\frac{1}{c_{H^+}}$$
$$= E_{玻璃}^{\ominus} - 0.0592pH$$

如果玻璃电极与摩尔甘汞电极组成电池如下：

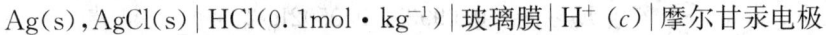

$$Ag(s), AgCl(s) \mid HCl(0.1mol \cdot kg^{-1}) \mid 玻璃膜 \mid H^+(c) \mid 摩尔甘汞电极$$

若测得 25℃时电池的电动势 E_{MF} 后，即可求出待测液体的 pH。

$$E_{MF} = E_{甘汞} - E_{玻璃} = 0.2801 - (E_{玻璃}^{\ominus} - 0.0592pH)$$

$$pH = (E_{MF} - 0.2801 + E_{玻璃}^{\ominus})/0.0592 \tag{8.26}$$

其中 $E_{玻璃}^{\ominus}$ 对于某给定玻璃电极是一个常数，其值对于不同的玻璃电极有所不同。一般用已知 pH 的缓冲溶液，测得其 E_{MF} 值，就可以求出所用玻璃电极的 $E_{玻璃}^{\ominus}$，然后就可以对未知液体进行测定。pH 计就是玻璃电极与毫伏计组成的装置。一般的玻璃电极可用于 pH 在 1~9 的范围。若改变玻璃的组成，其应用范围 pH 可达 12~14。玻璃电极不易中毒，不受氧化剂、还原剂的影响，不污染溶液，工业上得到广泛应用。

8.7　电解与极化

前面研究的都是可逆电池，其电极反应和电池反应都是在电池中几乎没有电流通过的无限接近平衡的条件下进行的，此时的电极电势为可逆电极电势或平衡电极电势。但是，实际上进行电解操作或使用化学电源时，无论是原电池放电还是电解池的电解过程，都有一定大小的电流通过电极，其电极变化都是不可逆过程。电极电势偏离平衡电极电势，即有极化作用发生。从本节开始，将以电解池为例讲述这种偏离现象产生的原因及在实际生产中的作用。

8.7.1　分解电压

1. 电解实验

如图 8.15 为测定分解电压的装置，将两个 Pt 片作为电极放入某电解质水溶液中，分别连接直流电源的正极和负极形成电解池，连接电压表和电流表，观察加不同电压时通过电解池的电流。以电解 $1mol/L^{-1}$ 的 HCl 溶液为例，将电压从零开始逐渐加大，记录不同电压下，通过电解池的电流，绘制电流与电压曲线，如图 8.16 所示。

当外加电压很小时，电池中几乎没有电流通过，随着电压的逐渐加大，电流开始只

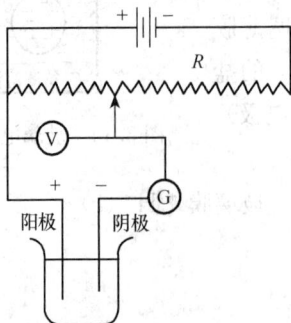

图 8.15　测定分解电压装置图

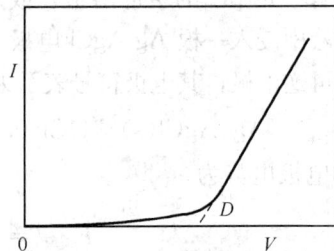

图 8.16　测定分解电压的电流-电压图

是有很小的增加，当电压加大到一定值时，两极的极板上开始出现气泡，即电解出氢气和氧气，若再增大电压，则电流呈直线增长，此时的电压，是使电解质溶液发生明显电解作用时所需要的最小外加电压，称其为该电解质的分解电压，用 $V_{分解}$ 表示。

分解电压的数值可由电流-电压曲线求得，将曲线上的直线部分向下延长与横坐标相交，交点处的电压即为分解电压。存在分解电压的原因是电解产物形成了原电池，而此原电池的电动势与外加电压相互对抗。

在外加电压的作用下，溶液中的正、负离子分别向电解池的阴、阳两极迁移，并且发生电极反应。

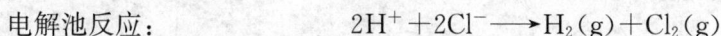

阴极反应：　　　　　　　　　$2H^+ + 2e \longrightarrow H_2(g)$

阳极反应：　　　　　　　　　$2Cl^- \longrightarrow Cl_2(g) + 2e$

电解池反应：　　　　　　　　$2H^+ + 2Cl^- \longrightarrow H_2(g) + Cl_2(g)$

电解产物与原电解质溶液形成的原电池为

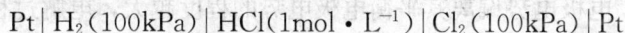

$$Pt \mid H_2(100kPa) \mid HCl(1mol \cdot L^{-1}) \mid Cl_2(100kPa) \mid Pt$$

2. 分解电压的计算

上述电解池中，电解产物 $H_2(g)$ 和 $Cl_2(g)$ 与溶液形成的原电池的电动势与外加电压相对抗，可以通过计算得出 25℃、100kPa 条件下，$H_2(g)$ 与 $Cl_2(g)$ 形成的原电池其理论上的反电动势为

$$E_{反}^{\ominus} = E_{Cl_2/Cl^-}^{\ominus} - E_{H^+/H_2}^{\ominus} - (RT/2F)\ln[c_{H^+}^{-2} \cdot c_{Cl^-}^{-2}]$$

$$= E_{Cl_2/Cl^-}^{\ominus} - \frac{RT}{2F}\ln(1)^{-2}$$

$$= 1.369(V)$$

所以，在外加电压小于 1.369V 时，该电池观察不到 Pt 极上有 $H_2(g)$ 和 $Cl_2(g)$ 两种气泡出现，这正是由于存在分解电压的原因。

但是，在外加电压小于分解电压时，发现还是有少量电流通过电解池，这是因为对电解 HCl 水溶液施加少许电压后即得到浓度很低的电解产物 $H_2(g)$ 和 $Cl_2(g)$，产生的反电动势正好与外加电压抵消，外加电压越高，$H_2(g)$ 和 $Cl_2(g)$ 的浓度就越大，反电动势就越大。由于在两极产生的 $H_2(g)$ 和 $Cl_2(g)$ 从两极向溶液或气相扩散使得两极区电解产物浓度会有所下降，因此，有少量电流通过，使得电解产物得到补充。

当外加电压增大到分解电压时，产生的 $H_2(g)$ 和 $Cl_2(g)$ 逸出液面，电解产物所形成的电池反电动势达到最大，此后再增大外加电压，就有大量的气体从两极逸出，电流也会随着外加电压的增大而直线上升，此时，$I = (U - E_{反})/R$，U 为外加电压，R 为电解池的内电阻。

当外加电压等于分解电压时，电极上的电极电势称为产物的析出电势。

可见，理论上的分解电压与电解产物形成的原电池的反电动势相等，而事实上，理论上的分解电压总是小于实际分解电压，这是由于存在电极极化的原因。

表 8.3 列出了几种常见电解质的分解电压。

表 8.3　电解质溶液的分解电压

电解质	浓度 $c/(\text{mol} \cdot \text{dm}^{-3})$	电解产物	$E_{分解}/V$	$E_{理论}/V$
HNO_3	1	H_2 和 O_2	1.69	1.23
H_2SO_4	0.5	H_2 和 O_2	1.67	1.23
$NaNO_3$	1	H_2 和 O_2	1.69	1.23
KOH	1	H_2 和 O_2	1.67	1.23
$CdSO_4$	0.5	Cd 和 O_2	2.03	1.26
$NiCl_2$	0.5	Ni 和 Cl_2	1.85	1.64

8.7.2　极化作用和超电势

1. 电极的极化与超电势

电解过程实际上都是在不可逆的情况下进行的，都有一定的电流通过。随着电极上电流密度的增大，电极电势偏离其平衡电极电势的程度越大，电解过程的不可逆程度越大。将电流通过电极时，电极电势偏离平衡电极电势的现象称为电极的极化。

根据极化产生的不同原因，极化主要分为浓差极化和电化学极化。

（1）浓差极化。顾名思义即由于浓度差而造成实际电极电势偏离平衡电极电势的极化。例如用银电极电解 $AgNO_3$ 溶液，在一定电流通过电极时发生电极反应，在阳极上 Ag 失去电子被氧化为 Ag^+ 使得构成电极的银被溶解。在阴极上，溶液中的 Ag^+ 得到电子被还原为银，沉积在银电极上。由于溶液中离子扩散速率较慢，随着电解的进行，靠近阳极附近的溶液中反应生成的 Ag^+ 来不及扩散，使得 Ag^+ 的浓度大于本体溶液的浓度，而阴极附近溶液中反应消耗的 Ag^+ 不能及时得到补充，使得 Ag^+ 低于本体溶液的浓度。结果造成阴极电极电势比平衡电极电势更低一些，阳极电极电势则比平衡电极电势更高一些。若要提高离子扩散速率，应采取的措施是：不断搅拌，这样可大大减小浓差极化，但不能够完全消除。

（2）电化学极化。由于电化学反应相对于电流速率的迟缓性而引起的极化称为电化学极化。在电流通过电极时，电极反应速率是有限的，这就使得在阴极上有过多的电子来不及与 Ag^+ 反应，多余的电子在阴极表面上积累，使阴极的电极电势低于平衡电极电势。而阳极氧化反应速率慢时，会使得电极电势高于平衡电极电势。

由此看出：电极极化的结果，使阴极的电极电势更低，阳极的电极电势更高，从而使实际分解电压大于理论分解电压。实验证明，电极的极化与通过电极的电流密度有关。电流密度越大，极化作用越强。描述极化电极电势与电流密度关系的曲线称为极化曲线。

2. 极化曲线

可以利用图 8.17 所示的装置图来测定电极的极化曲线。如图 8.17 中所示，在电解池 A 中装有电解质溶液、搅拌器和两个表面积确定的已知电极。两个电极通过开关 K、安培计 G 和可变电阻 R 与外电源 E 相连接。调节 R 可以改变通过

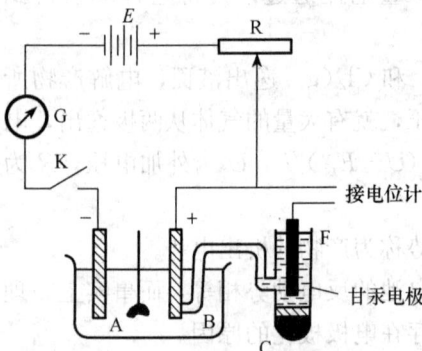
图 8.17　测量超电势的装置图

电极的电流，电流的数据可以由 G 读出，将得到的该电流数据除以浸入电解质溶液中待测电极的表面积，即得到电流密度 J（A·m⁻²）。为了测定不同电流密度下电极电势的大小，还要在电解池中加入一个参比电极（常用甘汞电极）。将待测电极与参比电极连接在电位计上，测定出不同电流密度时的电动势。因为参比电极的电极电势是已知的，因此，可以得到不同电流密度时待测电极的电极电势。将测定的数据作图就得到电解池阳极、阴极的极化曲线。

　　如图 8.18 所示，极化的结果使电解池阴极的不可逆电极电势小于可逆电极电势，阴极电势变得更负，以增加对正离子的吸引力，使还原反应的速率加快。同样极化的结果使电解池阳极不可逆电极电势大于可逆电极电势，阳极电势变得更正，以增加对负离子的吸引力，使氧化反应的速率加快。通常将在某一电流密度下的电极电势与其平衡电极电势之差的绝对值称为该电极的超电势或过电势，用 η 表示。

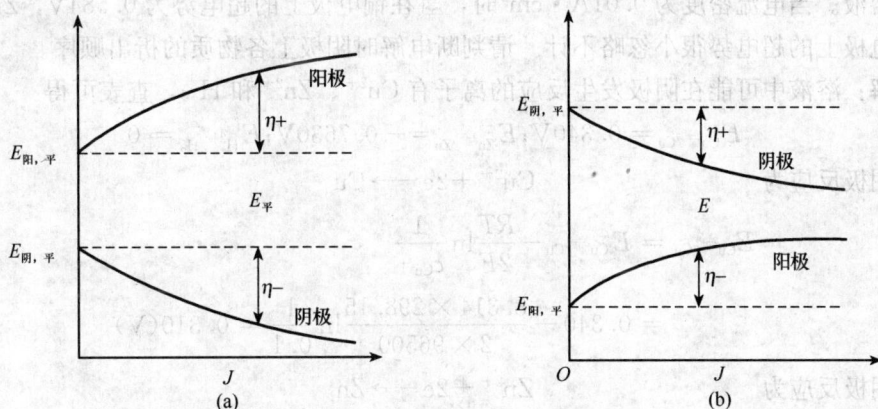

图 8.18　电解池和电池极化曲线示意图

　　图（a）中 $E_{阳,平}$ 和 $E_{阴,平}$ 分别代表电解池阳极、阴极的平衡电极电势，$E_{平}$ 为电解池的理论分解电压，即电解池所形成原电池的电动势。

$$E_{平} = E_{阳,平} - E_{阴,平}$$

η_+ 与 η_- 分别代表电解池阳极、阴极在一定电流密度下的超电势。在一定电流密度下

$$\eta_+ = E_{阳} - E_{阳,平} \tag{8.27}$$

$$\eta_- = E_{阴,平} - E_{阴} \tag{8.28}$$

在一定电流密度下，如若不考虑欧姆电势降和浓差极化的影响，电解池的外加电压为

$$E_{外} = E_{阳} - E_{阴} = E_{平} + \eta_+ + \eta_- \tag{8.29}$$

超电势的测定常常不能得到完全一致的结果，因为，有很多因素会对测定产生差异，如电极材料、电极的表面状态、电流密度、温度、电解质溶液性质和浓度，以及溶液中的杂质等，都会影响测定，使得测定的结果不一致。

　　塔费尔 1905 年根据实验总结出氢气的超电势 η 与电流密度的关系式：

$$\eta = a + b\lg(J/[J])$$

式中：a、b 为经验常数，$[J]$ 为电流密度的单位，A·m⁻²。

8.7.3　电解时的电极反应

电解质水溶液在电解时，既要考虑溶液中存在的电解质离子发生电极反应，又要考虑 H^+ 和 OH^- 可能参与电极反应。如果阳极是可溶性电极，如 Cu、Hg、Ag 等，还要考虑到电极可能发生电极反应。

电解时，当外加电压缓慢增加时，在电解池阳极上，总是极化电极电势最小的电极优先进行氧化反应；在阴极上，总是极化电极电势最大的电极优先进行还原反应。

$$E_阳 = E_{阳,平} + \eta_+ \qquad E_阴 = E_{阴,平} - \eta_-$$

由此，可以判断电解时的电解产物。

【例 8.15】25℃时用铜电极电解 $0.1mol \cdot L^{-1}$ 的 $CuSO_4$ 和 $0.1mol \cdot L^{-1}$ 的 $ZnSO_4$ 混合溶液。当电流密度为 $0.01A \cdot cm^2$ 时，氢在铜电极上的超电势为 0.584V，Zn 与 Cu 在铜电极上的超电势很小忽略不计。请判断电解时阴极上各物质的析出顺序。

解：溶液中可能在阴极发生反应的离子有 Cu^{2+}、Zn^{2+} 和 H^+，查表可得

$$E^\ominus_{Cu^{2+}/Cu} = 0.340V; E^\ominus_{Zn^{2+}/Zn} = -0.7630V; E^\ominus_{H^{2+}/H_2} = 0$$

如果阴极反应为　　　　　　　　$Cu^{2+} + 2e \longrightarrow Cu$

$$E_{Cu^{2+}/Cu} = E^\ominus_{Cu^{2+}/Cu} - \frac{RT}{2F}\ln\frac{1}{c_{Cu^{2+}}}$$

$$= 0.340 - \frac{8.314 \times 298.15}{2 \times 96500}\ln\frac{1}{0.1} = 0.310(V)$$

如果阴极反应为　　　　　　　　$Zn^{2+} + 2e \longrightarrow Zn$

$$E_{Zn^{2+}/Zn} = E^\ominus_{Zn^{2+}/Zn} - \frac{RT}{2F}\ln\frac{1}{c_{Zn^{2+}}}$$

$$= -0.7630 - \frac{8.314 \times 298.15}{2 \times 96500}\ln\frac{1}{0.1}$$

$$= -0.7926(V)$$

该溶液可以认为是中性的，pH=7

$$E_{H^+/H_2} = -\frac{RT}{2F}\ln\{[p_{H_2,g}/p^\ominus]/c^2_{H^+}\}$$

电解在常压 $p^\ominus = 100kPa$ 下进行，如若要氢气析出必须 $p_{H_2,g}$ 为 100kPa，则

$$E_{H^+/H_2,平} = -\frac{8.314 \times 298.15}{2 \times 96500}\ln\frac{1}{(10^{-7})^2} = -0.414(V)$$

又因为氢气在铜电极上有超电势，则有

$$E_{H^+/H_2} = E_{H^+/H_2,平} - \eta_-$$

$$= -0.414 - 0.584 = -0.998(V)$$

显然 $E_{Cu^{2+}/Cu} > E_{Zn^{2+}/Zn} > E_{H^+/H_2}$

所以在阴极铜首先析出，其次是锌，若氢气在铜电极上没有超电极电势，其次析出的则是氢气，然后是锌。

8.8　金属的腐蚀

金属腐蚀可分为化学腐蚀和电化学腐蚀。金属直接与干燥气体、有机物等接触而变质损坏的现象是化学腐蚀，而大部分金属腐蚀是电化学原因造成的。各种金属部件在工作环境中与水或潮湿空气接触，空气中的 CO_2 和其他物质溶于水中形成电解质溶液。金属与其中所含的杂质电极电势不同，形成两个电极，加上电解质溶液作为离子导体，共同组成微电池。这些微电池数量很多，且外电路短路、电流不断，造成金属腐蚀。在实际工作中往往采用在金属表面覆盖保护层、电化学方法保护、缓蚀剂保护、金属钝化等方法进行金属防腐。

8.8.1　电化学腐蚀的机理

电化学腐蚀，实际上是由大量微小的电池构成的微电池群自发放电的结果。

图 8.19（a）是由不同金属（如 Fe 与 Cu 接触）构成的微电池，图 8.19（b）是金属与其自身的杂质（如 Zn 中含杂质 Fe）构成的微电池。当它们的表面与溶液接触时，就会发生原电池反应，导致金属被氧化而腐蚀。产生电化学腐蚀的微电池称为腐蚀电池。

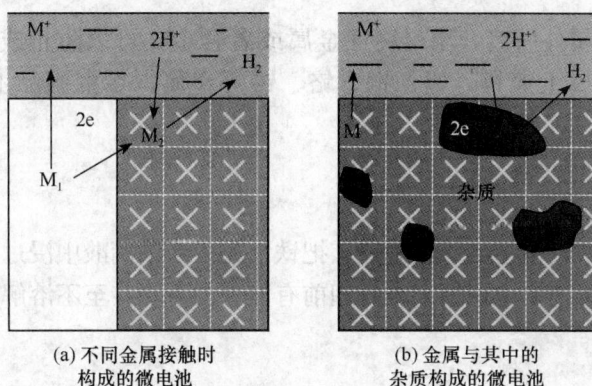

(a) 不同金属接触时　　　　　(b) 金属与其中的
　　构成的微电池　　　　　　　杂质构成的微电池

图 8.19　电化学腐蚀

微电池如图 8.19a 反应为

阳极过程：

$$Fe \longrightarrow Fe^{2+} + 2e$$

阴极过程：在阴极 Cu 上可能有下列两种反应：

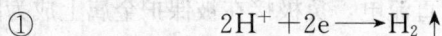

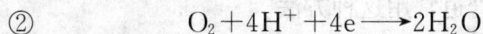

①　　　　　　　　　$$2H^+ + 2e \longrightarrow H_2 \uparrow$$

②　　　　　　　　　$$O_2 + 4H^+ + 4e \longrightarrow 2H_2O$$

若阴极反应为①，则电池反应为　　$$Fe + 2H^+ \longrightarrow Fe^{2+} + H_2$$

若阴极反应为②，则电池反应为　　$$Fe + (1/2)O_2 + 2H^+ \longrightarrow Fe^{2+} + H_2O$$

利用能斯特方程可算得 25℃时酸性溶液中上述电池反应的 $E_{MF,1}$、$E_{MF,2}$ 均为正值，表明电池反应是自发的，且 $E_{MF,1} < E_{MF,2}$，说明有氧存在时，腐蚀更为严重。通常把反应①叫析 H_2 腐蚀，反应②叫吸 O_2 腐蚀。

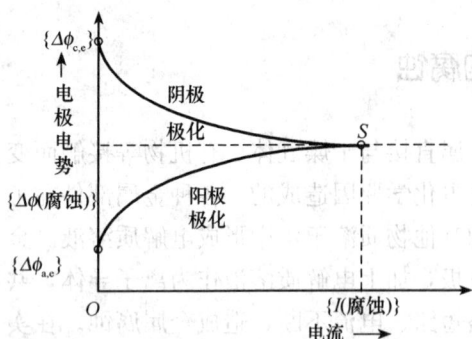
图 8.20　腐蚀电池极化曲线示意图

8.8.2　腐蚀电流与腐蚀速率

当微电池中有电流通过时，阴极和阳极分别发生极化作用，如图 8.20 所示。

由于腐蚀电池的外电阻为零（两电极金属直接接触），溶液内阻很小，因而腐蚀金属的表面是等电势的，流经电池的电流等于 S 点处的电流 I（腐蚀），称为腐蚀电流，相应的电极电势 zFE 叫做腐蚀电势。

8.8.3　金属的防腐

1. 非金属保护层

在被保护的金属表面涂有非金属材料的保护涂层，使金属与腐蚀介质隔开，从而达到保护金属的目的。常用的非金属材料有油漆、搪瓷、陶瓷、沥青、玻璃以及高分子涂料等。

2. 金属保护层

在被保护的金属外面镀一层耐腐蚀金属或者合金，可以防止或减缓金属被腐蚀。常用方法是在黑金属上镀锌、锡、铜、铬、镍等金属；在铜制品上镀镍、银、金等金属。

3. 金属的钝化

铁易溶于稀硝酸，但不溶于浓硝酸。把铁预先放在浓硝酸中浸过后，即使再把它放在稀硝酸中，其腐蚀速率也比原来未处理前有显著的下降甚至不溶解。这种现象叫做化学钝化。

4. 电化保护

（1）牺牲性阳极保护法。将被保护金属与电极电势比被保护金属的电极电势更低的金属连接起来，构成原电池。电势低的金属为阳极而保护了被保护金属。例如，在海上航行的轮船船体常镶上锌块，在海水中形成原电池，锌块被腐蚀，以保护船体。

（2）阴极电保护法。利用外加直流电，负极接在被保护金属上成为阴极，正极接废钢。例如，一些装酸性溶液的管道常用这种方法。

（3）阳极电保护法。把直流电的电源正极连接在被保护的金属上，使被保护的金属进行阳极极化，电极电势向正的方向移动，使金属"钝化"而得保护。

（4）缓蚀剂的防腐作用。许多有机化合物，如胺类、吡啶、喹啉、硫脲等能被金属表面所吸附，可以使阳极或阴极的极化程度增大，大大降低阳极或阴极的反应速率，缓解金属的腐蚀，这些物质叫做缓蚀剂。

小结

1. 法拉第定律

当电流通过电解质溶液时通过的电量与在电极上发生反应的量（物质的量）及其电荷数成正比：

$$Q = z n_B F$$

2. 电流效率

$$\eta = \frac{Q_{理论}}{Q_{实际}} \times 100\% = \frac{m_{实际}}{m_{理论}} \times 100\%$$

3. 电导、电导率 κ、摩尔电导率 Λ_m

$$G = \frac{1}{R} = \kappa \frac{A}{l} \qquad \kappa = G \frac{l}{A} \qquad \Lambda_m = \frac{\kappa}{c}$$

4. 摩尔电导率 Λ_m 与 c 的关系：

(1) 科尔劳施公式 $\qquad \Lambda_m = \Lambda_m^\infty - A\sqrt{c}$

(2) 离子独立移动定律 $\qquad \Lambda_m^\infty = \nu_+ \Lambda_{m,+}^\infty + \nu_- \Lambda_{m,-}^\infty$

5. 可逆电池电动势的计算

(1) 电池反应的能斯特方程 $\qquad E = E^\ominus - \dfrac{RT}{zF} \ln \prod_B c_B^{\nu_B}$

(2) 电池电动势与电极电势的关系 $\quad E = E_+ - E_-$

(3) 标准电池电动势与标准电极电势的关系：$E^\ominus = E_+^\ominus - E_-^\ominus$

6. 电极电势和标准电极电势的关系

$$E_{电极} = E_{电极}^\ominus - \frac{RT}{zF} \ln \frac{c_{还原态}}{c_{氧化态}}$$

7. 电池电动势的应用

(1) 通过 E 判断反应方向：$\Delta_r G_m = -zFE$

若 $E > 0$，$\Delta_r G_m < 0$　电池反应在所给条件下可以自发进行。

若 $E < 0$，$\Delta_r G_m > 0$　电池反应在所给条件下不能自发进行。

若 $E = 0$，$\Delta_r G_m = 0$　电池反应在所给条件下达到平衡。

(2) 利用 $E^\ominus$ 计算 $K^\ominus$：$E^\ominus = (RT/zF) \ln K^\ominus$

(3) 计算溶液 pH：

① 醌氢醌电极与饱和甘汞电极组成电池

$$在 pH < 7.1 时，pH = \frac{0.4194 - E}{0.0592}$$

$$在 pH > 7.1 时，pH = \frac{0.4194 + E}{0.0592}$$

② 玻璃电极与摩尔甘汞电极组成电池

$$pH=(E_{MF}-0.2801+E^{\ominus}_{玻璃})/0.0592$$

8. 分解电压与电极极化　$E_{阳}=E_{阳,平}+\eta_{+}$　　$E_{阴}=E_{阴,平}-\eta_{-}$

$$E_{外}=E_{阳}-E_{阴}=E_{平}+\eta_{+}+\eta_{-}$$

9. 金属的防腐

习题

1. 摩尔电导率就是溶液中含有正负离子各 1mol 时的电导吗?

2. 怎样求强电解质溶液和弱电解质溶液的极限摩尔电导率?

3. 电导测定在生产实际中有何应用?

4. 可逆电池的条件是什么? 举例说明。

5. 电解池和原电池有何异同? 原电池形成的条件有哪些?

6. 电池书写符号有何规定? 举例说明。

7. 正极的电极电势总是正的, 负极的电极电势总是负的, 对不对?

8. 标准氢电极及其电极电势规定为零的条件是什么? 为什么常用甘汞电极作为参比电极, 而不用标准氢电极?

9. 实验室测溶液的 pH 时常用什么方法?

10. 什么叫极化? 产生极化作用的原因主要有哪些, 极化作用产生什么样的结果?

11. 金属的电化学腐蚀机理是什么? 如何防护?

12. 将一恒定电流通过硫酸铜溶液 1h, 阴极上沉积出铜 0.0300g, 串联在电路中的毫安计读数为 25mA。试求该毫安计刻度误差有多大?

13. 将两根银电极插入 $AgNO_3$ 溶液, 通以 0.2A 电流共 30min, 试求阴极上析出银的质量。

14. 298K 时, 在某一电导池中充以 $0.01mol \cdot L^{-1}$ 的 KCl 溶液 (已知其电导率为 $0.14114S \cdot m^{-1}$), 测得其电阻为 525Ω。若在该电导池中充以 $0.10mol \cdot L^{-1}$ 的 $NH_3 \cdot H_2O$ 溶液时, 测得电阻为 2030Ω, 已知此时水的电导率为 $2\times10^{-4}S \cdot m^{-1}$ 试求:

(1) 该 $NH_3 \cdot H_2O$ 溶液的电离度口

(2) 若该电导池内充以纯水, 电阻应为若干?

15. 25℃ 时在一个电导池中注入 $0.01mol \cdot L^{-1}$ 的 KCl 水溶液, 测得其电阻为 150.0Ω, 若在该电导池中注入 $0.01mol \cdot L^{-1}$ 的 HCl 水溶液, 测得其电阻为 51.4Ω, 求该电导池常数 L/A 及电导率 κ。

16. 25℃ 时 KCl、KNO_3、$AgNO_3$ 的极限摩尔电导率分别为 149.9×10^{-4}; 145.0×10^{-4}; $133.4\times10^{-4}S \cdot cm^2 \cdot mol^{-1}$。求 AgCl 的无限稀释摩尔电导率。

17. 写出下列电池中各个电极反应和电池反应:

(1) Pt, $H_2(P_{H_2})$ | HCl(c) | $Cl_2(P_{Cl_2})$, Pt

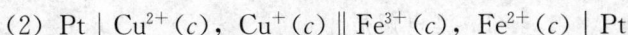

(2) $Pt \mid Cu^{2+}(c),\ Cu^+(c) \parallel Fe^{3+}(c),\ Fe^{2+}(c) \mid Pt$

(3) $Pt \mid H_2(g) \mid NaOH(c) \mid O_2(g) \mid Pt$

18. 将 Zn 片浸入 $c=0.1mol \cdot L^{-1}$ 的 $ZnSO_4$ 水溶液中作为阳极，Pt 片浸入 $c=0.01mol \cdot L^{-1}$ 的 HCl 溶液中，并且通入 100kPa 氢气作为阴极，用符号表示上述两个电极构成的原电池。

19. 在含有 MnO_4^-、Mn^{2+}、H^+ 的水溶液中插入 Pt 片，即可成为一个电极，请写出此电极作为阴极的电极反应。

20. 计算下列电池在 25℃时的电动势。

(1) $Pt \mid H_2(p=101325Pa) \mid HBr(0.5mol \cdot L^{-1}) \mid AgBr(s) \mid Ag$。

(2) $Zn(s) \mid ZnCl_2(0.02mol \cdot L^{-1}) \mid Cl_2(p=50663Pa) \mid Pt$。

(3) $Pt \mid H_2(p=50663Pa) \mid NaOH(0.1mol \cdot L^{-1}) \mid O_2(p^\ominus) \mid Pt$。

(4) $Pt \mid H_2(p=101325Pa) \mid HCl(10^{-4}mol \cdot L^{-1}) \mid Hg_2Cl_2(s) \mid Hg(l)$。

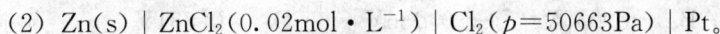

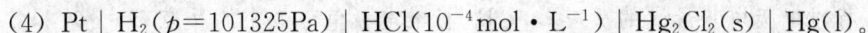

[(1) 0.0711V；(2) 2.254V；(3) 0.383V；(4) 0.742V]。

21. 电池 $Pt \mid PbCl_2(s) \mid KCl$ 溶液 $\mid AgCl(s) \mid Ag$ 在 25℃时 $E=0.4900V$。试写出其电极反应及电池反应：

[负极：$Pb+2Cl^- \longrightarrow PbCl_2(s)+2e$；正极：$2AgCl(s)+2e \longrightarrow 2Ag+2Cl^-$。

电池反应：$Pb+2AgCl(s) \longrightarrow 2Ag+PbCl_2(s)$]。

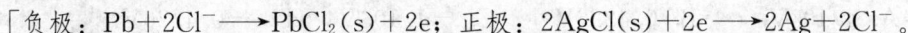

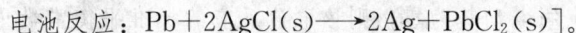

22. 使用氢电极与摩尔甘汞电极构成电池，测定某一未知药液的 pH，测得 25℃时该电池的电动势为 0.487V，求此药液的 pH。

23. 25℃时用 Pt 电极电解 $0.5mol \cdot L^{-1}$ 的 H_2SO_4 溶液。计算理论上所需外加电压。

24. 根据标准电极电势的数据，计算 25℃时反应 $Zn+Cu^{2+}(b) \longrightarrow Zn^{2+}(b)+Cu$ 的标准平衡常数。

25. 要从某溶液中析出 Zn，直至溶液中 Zn^{2+} 的质量摩尔浓度不超过 $1 \times 10^{-4}mol \cdot L^{-1}$，同时在析出的过程中不会有氢气逸出，问溶液的 pH 至少为多少？（已知 $\eta_{H_2}=0.72V$，并认为 η_{H_2} 与溶液中电解质的质量摩尔浓度无关。）

自测题

一、选择题

1. 一定温度下，某电解质的水溶液，在稀溶液范围内，其电导率随着电解质浓度的增加而（　　）；摩尔电导率则随着电解质浓度的增加而（　　）。

　　A. 变大　　　　B. 变小　　　　C. 不变　　　　D. 无一定规律

2. 已知 25℃时，NH_4Cl、NaOH、NaCl 的无限稀释摩尔电导率 Λ_m^∞ 分别为 $1.499 \times 10^{-2}S \cdot m^2 \cdot mol^{-1}$、$2.487 \times 10^{-2}S \cdot m^2 \cdot mol^{-1}$、$1.265 \times 10^{-2}S \cdot m^2 \cdot mol^{-1}$，则无限稀释摩尔电导率 $\Lambda_m^\infty(NH_3 \cdot H_2O)$ 为（　　）。

　　A. $0.227 \times 10^{-2}S \cdot m^2 \cdot mol^{-1}$　　B. $2.721 \times 10^{-2}S \cdot m^2 \cdot mol^{-1}$

　　C. $2.253 \times 10^{-2}S \cdot m^2 \cdot mol^{-1}$　　D. $22.53 \times 10^{-2}S \cdot m^2 \cdot mol^{-1}$

3. 科尔劳施离子独立运动定律的使用条件是（　　）。

A. 弱电解质　　　　　　　　　　B. 强电解质

C. 无限稀释溶液　　　　　　　　D. 强电解质稀溶液

4. 德拜-休克尔极限公式适用于（　　　）。

A. 弱电解质稀溶液　　　　　　　B. 强电解质稀溶液

C. 弱电解质浓溶液　　　　　　　D. 强电解质浓溶液

5. 已知 25℃时下列电极反应的标准电极电势：

(1) $Fe^{2+}+2e \longrightarrow Fe(s)$　　　　$E_1^{\ominus}=-0.439V$

(2) $Fe^{3+}+e \longrightarrow Fe^{2+}$　　　　$E_2^{\ominus}=0.770V$

(3) $Fe^{3+}+3e \longrightarrow Fe(s)$　　　　$E_3^{\ominus}=$ _____

A. 0.331V　　　B. −0.036V　　　C. 0.036V　　　D. −0.331V

6. 在电解池的阴极上首先发生反应的是（　　　）。

A. 标准电极电势最大的反应　　　B. 标准电极电势最小的反应

C. 极化电极电势最大的反应　　　D. 极化电极电势最小的反应

7. 298K 时 $E_{Zn^{2+}/Zn}^{\ominus}=-0.7628V$；$E_{Cu^{2+}/Cu}^{\ominus}=0.3402V$，若利用反应 $Zn+Cu^{2+} \longrightarrow Zn^{2+}+Cu$ 组成电池，则电池标准电动势为（　　　）。

A. 1.103V　　　B. 0.4226V　　　C. −1.103V　　　D. −0.4226V

8. 一定 T、p 下测得某自发电池的电动势为零，则该电池反应的标准平衡常数 K 为（　　　）。

A. 此时系统中各组分的浓度商　　　　　　B. 0

C. 1　　　　　　　　　　　　　　　　　D. 无解

9. 下列说法中，正确的是（　　　）。

A. 电池是使 $\Delta G_m<0$ 的反应得以实现，将化学能转化为电能的电化学装置

B. 电解池是使 $\Delta G_m>0$ 的反应自发进行，将电能转化为化学能的电化学装置

C. 电池和电解池都是使 $\Delta G_m<0$ 的反应自发进行的电化学装置

二、填空题

1. 已知 25℃时，Na^+ 及 $1/2Na_2SO_4$ 水溶液的无限稀释摩尔电导率分别是 0.00501 和 0.01294$S \cdot m^2 \cdot mol^{-1}$，则该温度下（$1/2SO_4^{2-}$）的无限稀释摩尔电导率应为_____ $S \cdot m^2 \cdot mol^{-1}$。

2. 已知某电导池的电导池常数为 150m^{-1}，用该电导池测得 0.01M 醋酸溶液的电阻为 9259Ω，则该醋酸溶液的摩尔电导率 $\Lambda_m=$_____ $S \cdot m^2 \cdot mol^{-1}$。

3. 已知 25℃时，$E_{Fe^{3+}/Fe^{2+}}^{\ominus}=0.77V$，$E_{Sn^{4+}/Sn^{2+}}^{\ominus}=0.15V$。电池反应 $Sn^{2+}+2Fe^{3+} \Longrightarrow 2Fe^{2+}+Sn^{4+}$ 所对应的电池为_____，该电池的标准电池电动势 $E^{\ominus}=$_____ V，该反应的平衡常数 $K^{\ominus}=$_____，该反应的 $\Delta G^{\ominus}=$_____ $kJ \cdot mol^{-1}$。

4. 通过电极的电流_____，电极极化越严重。_____温度和加强搅拌，可减少极化。当电极发生极化时，阴极的不可逆电极电位总是_____可逆电极电位。

三、计算题

1. 25℃时，AgCl 饱和水溶液的电导率为 $3.41 \times 10^{-4} S \cdot m^{-1}$，而同温下所用水的电导率 $1.6 \times 10^{-4} S \cdot m^{-1}$。求该温度下 AgCl 的溶解度及其溶度积 Ksp。

　　2. 25℃时，将电导率为 $0.1413S \cdot m^{-1}$ 的 KCl 溶液装入一电导池中，测得其电阻为 523.9Ω。在该电导池中若装入 $0.1mol \cdot L^{-1}$ 的 NH_4OH 水溶液，测得其电阻为 2030Ω。已知 $\Lambda_{m\,NH_4OH}^{\infty} = 0.02714S \cdot m^2 \cdot mol^{-1}$。请计算 NH_4OH 的解离度和溶液的 pH。

　　3. 已知 AgCl 和 Hg_2Cl_2 的标准生成吉氏函数分别为 -109.57 和 $-210.35kJ \cdot mol^{-1}$。在 298K 时，试用标准生成吉氏函数计算下述电池的电动势

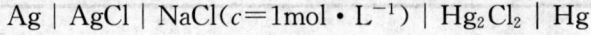

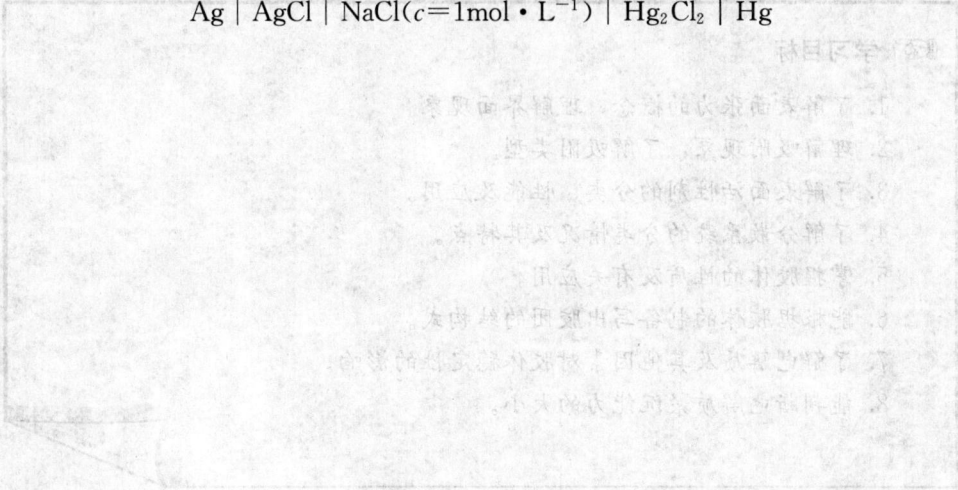

$$Ag \mid AgCl \mid NaCl(c = 1mol \cdot L^{-1}) \mid Hg_2Cl_2 \mid Hg$$

第 9 章　界面现象与分散系统

☞ **学习目标**

1. 了解表面张力的概念，理解界面现象。
2. 理解吸附现象，了解吸附类型。
3. 了解表面活性剂的分类、性能及应用。
4. 了解分散系统的分类情况及其特点。
5. 掌握胶体的性质及有关应用。
6. 能根据胶体的制备写出胶团的结构式。
7. 了解电解质及其他因素对胶体稳定性的影响。
8. 能判断电解质聚沉能力的大小。

任意两相的接触面称为界面，界面的类型根据物质三态的不同，可以分为气-液、气-固、液-液、液-固和固-固等界面。而习惯上将气-液、气-固界面称为表面，表面一词有时也泛指各种界面，因此表面与界面无需做严格的区分。

界面现象是指在相界面上呈现的一些现象，这些现象在自然界中是普遍存在的。例如：在光滑玻璃上的微小汞滴自动地成球形；水滴等液滴是圆的而不是方的；水在毛细管中自动地上升，肥皂液可以吹出五彩斑斓的气泡；固体表面可以自动地吸附其他物质等，这些现象的产生都与物质的界面特性有关。界面现象和分散系统的知识在生物学、气象学、地质学、医学等学科以及石油、选矿、油漆、橡胶、塑料、日用化工等工业中有着重要的意义及广泛的应用。

9.1　物质表面的特性

9.1.1　表面张力

任何一个相，其表面分子与内部分子所受到的作用力是不同的，例如某种纯液体与其饱和蒸汽达到平衡，如图 9.1 所示，图中箭头代表分子所受作用力情况。在液体内部的任一分子皆处于同类分子的包围之中，所受周围分子的引力是球形对称的，可以相互抵消，合力为零。而表面上的分子与内部分子处境大不相同，由于液体内部的分子对表面层中分子的吸引力远远大于上方稀疏气体分子对它的引力，所以表面层中的分子恒受到指向液体内部的拉力。因此，在没有其他作用力存在时，表面分子总是趋向于向液体内部移动，缩小其表面积。这也正是微小液滴总是呈球形，放松吹大的肥皂泡会自动缩小等现象的原因。液体表面上处处都存在着一种使液面张紧的力，我们把这种沿着液体的表面，垂直作用于单位长度上的紧缩力称为表面张力，用符号"σ"表示，其单位是 $N \cdot m^{-1}$（牛顿每米），也可采用与之等同的 $J \cdot m^{-2}$（焦耳每平米）。对于平液面来说，表面张力的方向与液面平行，而对于弯曲液面来说，表面张力的方向总是在弯曲液面的切面上。

下面以皂膜实验观测表面张力的作用。如图 9.2 所示，ABCD 为一金属框，CD 为可移动金属丝，边长为 l。若刚从皂液中提起这个金属框，可观察到金属丝 CD 会自动收缩。要维持金属丝不动，则需施加一适当外力 F。作用于单位长度上的紧缩力为 σ，由于液膜有前后两个液面，因此边缘的总长度为 $2l$，则作用于金属丝上的总的紧缩力为 $\sigma \times 2l$，可见金属丝受到一个与力 F 大小相等、方向相反的力的作用。

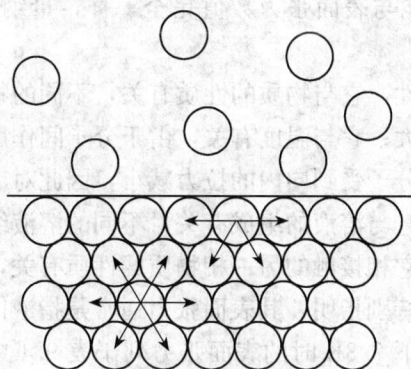

图 9.1　气液界面分子受力情况示意图　　　　　图 9.2　皂膜实验

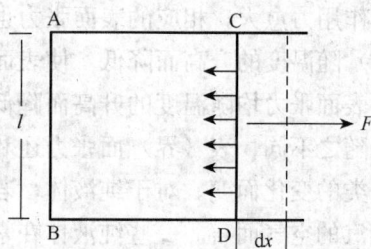

$$F = \sigma \times 2l \tag{9.1}$$

其中
$$\sigma = F/(2l) \tag{9.2}$$

式中：σ——液体表面张力，$N \cdot m^{-1}$ 或 $J \cdot m^{-2}$；

　　　F——作用于液膜上的平衡外力，N；

　　　l——单面液膜的长度，m；

　　　2——是因为液膜有厚度，有两个面。

通过皂膜实验可以观察到液体的表面张力的方向并计算表面张力的大小。

9.1.2　比表面吉布斯函数

由于任一相的表面层分子与相内分子受力状况不同，因此要把相内分子移到界面，使表面积增大，就必须克服系统内部分子之间的吸引力对系统做非体积功。此功称为"表面功"，即为扩展表面所做的功。仍以皂膜实验为例，若使上述液膜的面积增大 dA，则需抵抗表面张力使金属丝向右移动 dx 而做功，在可逆条件下忽略摩擦力，故所做功为可逆非体积功。

$$\delta W_r' = F dx = 2\sigma l\, dx = \sigma dA$$

式中：$dA = 2l dx$。从热力学可知，当恒温恒压可逆情况下，系统所做的功等于吉布斯函数的变化：

因此有
$$dG_{T,p} = \delta W'_r = \delta dA \qquad (9.3)$$

于是
$$\sigma = \frac{\delta W'_r}{dA} = \left(\frac{dG}{dA}\right)_{T,p} \qquad (9.4)$$

积分式为
$$\Delta G = \sigma \Delta A \qquad (9.5)$$

式中：ΔG——表面吉布斯函数，J；

σ——比表面吉布斯函数，$J \cdot m^{-2}$；

ΔA——液体物质增大的表面积。

从热力学角度看，式（9.5）中 σ 的物理意义是：在恒温、恒压下，增加单位表面积引起系统吉布斯函数的变化。而在恒温、恒压下，系统每增大单位面积时所增加的吉布斯函数，称为比表面吉布斯函数，因此 σ 也可以称为"比表面吉布斯函数"，或简称"表面能"，单位为 $J \cdot m^{-2}$ 一种物质的表面能与表面张力数值完全一样，量纲也相同，但物理意义有所不同。

表（界）面张力是物质本身所具有的特性，它与物质的性质有关，不同的物质，分子间相互作用力愈大，相应的表面张力也愈大；它与温度有关，由于分子间作用力（主要是引力）随温度的升高而降低，使表面层分子受到向内的拉力减小，因此对于大多数物质，其表面张力均随温度的升高而降低；它与溶液的组成有关，不同的溶液组成，表面张力也随之不同；表（界）面张力还和与它相接触的另一相物质的性质有关，随另一相物质种类的变化而变。对于纯液体，若不特别指明，其表面张力通常是指液体与饱和了本身蒸汽的空气而言。一些纯液体在常压下 293K 时的表面张力列于表 9.1 中。汞和水与几种不同物质接触的界面张力列于表 9.2 中。

表 9.1　293K 时一些液体的表面张力（σ）

液　　体	$\sigma/(J/m^2)$	液　　体	$\sigma/(J/m^2)$
水	0.072 8	四氯化碳	0.026 9
硝基苯	0.041 8	丙酮	0.023 7
二硫化碳	0.033 5	甲醇	0.022 6
苯	0.028 9	乙醇	0.022 3
甲苯	0.028 4	乙醚	0.016 9

表 9.2　293K 时汞和水与一些物质间的界面张力（σ）

第一相	第二相	$\sigma/(J/m^2)$	第二相	液体	$\sigma/(J/m^2)$
汞	汞蒸汽	0.471 6	水	水蒸气	0.072 8
	乙醇	0.364 3		异戊烷	0.049 6
	苯	0.028 9		苯	0.032 6
	水	0.375		丁醇	0.001 76

【例 9.1】 已知汞溶胶（设为球形）的直径为 22nm，$1dm^3$ 溶胶中含 Hg 为 8×10^{-5}

kg，试问每 $1cm^3$ 的溶胶中汞滴粒子数为多少？其总表面积为若干？把 $8\times10^{-5}kg$ 的汞滴分散成上述溶胶时表面吉布斯函数增加多少？完成变化时，环境至少需做多少功？已知汞的密度为 $13.6kg \cdot dm^{-3}$，汞-水界面张力为 $0.375N \cdot m^{-1}$。

解：

$$V_{汞料}=\frac{4}{3}\pi r^3=\frac{4}{3}\times3.14\times(11\times10^{-9})^3=5.572\times10^{-24}(m^3)$$

$$V=\frac{W}{\rho}=\frac{8\times10^{-5}}{13.6}\times10^{-3}=5.882\times10^{-9}(m^3)$$

$$N=\frac{V}{V_{汞料}}=\frac{5.882\times10^{-9}}{5.572\times10^{-24}}=1.056\times10^{15}$$

在 $1cm^3$ 溶液中，有

$$N'=\frac{N}{1000}=1.056\times10^{12}$$

$$A=N'4\pi r^2=1.056\times10^{12}\times4\times3.14\times(11\times10^{-9})^2$$
$$=1.604\times10^{-3}(m^2)$$

$8\times10^{-5}kg$ 的汞滴的半径为

$$r'=\sqrt[3]{\frac{3V}{4\pi}}=\sqrt[3]{V\times3/(4\times3.14)}$$
$$=\sqrt[3]{5.882\times10^{-9}\times3/(4\times3.14)}=1.120\times10^{-3}(m)$$
$$A'=4\pi r'^2=4\times3.14\times(1.120\times10^{-3})^2=1.576\times10^{-5}(m^2)$$

$8\times10^{-5}kg$ 的汞滴分散为上述溶胶时

$$A=N4\pi r'^2=1.056\times10^{15}\times4\times3.14\times(11\times10^{-9})^2=1.064(m^2)$$

$$\Delta G=\delta\Delta A=\delta(A-A')$$
$$=0.375\times(1.064-1.576\times10^{-5})$$
$$=0.399(J)$$

环境所做的最小表面功为

$$W_r'=\Delta G=0.399(J)$$

9.2　吸附现象

9.2.1　吸附

通过上一节表面张力的介绍可知，相界面层分子与相内部分子受力不同，因而在一定条件下会产生相界面上物质浓度自动发生变化的现象，这种现象称为吸附。吸附可以发生在固-气、固-液、液-液等相界面上。例如，在溴蒸气或含碘的水溶液中加入一些活性炭，蒸气或溶液的颜色将逐渐变浅，说明溴和碘逐渐富集于活性炭的表面上，这就是气体在气固界面上或溶液中的溶质在液固界面上的吸附作用。通常把具有吸附能力的物质（如活性炭）称为吸附剂，被吸附的物质（如溴蒸气或碘）则称为吸附质。日常生活中应用吸附的事例很多，例如，常用活性炭过滤器及活性炭净水技术除去水中的有机污染物；室内摆放一些植物可以吸收甲醛等。

9.2.2　溶液表面层的吸附现象

从热力学角度考虑，系统的吉布斯函数越小，系统的稳定性越好。由公式 $dG_{T,p} = \sigma dA$ 可知要减少系统的吉布斯函数，可以通过两个途径实现，一是降低系统的表面张力，二是减少系统的表面积。对于纯液体来说，在一定温度、压力下，表面张力是一定值，要使系统的吉布斯函数减小，只有缩小表面积。而对于溶液来说，表面张力不仅与温度、压力有关，还与溶质的种类及其浓度有关，因此也可以通过降低表面张力来减少系统吉布斯函数。

例如，在一定温度的纯水中，分别加入不同种类的溶质，溶质浓度对溶液表面张力的影响大致可分为三种类型，如图 9.3 所示。

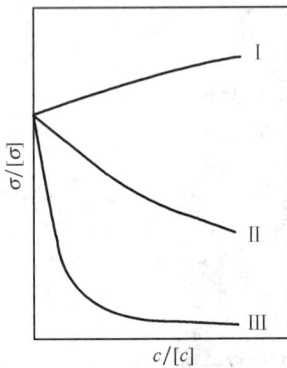

图 9.3　σ 与 c 关系示意图

类型Ⅰ：随溶质浓度的增加，溶液的表面张力缓慢增大。属于这类的溶质有无机盐类（如 NaCl）、不挥发性酸（如 H_2SO_4）、碱（如 KOH）以及含有多个—OH 基的化合物（如蔗糖、甘油等）。

类型Ⅱ：随溶质浓度的增加，溶液的表面张力缓慢下降。大部分的低级脂肪酸、醇、醛、酯、胺等有机物的水溶液都属于这一类。

类型Ⅲ：随溶质浓度的增加，溶液的表面张力开始时急剧下降，达到一定浓度后，表面张力趋于稳定，不再随溶质浓度的增加而下降。属于此类溶质的有直链有机酸、碱的金属盐、长碳链磺酸盐（如十二烷基苯磺酸钠）等。

上面所述溶液表面张力随溶质浓度的变化，是由于溶质在溶液中分布不均匀导致的。溶质在表面层和溶液内部的浓度不同，从而引起溶液表面张力变化的现象称为溶液的表面吸附。当溶质在表面层的浓度大于溶液内部的浓度时，称为正吸附；当溶质在表面层的浓度小于溶液内部的浓度时，称为负吸附。

9.2.3　固体表面对气体的吸附

固体与液体一样，也具有比表面吉布斯函数。由于固体不具有流动性，不能像液体那样以尽量减少表面积的方式降低表面能。但是，固体表面分子能对碰撞到固体表面上来的气体分子产生吸引力，使气体分子在固体表面上发生相对聚集，从而降低固体的表面能，使具有较大表面能的固系统趋于稳定。这种气体分子在固体表面上相对聚集的现象称为气体在固体表面上的吸附，简称"气固吸附"。

气固吸附知识在生产实践和科学中应用较为广泛，如多相催化作用、色层分析方法、气体的分离与纯化、废气中有用成分的回收等都与气固吸附现象有关。

按照固体表面分子对被吸附的气体分子作同力性质的不同，可将吸附分为物理吸附和化学吸附两种类型。

物理吸附：固体表面分子与气体分子之间的吸附力是范德华引力。范德华力很弱，存在于各种分子之间，所以吸附剂表面吸附一层气体之后，还可以在被吸附了的气体分子上再吸附更多的气体分子，是多分子层吸附。由于吸附力是分子间力，物理吸附基本上没有选择性，但气体分子在固体表面的吸附与气体凝结成液体的情况类似，所以易于液化的气体比较易于被吸附。

化学吸附：固体表面分子与气体分子之间的吸附力是化学键力。在化学吸附中固体表面分子与气体分子之间存在电子转移、原子重排、化学键破坏与形成等现象，类似于化学反应，因而化学吸附有很强的选择性，且吸附力远大于范德华力而接近于化学键力。由于固体表面与被吸附的气体分子间形成了化学键以后，就不能与其他气体分子形成化学键，故化学吸附是单分子层吸附。

物理吸附与化学吸附两种吸附力性质上有所不同，导致两种吸附特征上存在一系列差异，列于表 9.3 中。

表 9.3　物理吸附与化学吸附的区别

特征＼类型	物理吸附	化学吸附
吸附力	范德华力	化学键力
吸附分子层	被吸附分子可以形成单分子层也可以形成多分子层	被吸附分子只能形成单分子层
吸附选择性	无选择性，任何固体皆能吸附任何气体，易液化者易被吸附	有选择性，指定吸附剂只对某些气体有吸附作用
吸附热	较小，与气体凝聚热相近，约为 $2\times10^4\sim4\times10^4 J\cdot mol^{-1}$	较大，近于化学反应热，约为 $4\times10^4\sim4\times10^5 J\cdot mol^{-1}$
吸附速率	较快，易达平衡，较易脱附	较慢，不易达平衡，较难脱附

气相中的分子可被吸附到固体表面上来，已被吸附的分子也可以脱附（或称解吸）而逸回气相。在温度和压力一定的条件下，当吸附速率与解吸速率相等时，吸附就达到了平衡，此时吸附在固体表面的气体量不再随时间而变化。吸附作用的强弱，常用吸附量来衡量。一定 T、p 下在吸附平衡时，被吸附气体的物质的量或体积（标准状态）与吸附剂质量之比，称为平衡吸附量，简称吸附量。吸附量通常用“Γ”表示，其单位为 $mol\cdot kg^{-1}$（摩尔每千克）或 $m^3\cdot kg^{-1}$（立方米每千克）。

$$\Gamma = n/m \tag{9.6}$$
或
$$\Gamma = V/m \tag{9.7}$$

对于一定的吸附剂和吸附质来说，吸附量 Γ 与吸附剂和吸附质的性质有关，吸附剂的比表面越大，表面吉布斯函数越高，吸附作用越强。吸附量还与吸附温度 T 及吸附质的分压 p 有关。

温度一定时，吸附质平衡分压 p 与吸附量 Γ 之间的关系曲线。常见的有如图 9.4 所示的五种类型。其中 I 型为单分子层吸附，其余均为多分子层吸附的情况。

吸附质平衡分压 p 一定时，吸附温度 T 与吸附量 Γ 之间的关系曲线可用于判别吸

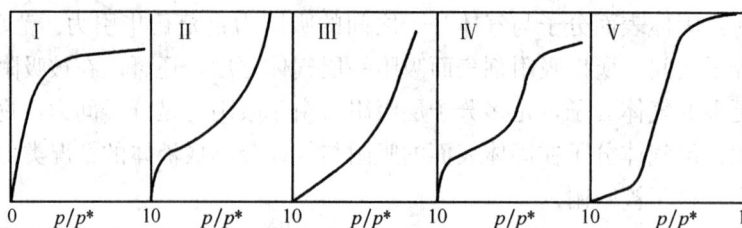

图 9.4　五种类型的吸附等温线

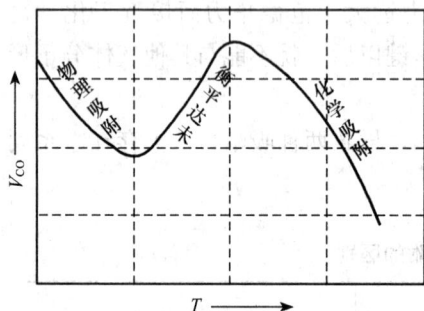

图 9.5　CO 在铂上的吸附等压线

附类型。物理吸附和化学吸附都是放热的，所以温度升高时两类吸附的吸附量都应下降。物理吸附速率快，较易达到平衡，所以 Γ-T 曲线表现出吸附量随温度升高而下降的规律。但是化学吸附速率较慢，温度低时往往难以达到吸附平衡，而升高温度会加快吸附速率，因此开始会出现吸附量随温度升高而增大的情况，直到真正达到平衡之后，吸附量才随温度升高而减小。因此，在吸附等压线上，先出现吸附量随温度升高而增大，后又随温度升高而减小的现象，则可判定是化学吸附，如图 9.5 所示。

9.3　表面活性剂

一般来说，能使溶液表面张力增加的物质，称为表面惰性物质；能使表面张力降低的物质，称为表面活性物质。习惯上，只把那些少量加入溶剂中就能显著降低溶液表面张力的物质称为表面活物质或表面活性剂。

1. 表面活性剂的结构

表面活性剂分子的特点是具有不对称性。表面活性剂分子的一端是具有亲水性的极性基团（亲水基），而另一端是具有憎水性的非极性基团（亲油基）。它的非极性憎水基团一般是 8~18 碳的直链烃，也可能是环烃。例如，脂肪酸钠（即肥皂）的分子结构示意图，它的一端是非极性的碳氢链，而另一端是可以电离的极性基团，如图 9.6 所示。表面活性剂的这种结构特点使它溶于水后，亲水基受到水分子的吸引，而亲油基受到水分子的排斥。为了克服这种不稳定的状态，表面活性分子会占据溶液的表面，将亲油基一端伸向气相，亲水基一端深入水中，如图 9.7 所示。

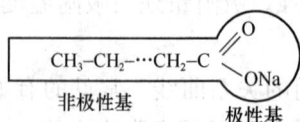

图 9.6　表面活性剂结构示意图

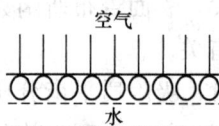

图 9.7　表面活性剂分子在气-水界面的排列

2. 表面活性剂的分类（表 9.4）

表面活性剂可以从用途、物理性质或化学结构等方面进行分类，最常见的是按化学结构来分类。

(1) 化学结构分类：按化学结构大致上可将表面活性剂分为离子型和非离子型两大类。表面活性剂溶于水后，发生离解的为离子型表面活性剂，不能离解的为非离子型表面活性剂。离子型表面活性剂又可按电荷性质分为阴离子型、阳离子型及两性型的表面活性剂。

表 9.4　表面活性剂的分类

离子型表面活性剂	阴离子表面活性剂	羟酸盐 $RCOO^- M^+$，硫酸酯盐 $ROSO_3^- M^+$ 磺酸盐 $RSO_3^- M^+$，磷酸酯盐 $ROSO_3^- M^+$
	阳离子表面活性剂	伯胺盐 $RNH_3^+X^-$，季胺盐 $RN^+(CH_3)_3X^-$
	两性表面活性剂	氨基酸型 $RN^+CH_2CH_2COO^-$ 甜菜碱型 $RN^+(CH_3)_2CH_2COO^-$
非离子型表面活性剂		聚氧乙烯醚 $RO(CH_2CH_2O)_nH$ 聚氧乙烯酯 $RCOO(CH_2CH_2O)_nH$ 多元醇型 $RCOOCH_2C(CH_2OH)_3$

注：R 一般为 $C_8 \sim C_{18}$ 的碳氢长链的烃基；M^+ 为金属离子或简单的阳离子，如 Na^+、K^+ 或 NH^+；X^- 为简单的阴离子，如 Cl^-、CH_3COO^-。

(2) 溶解性分类：按表面活性剂在水中的溶解性，可分为水溶性表面活性剂和油溶性表面活性剂。水溶性表面活性剂占绝大多数，油溶性表面活性剂日显重要，但其品种仍不是很多。

(3) 相对分子质量分类：相对分子质量大于 10^4 者称高分子表面活性剂；相对分子质量在 $10^3 \sim 10^4$ 者称中分子表面活性剂；相对分子质量在 $10^2 \sim 10^3$ 者称低分子表面活性剂。

常用的表面活性剂大都是低分子表面活性剂。中分子表面活性剂有聚醚型，即聚氧丙烯与聚氧乙烯缩合的表面活性剂，在工业上占有特殊的地位。高分子表面活性剂没有突出的表面活性，但在乳化、增溶，特别是在分散或絮凝性能上有独特之处，很有发展前途。

(4) 用途分类：从用途上分类可将表面活性剂分为表面张力降低剂、渗透剂，润湿剂、乳化剂、增溶剂、分散剂、起泡剂，杀菌剂、抗静电剂、缓蚀剂、柔软剂、防水剂、织物整理剂及均染剂等种类。此外，还有有机金属表面活性剂、含硅表面活性剂、含氟表面活性剂和反应性特种表面活性剂等。

3. 表面活性剂溶液的基本性质

(1) 活性剂在溶液表面定向排列。由于表面活性剂的两性分子结构特征，决定了它的两亲性特点，能够在两相界面上相对浓集，当浓度大到一定程度时，能达成饱和吸附，此时在界面上，表面活性剂分子整齐地定向排列着，形成一系列紧密的单分子层，使两相几乎完全脱离接触。

（2）表面活性剂在溶液内部形成胶团。表面活性剂的两亲性不仅表现为在溶液表面上的定向排列，还表现为当表面活性剂在溶液中超过某一特定浓度时（即表面吸附达到饱和时）会缔合形成分子有序聚集体，这种聚集体称为"胶团"，而把开始形成胶团时的浓度称为临界胶团浓度。

以表面活性剂在水中随其浓度的变化来说明胶团形成的过程。当溶液中表面活性剂浓度极低时［图9.8（a）］，空气和水几乎是直接接触着，水的表面张力下降不多，接近纯水状态。如果稍微增加表面活性剂的浓度，它会很快聚集到水面，使水和空气的接触面减少，水的表面张力急剧下降。同时，水中的表面活性剂也三三两两地聚集在一起，互相把憎水基靠在一起，形成二聚体或三聚体，如图9.8（b）所示。当表面活性剂的浓度进一步增大，溶液达到饱和吸附形成紧密排列的单分子膜，如图9.8（c）所示。此时溶液的浓度达到表面活性剂的临界胶团浓度，溶液的表面张力下降至最低值，溶液中开始有胶团出现。在溶液的浓度达到临界胶团浓度之后，若继续增加表面活性剂浓度，溶液的表面张力几乎不再下降，只是溶液中的胶团数目或胶团聚集数增加［图9.8（d）］。

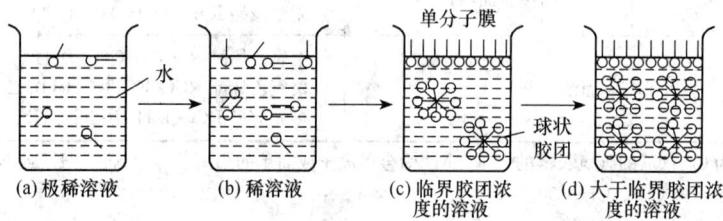

图9.8　表面活性剂溶液的胶团化过程

表面活性剂在水溶液中聚集形成胶团，形成胶团的众多表面活性剂分子其亲水基朝外，与水分子相接触；而憎水基朝里，被包藏在胶团内部，几乎完全脱离了与水分子的接触。当表面活性剂浓度较低时，胶团呈球形，随着浓度的增加，胶团的形状变得复杂，可能生成棒状或层状胶团。图9.9给出了几种胶团的形状。

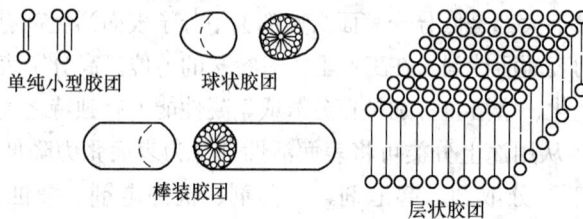

图9.9　各种形状的胶团

4. 表面活性剂的应用

（1）洗涤作用。表面活性剂的洗涤作用是一个比较复杂的过程，它与润湿、增溶和起泡等作用都有关。

洗涤作用是将浸在某种介质中的固体表面的污垢去除干净的过程，如图9.10所示。众所周知，浸渍在衣物上的油污很难用清水洗净，在洗衣物时，若使用肥皂，则有明显

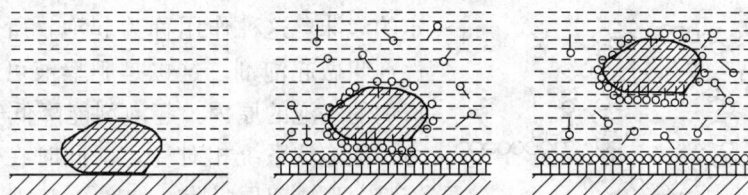

图 9.10　表面活性剂的洗涤作用

的去污作用。这是因为肥皂的成分是硬脂酸钠（$C_{17}H_{35}COONa$），它是一种阴离子型的表面活性物质。肥皂的分子能渗透到油污和衣物之间，形成定向排列的肥皂分子膜，从而减弱了油污在衣物上的附着力，只要轻轻搓动，由于机械摩擦和水分子的吸引，油污很容易从衣物上脱落、乳化、分散在水中，从而达到洗涤的目的。

近几十年来，合成洗涤剂工业迅速发展，用烷基硫酸盐、烷基芳基磺酸盐以及聚氧乙烯型非离子表面活性剂等原料制成了各种去污能力强的合成洗涤剂。

（2）润湿作用。表面活性剂分子能定向地吸附在固-液界面上，降低固-液界面张力，改善润湿程度。

将水滴在石蜡片上，石蜡片几乎不湿，若水中加入一些表面活性剂，水就能在石蜡片上铺展开，产生润湿。又如，喷洒农药杀灭害虫时，若农药溶液对植物茎叶表面润湿性不好，喷洒时药液易呈珠状而滚落到地面造成浪费，留在植物上的也不能很好地展开，杀虫效果不佳。若在药液中加入少许某种表面活性剂，提高润湿程度，喷洒时药液在茎叶表面展开，可大大提高农药利用率和杀虫效果。

润湿作用广泛应用于药物制剂。表面活性剂作为外用软膏基质使药物与皮肤油脂能很好地润湿，增加接触面积，有利于药物吸收。在片剂中加入表面活性剂可以使药物颗粒表面易被润湿，利于颗粒的结合和压片。此外，常在针剂安瓿内壁涂上一薄层防水材料（表面活性剂），使玻璃内壁成为憎水表面，当用针筒抽吸针剂时药液就不易残留粘附在玻璃内壁上。

（3）增溶作用。表面活性剂使溶质的溶解度增大的现象，称为增溶作用。

一些非极性的碳氢化合物，如苯、己烷、异辛烷等在水中的溶解度是非常小的，但浓度达到或超过超临界胶团浓度的表面活性剂水溶液却能"溶解"相当量的碳氢化合物，形成完全透明、外观与真溶液非常相似的系统。例如，室温下苯在水中的溶解度很小，如果在水中加入适当的表面活性剂，苯的溶解度将大大提高，100mL 含 10%油酸钠的水溶液可溶解苯约 10mL。

制药工业中常用吐温类、聚氧乙烯蓖麻油作增溶剂。如维生素 D_2 在水中基本不溶，加入 5%的聚氧乙烯蓖麻油类表面活性剂后，溶解度可达 $1.525mg \cdot ml^{-1}$。其他如脂溶性维生素、甾体激素类、磺胺类、抗生素类以及镇静剂、止痛剂等均可通过增溶作用而制成具有较高浓度的澄清液供内服、外用甚至注射用。一些生理现象也与增溶作用有关，例如小肠不能直接吸收脂肪，却能通过胆汁对脂肪的增溶而将其吸收。

（4）起泡与消泡作用。这里只讨论气相分散在液相中的泡沫。"泡"就是由液体薄膜包围着气体，泡沫则是很多气泡的聚集。由于气-液界面张力较大，气体的密度比液体小，气泡很容易破裂。若在液体中加入表面活性剂，再向液体中鼓气就可形成比较稳

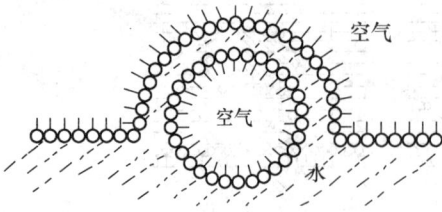

图 9.11　表面活性剂的起泡作

定的泡沫，这种作用称为起泡，所用的表面活性剂叫做起泡剂。这也是肥皂液可以吹出五彩斑斓的气泡的原因。起泡剂能降低气-液界面张力，使泡沫系统相对稳定，同时在包围气体的液膜上形成双层吸附，如图 9.11 所示，其中表面活性剂的亲水基在液膜内形成水化层，使液相黏度增高，液膜稳定并具有一定的机械强度。

起泡作用常用于泡沫灭火、矿物的浮选分离及水处理工程中的离子浮选。此外，医学上还用起泡剂使胃充气扩张，便于 X 射线透视检查。

然而有时起泡也会给工作增添不少麻烦，需要进行消泡。能消除泡沫的表面活性剂称为消泡剂，是一些表面张力低，溶解度较小的物质，如 $C_5 \sim C_6$ 的醇类或醚类、磷酸三丁酯、有机硅等。消泡剂的表面张力低于起泡液膜的表面张力，又容易在气泡液膜表面顶走原来的起泡剂，而其本身由于键短又不能形成坚固的吸附膜，故能够产生裂口，使泡内气体外泄，导致泡沫破裂，起到消泡作用。

（5）分散和絮凝作用。固体粉末均匀地分散在某一种液体中的现象，称为分散。

粉碎好的固体粉末混入液体后往往会聚结而下沉，但加入某些表面活性剂后，颗粒便能稳定地悬浮在溶液中。例如，洗涤剂能使油污分散在水中；分散剂能使颜料分散在油中而成为油漆，使黏土分散在水中成为泥浆等。

能使悬浮在液体中的颗粒相互凝聚的表面活性剂称为絮凝剂。它的作用与分散剂相反。例如，可用絮凝剂来解决工业污水的净化问题。

（6）助磨作用。我国古代劳动人民早就有水磨比干磨效率高的经验。如米粉、豆粉之类，水磨的要比干磨的细得多。在固体物料的粉碎过程中，若加入某种表面活性剂作助磨剂，可增加粉碎程度，提高粉碎效率。当固体物料磨细到颗粒度达几十微米以下时，颗粒度很微小，比表面很大，系统具有很大的表面能，处于热力学的高度不稳定状态。在没有表面活性物质存在的情况下，物质颗粒只能表面积自动地变小，即颗粒度变大，以降低系统的表面能。若在固体粉碎过程中，加入表面活性物质，它能很快地定向排列在固体颗粒的表面上，降低固体颗粒的表面张力，减小系统的表面能。表面活性物质在颗粒表面上的覆盖率愈大，表面张力降低得愈多，则系统的表面能愈小。此外，由于表面活性剂定向地排列在颗粒的表面上，而非极性的碳氢基指向介质或空气，因而使粒子的表面更加光滑、易于滚动而不易接触，这些因素都有利于粉碎效率的提高。因此，要想得到更细的颗粒，必须加入适量的助磨剂，如水、油酸、亚硫酸纸浆废液等。

9.4　分散系统分类与胶体的性质

9.4.1　分散系统的分类

把一种或几种物质分散在另一种物质中就构成了分散系统。在分散系统中被分散的物质叫做分散相，另一物质叫做分散介质。

按照分散相被分散的程度，即分散粒子的大小，分散系统大致可分为三类：

1. 分子分散系统

分散相粒子的半径小于 10^{-9} m，相当于单个分子或离子的大小。此时，分散相与分散介质形成均匀的一相，属单相系统。

2. 胶体分散系统

分散相粒子的半径在 $10^{-9}\sim 10^{-7}$ m 范围内，是大分子或众多小分子或离子的集合体。这种系统是透明的，用眼睛或普通显微镜观察时，与真溶液差不多，但实际上分散相与分散介质已不是一相，存在相界面。

3. 粗分散系统

分散相粒子的半径约在 $10^{-7}\sim 10^{-5}$ m 范围，每个分散相粒子是由成千上万个分子、原子或离子组成的集合体，用眼睛或普通显微镜直接观察已能分辨出是多相系统。

三类分散系统的性质见表 9.5。

表 9.5　分散系统的分类及特性

微粒直径	类　型	分散相	性　质	实　例
$<10^{-9}$ m	分子分散系统	原子、离子或小分子	均相，热力学稳定系统，扩散快，能透过半透膜，形成真溶液	蔗糖水溶液、氯化钠水溶液等
$10^{-9}\sim 10^{-7}$ m	高分子化合物溶液	大分子	均相，热力学稳定系统，扩散慢，不能透过半透膜，形成真溶液	聚乙烯醇水溶液等
	溶胶	胶粒（原子或分子的聚集体）	多相，热力学不稳定系统，扩散慢，不能透过半透膜，能透过滤纸，形成胶体	金溶胶、氢氧化铁溶胶等
$>10^{-7}$ m	粗分散系统	粗颗粒	多相，热力学不稳定系统，扩散慢，不能透过半透膜及滤纸，形成悬浮体或乳状液	浑浊泥水、牛奶、豆浆等

对于多相分散系统，人们还常按照分散相和分散介质的聚集状态分为八类，如表 9.6 所示，其中最重要的是第一、二两类。

表 9.6　多相分散系统的八种类型

分　散　相	分散介质	名　称	实　例
固体	液体	溶胶、悬浮液	$Fe(OH)_3$溶胶、泥浆
液体	液体	乳状液	牛奶
气体	液体	泡沫	肥皂水泡沫
固体	固体	固溶胶	有色玻璃
液体	固体	凝胶	珍珠
气体	固体	固体泡沫	馒头、泡沫塑料
固体	气体	气溶胶	烟、尘
液体	气体	气溶胶	雾、云

胶体分散系统在生物界和非生物界都普遍存在，在实际生活和生产中占有重要地位。例如，在石油、冶金、造纸、橡胶、塑料、纤维、肥皂等工业部门，以及其他学科如生物学、土壤学、医学、气象、地质学等中都广泛地接触到与胶体分散系统有关的问题。

9.4.2　溶胶的性质

胶体系统是介于真溶液和粗分散系统之间的一种特殊分散系统。由于胶体系统中粒子分散程度很高，具有很大的比表面积，表现出显著的表面特性，如胶体具有特殊的力学性质、光学性质和电学性质。

1. 溶胶的力学性质

1827 年，英国植物学家布朗在显微镜下，观察悬浮在液体中的花粉颗粒时，发现这些粒子永不停息地做无规则运动。后来还发现所有足够小的颗粒，如煤、化石、矿石、金属等无机物粉粒，也有同样的现象。这种现象是布朗发现的，故称布朗运动，但在很长一段时间中，这种现象的本质没有得到阐明。

1903 年，齐格蒙德发明了超显微镜，用超显微镜观察溶胶，可以发现溶胶粒子在介质中不停地做无规则的运动。对于一个粒子，每隔一定时间记录其位置，可得到类似图 9.1.2 所示的完全不规则的运动轨迹，这种运动称为溶胶粒子的布朗运动。

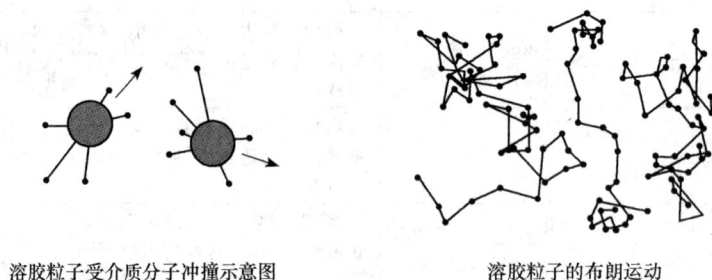

溶胶粒子受介质分子冲撞示意图　　　　　　溶胶粒子的布朗运动

图 9.12　布朗运动示意图

粒子做布朗运动无需消耗能量，而是系统中分子固有的热运动的体现。固体颗粒处于液体分子包围之中，而液体分子一直处于不停的、无序的热运动状态，撞击着固体粒子。如果浮于液体介质中的固体远较溶胶粒子大（直径约大于 $5\mu m$），一方面由于不同方向的撞击力大体已相互抵消，另一方面由于粒子质量大，其运动极不显著或根本不动。但对于胶体分散程度的粒子（直径小于 $5\mu m$）来说，每一时刻受到周围分子的撞击次数要少得多，那么在某一瞬间粒子各方向所受力不能相互抵消，就会向某一方向运动，在另一瞬间又向另一方向运动，因此形成了不停的无规则运动。布朗运动的速率取决于粒子的大小、温度及介质黏度等，粒子越小、温度越高、黏度越小则运动速率越快。

2. 溶胶的光学性质

用肉眼观察一般的胶体溶液，它往往是均匀透明的，与真溶液没什么区别。但是如果在暗室中，让一束光线透过一透明的溶胶，从垂直于光束的方向可以看到溶胶中显出一浑浊发亮的光柱，此现象是 1869 年由英国物理学家丁铎尔发现的，故称为丁铎尔效应。

当光线射入分散系统时可能发生两种情况：

① 若分散相的粒子大于入射波长，则主要发生光的反射或折射现象，粗分散系统属于这种情况。

② 若是分散相的粒子小于入射光的波长，则主要发生散射。此时光波绕过粒子而向各个方向散射出去（波长不发生变化），散射出来的光称为乳光或散射光。可见光的波长一般在 400~700nm 之间，真溶液和溶胶的分散相粒子直径都比可见光的波长小，所以都可以对光产生散射作用。

但是对于真溶液来说，由于溶质粒子太小，半径小于 1nm，又有较厚的溶剂化层，使分散相和分散介质的折射率变得差别不大，所以散射光相当微弱，很难观察到。对于溶胶，分散粒子的半径一般在 1~100nm 之间，分散相和分散介质的折射率有较大的差别，因此有较强的光散射作用，产生丁铎尔效应。

3. 溶胶的电学性质

在外加直流电场或外力作用下，分散相与分散介质发生相对运动的现象，称为溶胶的电动现象。电动现象主要有电泳、电渗两种。

（1）电泳在电场作用下，固体的分散相粒子在液体介质中做定向移动，称为电泳。可以通过如下实验观察电泳现象。如图 9.13 所示，在 U 型管中先装入红褐色的 Fe（OH）₃ 溶胶，然后小心加入 NaCl 溶液，使二者有清晰的界面。然后把电极放入 NaCl 溶液中通电，一段时间后可以看到负极的红褐色液面上升，正极红褐色液面下降，可以观察到 Fe（OH）₃ 溶胶移动情况。通过电泳实验可以说明胶体粒子是带电荷的，上述实验表明 Fe(OH)₃ 溶胶粒子带正电荷。

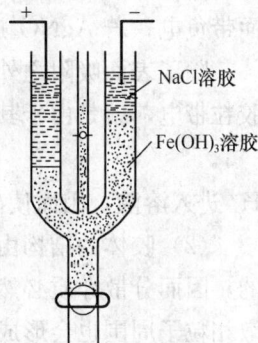

图 9.13　电泳装置示意图

溶胶粒子的电泳速率与粒子所带电荷量及外加电势梯度成正比，而与介质黏度及粒子大小成反比。溶胶粒子比离子大得多，但实验表明溶胶电泳速率与离子的迁移率数量级大体相当，由此可见溶胶粒子所带电荷的数量是相当大的。

电泳现象在生产和科研实验中有很多应用。例如，根据蛋白质分子、核酸分子电泳速率的不同来对它们进行分离，是生物化学中一项重要的实验技术。又如，利用电泳的方法使橡胶的乳状液凝结而浓缩；利用电泳使橡胶电镀在金属模具上，可得到易于硫化、弹性及拉力均好的产品，医用橡胶手套就是这样制成的。还可以利用电泳的方法对工件进行涂漆，将工件作为一个电极浸在水溶性涂料中并通以电流，带电胶粒便会沉积在工件表面，该工艺称为电泳涂漆。

（2）电渗与电泳现象相反，使固体胶粒不动而液体介质在电场中发生定向移动的现象称为电渗。

电渗现象可以通过图 9.14 所示装置观察，图中 3 为多孔膜，1、2 中盛溶胶，胶体粒子被多孔膜吸附而固定。当在电极 5、6 上施以适当的外加电压时，从刻度毛细管 4

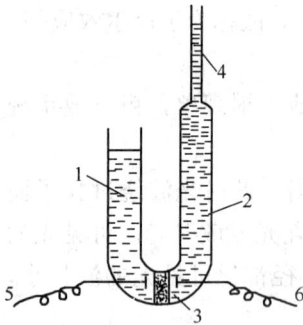

图 9.14　电渗装置示意图

中弯月面可以直接观察到液体的移动。如果胶体粒子带正电，则液体带负电而向正极一侧移动；反之亦然。

电泳现象在工业上也有应用。例如，在电沉积法涂漆操作中，使漆膜内所含水分排到膜外以形成致密的漆膜、工业及工程中泥土或泥炭脱水、水的净化等，都可借助电渗法来实现。

4. 胶体粒子的带电性

（1）胶体粒子带电的原因　胶粒上电荷的来源可以看作胶粒表面吸附了很多相同符号的离子，也可以是胶粒表面上分子解离而引起的。

胶体分散系统有巨大的比表面和表面能，所以胶体粒子有吸附其他物质以降低表面能的趋势。如果溶液中有少量的电解质，胶体粒子就会有选择地吸附某种离子而带电。吸附正离子时，胶体粒子带正电，形成正溶胶；吸附负离子时，胶体粒子带负电，形成负溶胶。胶体粒子究竟吸附哪一类离子，取决于胶体粒子的表面结构和被吸附离子的本性。在一般情况下，胶体粒子总是吸附那些与它组成相同或类似的离子。以 AgI 溶胶为例，当用 $AgNO_3$ 和 KI 溶液制备 AgI 溶胶时，若 KI 过量，则 AgI 会优先吸附 I^-，因而带负电；若 $AgNO_3$ 过量，AgI 粒子则优先吸附 Ag^+，因而带正电。

除了表面吸附之外，胶粒所带电荷也可以由表面的解离所引起。例如，常见的硅酸胶粒带电，就是由于其表面分子发生了解离：

$$H_2SiO_3 \rightleftharpoons SiO_3^{2-} + 2H^+$$

H^+ 进入溶液，因而使硅酸胶粒带负电。

（2）胶体的结构　由于吸附或电离，胶体粒子成为带电粒子，而整个溶胶是电中性的，因而分散介质必然带有等量的相反电荷的离子。与电极—溶液界面处相似，胶体分散相粒子周围也会形成双电层，其反电荷离子层也是由紧密层和扩散层两部分构成。紧密层中反电荷离子被牢固地束缚在胶体粒子的周围，若处于电场之中，将随胶体粒子一起向某一电极移动；扩散层中反电荷离子虽受到胶体粒子静电引力的影响，但可脱离胶体粒子而移动，若处于电场中，则会与胶体粒子反向朝另一电极移动。

依据胶团粒子带电原因及其双电层知识，可以推断溶胶粒子的结构。如以 $AgNO_3$ 和 KI 溶液混合制备 AgI 溶胶为例，如图 9.15 所示。固体粒子 AgI 称为"胶核"。若制备

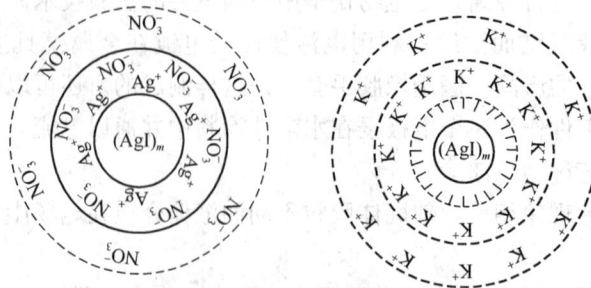

图 9.15　AgI 溶胶粒子结构示意图

时 $AgNO_3$ 过量，则胶核吸附 Ag^+ 而带正电，反电荷离子 NO_3^- 一部分进入紧密层，另一部分在分散层；若制备时 KI 过量，则胶核吸附 I^- 而带负电，反电荷离子 K^+ 一部分进入紧密层，另一部分在分散层。胶核、被吸附的离子以及在电场中能被带着一起移动的紧密层共同组成"胶粒"，而胶粒与分散层一起组成"胶团"，整个胶团保持电中性。胶团的结构也可以用结构式的形式表示。

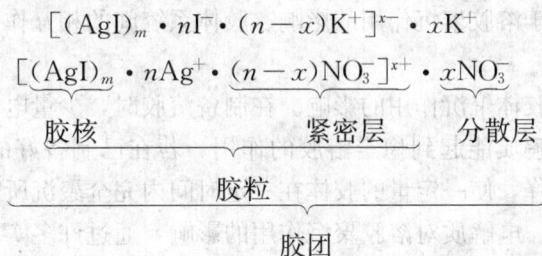

$$\underbrace{\underbrace{[(AgI)_m \cdot nI^- \cdot (n-x)K^+]^{x-}}_{} \cdot xK^+}_{}$$

$$[(AgI)_m \cdot nAg^+ \cdot (n-x)NO_3^-]^{x+} \cdot xNO_3^-$$

胶核　　　　　　　　紧密层　　　分散层

胶粒

胶团

m 为胶核中 AgI 的分子数，此值一般很大（约在 103 左右），n 为胶核所吸附的粒子数，n 的数值比 m 小得多，$(n-x)$ 是包含在紧密层中的反电荷离子的数目，x 为扩散层中反电荷离子数目。对于同一胶体中不同胶团，其 m、n、x 的数值是不同的。即胶团没有固定的直径、形状和质量。由于粒子溶剂化，因此胶粒和胶团也是溶剂化的。

9.4.3　溶胶的稳定性和聚沉

胶体系统中粒子分散程度很高，具有很大的比表面积，表面吉布斯函数高，胶粒有自动发生聚集变大而下沉的趋势，处于热力学不稳定状态。而胶体的稳定性和聚沉在实际应用中起着重要作用。例如，生产中若进行固液分离，形成溶胶是非常不利的，必须破坏溶胶使之聚沉；但制备涂料时往往又需要形成溶胶，使颜料能均匀地分散在溶液中。因此，我们要分析溶胶稳定存在的原因，以便选择合适的条件，维持或破坏溶胶的稳定。

1. 溶胶的稳定性

溶胶的稳定和聚沉的实质是胶粒间斥力和引力的相互转化。促使粒子相互聚结的是粒子间的相互吸引的能力，而阻碍其聚结的则是相互排斥的能力。溶胶在热力学上是不稳定的，然而经过净化后的溶胶，在一定条件下却能在相当长的时间内稳定存在。

使溶胶稳定存在的原因是：

（1）胶粒的布朗运动在一定条件下能够克服因重力而引起的下沉作用，因此从动力学角度讲，溶胶具有动力学稳定性。

（2）胶团粒子带有相同的电荷，相互排斥，不易聚结，这是使溶胶稳定存在的重要因素。

（3）物质与溶剂之间所引起的化合作用称为溶剂化。在胶团的双电层中的反离子都是溶剂化的，在胶粒的外面有一层溶剂化膜，以此阻碍胶团粒子相互碰撞，促进了溶胶的稳定性。

总之：分散相粒子的布朗运动、带电、溶剂化作用是溶胶三个最主要的稳定因素。如果上述稳定因素受到破坏，溶胶将会发生聚沉。

2. 溶胶的聚沉

影响溶胶稳定性的因素是多方面的，例如，电解质的作用、胶体系统的相互作用、溶胶的浓度、温度等，其中溶胶浓度和温度的增加均将使粒子的互相碰撞更加频繁，从而降低其稳定性。在这些影响因素中，以电解质的作用研究得最多本，本节中只扼要讨论电解质对于溶胶聚沉作用的影响、胶体系统间的相互作用及高分子化合物的聚沉作用。

（1）电解质对于胶体聚沉作用的影响。在制备溶胶时，少量电解质的存在能帮助胶团双电层的形成，电解质能起到稳定溶胶的作用。若在已制备好的溶胶中再加入电解质，溶胶将聚结而沉降，使一定量的胶体在一定时间内完全聚沉所需电解质的最小浓度称为电解质的聚沉值。电解质对溶胶聚沉作用的影响，通过许多实验结果归纳，得到如下一些规律：

① 电解质中起聚沉作用的主要是与胶粒带相反电荷的离子，称为离子比。反离子的价数愈高，聚沉能力愈强。这一规则称为舒尔策-哈迪价数规则。一般来说，一价反离子的聚沉值约为 $25\sim150\text{mmol}\cdot\text{L}^{-1}$，二价反离子的聚沉值约为 $0.5\sim2\text{mmol}\cdot\text{L}^{-1}$，三价反离子的聚沉值约为 $0.01\sim0.1\text{mmol}\cdot\text{L}^{-1}$，三类离子的聚沉值的比例大致符合 $1:(1/2)^6:(1/3)^6$，即聚沉值与反离子价数的六次方成反比。

② 与胶粒带有相同电荷的同离子对溶胶的聚沉也略有影响。当反离子相同时，同离子的价数越高，聚沉能力越弱。例如对于亚铁氰化铜负溶胶，不同价数负离子所成钾盐的聚沉能力次序有

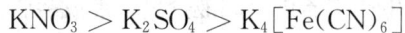

$$KNO_3 > K_2SO_4 > K_4[Fe(CN)_6]$$

③ 同价离子的聚沉能力虽然相近，但也略有不同。对于负溶胶，一价金属离子的聚沉能力可排成下列顺序：

$$Cs^+ > Rb^+ > K^+ > Na^+ > Li^+$$

对于正溶胶，一价负离子的聚沉能力可排成下列顺序：

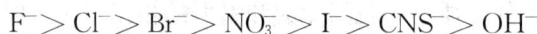

$$F^- > Cl^- > Br^- > NO_3^- > I^- > CNS^- > OH^-$$

（2）溶胶的相互聚沉作用。将两种电性相反的溶胶混合，能发生相互聚沉的作用。与电解质的聚沉作用不同的是两种溶胶用量应恰好能使其所带的总电荷量相等时，才会完全聚沉，否则可能不完全聚沉，甚至不聚沉。

日常生活中用明矾净化饮用水就是正负溶胶相互聚沉的实际例子。天然水中含有许多负电性的污物胶粒，加入明矾 $[KAl(SO_4)_2\cdot12H_2O]$ 后，明矾在水中水解生成 $Al(OH)_3$ 正溶胶，两者相互聚沉使水得到净化。

（3）高分子化合物对溶胶的聚沉作用。明胶、蛋白质等大分子化合物具有亲水性质，在溶胶中加入一定量的高分子溶液，由于高分子化合物吸附在胶粒的表面上，提高了胶粒对水的亲和力，可以显著提高溶胶的稳定性。例如，在工业上一些贵金属催化剂，如 Pt 溶胶、Cd 溶胶等，加入高分子溶液进行保护以后，可以烘干以便于运输，使用时加入溶剂，就可又复为溶胶。医药上的蛋白银滴眼液就是蛋白质保护的银溶胶。血液中所含难溶盐如碳酸钙、磷酸钙等就是靠蛋白质保护而存在的。

　　如果加入及少量的高分子化合物，可使溶胶迅速絮凝呈疏松的棉絮状，这类高分子化合物称为絮凝剂。由于长链的高分子化合物可以吸附许多个胶粒，以搭桥方式把它们拉到一起，导致絮凝。另外，离子性高分子化合物可以中和胶粒表面的电荷，使胶粒间斥力减小，也可能导致胶粒聚沉。絮凝剂广泛应用于各种工业部门的污水处理和净化、化工操作中的分离和沉淀、选矿以及土壤改良等。常用的絮凝剂是聚丙烯酰胺及其衍生物。

　　【例 9.2】 在 pH<7 的 $Al(OH)_3$ 溶胶中，试分析下列电解质对 $Al(OH)_3$ 溶胶的聚沉能力顺序。

　　(1) $MgCl_2$　　　　(2) $NaCl$　　　　(3) Na_2SO_4　　　　(4) $K_3Fe(CN)_6$

　　解： 由于溶胶 pH<7，故形成的 $Al(OH)_3$ 的胶粒带正电荷为正溶胶，能引起它聚沉的反离子为负离子。反离子价数越高，聚沉能力越强。所以 $K_3Fe(CN)_6$ 的聚沉能力最大，其次是 Na_2SO_4，$MgCl_2$ 和 $NaCl$ 反离子相同，由于和溶胶具有相同电荷的离子价数越高，电解质的聚沉能力越弱，故 $NaCl$ 的聚沉能力大于 $MgCl_2$。综上所述，聚沉能力顺序为

$$K_3Fe(CN)_6 > Na_2SO_4 > NaCl > MgCl_2$$

小结

　　1. 界面现象：在物质相界面上因界面上分子的某些特性所发生的一些现象。

　　2. 表面张力：沿着液体的表面，垂直作用于单位长度上平行于液体表面的紧缩力，用符号"σ"表示，其单位是 N/m 或 J/m^2。　$\sigma = F/(2l)$

　　表面功：在恒温、恒压和组成不变的条件下，增加系统表面积所必须对系统做的可逆非体积功。

　　比表面吉布斯函数：在恒温、恒压下，增加单位表面积所引起系统的吉布斯能的增加，也用符号"σ"表示。$\Delta G = \sigma \Delta A$

　　3. 吸附现象：相界面上物质浓度自动发生变化的现象。

　　物理吸附：吸附剂与吸附质分子之间靠分子间力（即范德华力）产生的吸附。

　　化学吸附：吸附剂与吸附质分子之间靠化学键力产生的吸附。

　　溶液表面层的吸附现象：溶质在表面层和溶液内部的浓度不同，从而引起溶液表面张力变化的现象。

　　4. 吸附量：　　　　　$\Gamma = V/m$　或　$P = n/m$

　　5. 表面活性剂：少量加入溶剂中就能使溶液的表面张力显著降低的物展。

　　表面活性剂的分类、性能及应用。

　　6. 分散系统：把一种或几种物质分散在另一种物质中所构成的系统。

　　分散相：分散系统中被分散的物质。

　　分散介质：分散相所存在的介质。

7. 分子分散系统：分散相粒子的半径小于 10^{-9}m，相当于单个分子或离子的大小，分散相与分散介质形成均相分散系统。

胶体分散系统：分散相粒子的半径在：$10^{-9} \sim 10^{-7}$m 范围内，比普通的单个分子大得多，是众多分子或离子的集合体。胶体分散系统是高度分散的多相系统。

粗分散系统：分散相粒子的半径约在 $10^{-7} \sim 10^{-5}$m 范围，每个分散相粒子是由成千上万个分子或离子组成的集合体，粗分散系统是多相分散系统。

8. 布朗运动：悬浮在介质中的微粒永不停息地做不规则运动的现象。

9. 丁铎尔效应，可以区别溶胶和真溶液。

10. 电泳：在外电场作用下，分散相粒子在分散介质中定向移动的现象。

电渗：使固体胶粒不动而液体介质在电场中发生定向移动的现象。

11. 函团结构 $\left\{\begin{array}{l}\text{胶核：由若干个分子形成的晶体微粒。}\\\text{胶粒：胶核、被吸附的离子以及在外电场中能被带着一起移动的}\\\qquad\text{紧密层共. 同组成胶粒。}\\\text{胶团：胶粒与扩散层一起组成胶团。}\end{array}\right.$

12. 溶胶的稳定性与聚沉：

溶胶稳定存在的原因 $\left\{\begin{array}{l}\text{① 胶粒的布朗运动}\\\text{② 胶粒带电荷性}\\\text{③ 溶剂化作用}\end{array}\right.$

胶体颗粒聚沉 $\left\{\begin{array}{l}\text{① 电解质对于胶体聚沉作用}\\\text{② 溶胶的相互聚沉作用}\\\text{③ 高分子化合物对溶胶的聚沉作用}\end{array}\right.$

习题

1. 比表面吉布斯函数、表面功、表面张力是否是同一个概念？有什么区别和联系？

2. 物理吸附与化学吸附的主要区别是什么？

3. 为什么说溶胶是热力学不稳定系统，而实际上又常能相当稳定地存在？

4. 在 293K 时，把半径为 1mm 的水滴分散成半径为 $1\mu m$ 的小水滴，问比表面积增加了多少倍？布斯函数增加了多少？完成该变化时，环境至少需做功若干？已知 293K 时水的比表面吉布斯函数为 0.07288J·m^{-2}。

5. $AgNO_3$ 溶液滴加到 KI 溶液中及 KI 溶液滴加到 $AgNO_3$ 溶液中均形成 AgI 溶胶，试问二者形成的胶粒所带电荷的正、负号一样吗？何者为正溶胶？何者为负溶胶？并写出溶胶的胶团结构示意图。

6. 将 2 滴 $K_4[Fe(CN)_6]$ 水溶液滴入过量的 $CuCl_2$ 水溶液中形成亚铁氰化铜正溶胶，KBr、K_2SO_4、$K_4[Fe(CN)_6]$ 三种电解质聚沉值大小顺序是怎样的？

7. 有一 $Al(OH)_3$ 溶胶，在加入 KCl 使其浓度为 80mmol·dm^{-3}时恰能聚沉，加入 $K_2C_2O_4$ 浓度为 1.25mmol·dm^{-3} 时恰能聚沉。

(1) $Al(OH)_3$ 溶胶的电荷是正还是负？

(2) 为使该溶胶聚沉，大约需要 $CaCl_2$ 的浓度是多少？

自测题

一、选择题

1. 在相同的温度及压力下，把一定体积的水分散成许多小水滴，经这一变化过程以下性质保持不变的是（　　）。

    A. 总表面能　　　　B. 比表面积　　　　C. 表面张力　　　D. 表面吉布斯函数

2. 大分子溶液分散质的粒子尺寸为（　　）。

    A. ＞100nm　　　　B. ＜1nm　　　　C. 1～100nm　　　D. ＝100nm

3. 外加直流电场于胶体溶液，向某一电极做定向移动的是（　　）。

    A. 胶核　　　　　　B. 胶粒　　　　　　C. 胶团　　　　　D. 紧密层

4. 将 0.012dm^3 浓度为 0.02mol·dm^{-3} 的 KCl 溶液和 100dm^3 浓度为 0.005mol·dm^{-3} 的 $AgNO_3$ 溶液混合制备的溶胶，其胶粒在外电场的作用下电泳的方向是（　　）。

    A. 向正极移动　　B. 向负极移动　　C. 不规则运动　　D. 静止不动

5. 表 9.7 中为各电解质对某溶胶的聚沉值。该胶粒的带电情况为（　　）。

    A. 带负电　　　　　B. 带正电　　　　　C. 不带电　　　　　D. 不能确定

表 9.7　各电解质对某溶胶的聚沉值

电解质	KNO_3	KAc	$MgSO_4$	$Al(NO_3)_3$
聚沉值/(mol·dm^{-3})	50	110	0.81	0.095

6. 在一定量的以 KCl 为稳定剂的 AgCl 溶胶中加入电解质使其聚沉，下列电解质的用量由小到大的顺序正确的是（　　）。

    A. $AlCl_3$＜$ZnSO_4$＜KCl　　　　　　　B. KCl＜$AlCl_3$＜$ZnSO_4$

    C. KCl＜$ZnSO_4$＜$AlCl_3$　　　　　　　D. $ZnSO_4$＜KCl＜$AlCl_3$

7. 明矾净水的主要原理是（　　）。

    A. 电解质对溶胶的稳定作用　　　　　B. 溶胶的相互聚沉作用

    C. 电解质的溶剂化作用　　　　　　　D. 电解质的对抗作用

二、判断题

1. 比表面吉布斯函数是能量概念，表面张力是力的概念，二者虽然量纲相同，但物理意义不同。（　　）

2. 表面张力的大小与共存的另一相有关，比表面吉布斯函数的大小与共存的另一相无关。（　　）

3. 纯水的表面张力是指恒温、恒压时水与饱和了水蒸气的空气相接触时的界面张力。（　　）

4. 溶胶是均相系统，在热力学上是稳定的。　　　　　　　　　　　　（　　）

5. 同电荷离子对溶胶的聚沉起主要作用。　　　　　　　　　　　　　（　　）

6. 在外加直流电场中，AgI 正溶胶的胶粒向负极移动，而其扩散层向正极移动。

　　　　　　　　　　　　　　　　　　　　　　　　　　　　　　　（　　）

三、计算题

1. 常压下，水的表面能 σ（单位 $J \cdot m^{-2}$）与温度 t（单位℃）的关系可表示为 $\sigma = 7.564 \times 10^{-2} - 1.4 \times 10^{-4} t$。若在 10℃时，保持水的总体积不变而改变其表面积，求：使水的表面积可逆地增加 $1.00 cm^2$，必须做多少功？

2. 在碱性溶液中用 HCHO 还原 $HAuCl_4$ 以制备金溶胶，反应可表示为

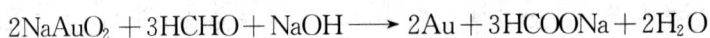

$$HAuCl_4 + 5NaOH \longrightarrow NaAuO_2 + 4NaCl + 3H_2O$$

$$2NaAuO_2 + 3HCHO + NaOH \longrightarrow 2Au + 3HCOONa + 2H_2O$$

此处 $NaAuO_2$ 是稳定剂，试写出胶团的结构式。

3. 由等体积的 $0.04 mol \cdot dm^{-3}$ 的 KI 溶液与 $0.1 mol \cdot dm^{-3}$ 的 $AgNO_3$ 溶液制备的 AgI 溶胶，分别加入下列电解质，试分析电解质 $Ca(NO_3)_2$、K_2SO_4、$Al_2(SO_4)_3$ 对所得 AgI 溶胶的聚沉能力何者最强？何者最弱？

附　　录

附录1　国际单位制 (SI)

量		单　　位	
名称	符号	名称	符号
长度	l	米	m
质量	m	千克	kg
时间	t	秒	s
电流	I	安〔培〕	A
热力学温度	T	开〔尔文〕	K
物质的量	n	摩〔尔〕	mol
发光强度	Iv	坎〔德拉〕	cd

附录2　基本常数

常数	符号	数值	常数	符号	数值
原子质量单位	amu	$1.66057 \times 10^{27}/kg$	普朗克常数	h	$6.62618 \times 10^{-34} J \cdot S$
真空中光速	c	$2.99792 \times 10^{28} m \cdot s^{-1}$	波尔兹曼常数	k_B	$1.38066 \times 10^{-23} J \cdot K^{-1}$
原电荷	e	$1.60219 \times 10^{-19} C$	阿伏伽德罗常数	L	$6.022055 \times 10^{23} mol^{-1}$
法拉第常数	F	$9.64853 \times 10^{4} C \cdot mol^{-1}$	摩尔气体常数	R	$8.31441 J \cdot mol^{-1} \cdot K^{-1}$

附录3　某些气体的摩尔恒压热容与温度的关系

$$C_{p,m} = a + bT + cT^2$$

物　　质		$a/[J/(mol \cdot K)]$	$b/[J/(mol \cdot K^2)]$	$c/[J/(mol \cdot K^3)]$	温度范围/K
H_2	氢	26.88	4.347	-0.3265	$273 \sim 3800$
Cl_2	氯	31.696	10.144	4.038	$300 \sim 1500$
Br_2	溴	35.241	4.075	-1.487	$300 \sim 1500$
O_2	氧	28.17	6.297	-0.7494	$73 \sim 3800$

物　　质		$a/[J/(mol \cdot K)]$	$b/[J/(mol \cdot K^2)]$	$c/[J/(mol \cdot K^3)]$	温度范围/K
N_2	氮	27.32	6.226	−0.9502	273~3800
HCl	氯化氢	28.17	1.810	1.547	300~1500
H_2O	水	29.16	14.49	−2.022	273~3800
CO	一氧化碳	26.537	7.6831	−1.172	300~1500
CO_2	二氧化碳	26.75	42.258	−14.25	300~1500
CH_4	甲烷	14.15	75.496	−17.99	298~1500
C_2H_6	乙烷	9.401	159.83	−46.229	98~1500
C_2H_4	乙烯	11.84	119.67	−36.51	298~1500
C_3H_6	丙烯	9.427	188.77	−57.488	298~1500
C_2H_2	乙炔	30.67	52.810	−16.27	298~1500
C_3H_4	丙炔	26.50	120.66	−39.57	298~1500
C_6H_6	苯	−1.71	324.77	−110.58	298~1500
$C_6H_5CH_3$	甲苯	2.41	391.17	−130.65	298~1500
CH_3OH	甲醇	18.40	101.56	−28.68	73~1000
C_2H_5OH	乙醇	9.25	166.28	−48.898	298~1500
$(C_2H_5)_2O$	二乙醚	−103.9	1417	−248	300~400
HCHO	甲醛	18.82	58.379	−15.61	291~1500
CH_3CHO	乙醛	31.05	121.46	−36.58	298~1500
$(CH_3)_2CO$	丙酮	22.47	205.97	−63.521	298~1500
HCOOH	甲酸	30.7	89.20	−34.54	300~700
$CHCl_3$	氯仿	29.51	148.94	−90.734	273~773

附录 4　某些物质的标准摩尔生成焓、标准摩尔生成吉布斯函数、标准摩尔熵及摩尔恒压热容（298K）

（标准压力 $p^{\ominus} = 100kPa$）

物　　质	$\Delta_f H_m^{\ominus}/(kJ/mol)$	$\Delta_f G_m^{\ominus}/(kJ/mol)$	$S_m^{\ominus}/[J/(mol \cdot K)]$	$C_{p,m}^{\ominus}/[J/(mol \cdot K)]$
Ag (cr)	0.0	0.0	42.6	25.35
AgCl (cr)	−127.0	−109.8	96.2	50.8
AgBr (cr)	−100.4	−96.9	107.1	52.4
AgI (cr)	−61.84	66.2	115.5	56.8
Ag_2O (cr)	−31.1	−11.2	121.3	65.9

物　质	$\Delta_f H_m^\ominus$/(kJ/mol)	$\Delta_f G_m^\ominus$/(kJ/mol)	$S_m^\ominus$/[J/(mol·K)]	$C_{p,m}^\ominus$/[J/(mol·K)]
AgNO₃ (cr)	−124.4	−33.4	140.9	93.0
Al (cr)	0.0	0.0	28.3	24.3
Al₂O₃ (cr, 刚玉)	−1675.7	−1582.3	50.9	79.0
Br₂ (l)	0.0	0.0	152.2	75.7
Br₂ (g)	30.9	3.1	245.5	36.0
HBr (g)	−36.4	−53.4	198.7	29.1
Ca (cr)	0.0	0.0	41.4	25.3
CaCl₂ (cr)	−795.8	−748.1	104.6	72.6
CaO (cr)	−635.1	−604.3	39.7	42.8
CaCO₃ (cr, 方解石)	−1206.9	−1128.8	92.9	81.9
Ca(OH)₂ (cr)	−986.1	−898.5	83.4	87.5
C (石墨)	0.0	0.0	5.74	8.53
C (金刚石)	1.89	2.90	2.38	6.11
CO (g)	−110.5	−137.2	197.7	29.1
CO₂ (g)	−393.5	−394.4	213.7	37.1
CS₂ (l)	89.7	65.3	151.3	75.7
CS₂ (g)	117.36	67.12	237.8	45.4
CCl₄ (l)	−135.4	−65.2	216.4	131.8
CCl₄ (g)	−102.9	−60.6	309.8	83.3
HCN (l)	108.9	124.9	112.8	70.6
HCN (g)	135.1	124.7	201.8	35.9
CL₂ (g)	0.0	0.0	223.1	33.9
Cl (g)	121.7	105.7	165.2	21.8
HCl (g)	−92.3	−95.3	186.9	29.1
Co (cr)	0.0	0.0	28.4	25.6
Cr (cr)	0.0	0.0	23.8	23.4
Cu (cr)	0.0	0.0	33.2	24.4
Cu₂O (cr)	−168.6	−146.0	93.1	63.6
CuO (cr)	−157.3	−129.7	42.6	42.3
CuSO₄ (cr)	−771.4	−661.8	109.0	100.0
F₂ (g)	0.0	0.0	202.8	31.3
HF	−271.1	−273.2	173.8	29.1
Fe (cr)	0.0	0.0	27.3	25.1
Fe₂O₃ (cr)	−824.2	−742.2	87.4	103.8
Fe₃O₄ (cr)	−1118.4	−1015.4	146.4	143.4

物　　质	$\Delta_f H_m^\ominus/(kJ/mol)$	$\Delta_f G_m^\ominus/(kJ/mol)$	$S_m^\ominus/[J/(mol \cdot K)]$	$C_{p,m}^\ominus/[J/(mol \cdot K)]$
H_2 (g)	0.0	0.0	130.7	28.8
H_2O (l)	−285.8	−237.1	69.1	75.3
H_2O (g)	−241.8	−228.6	188.8	33.58
Hg (l)	0.0	0.0	77.4	27.8
HgO (cr, 正交)	−90.8	−58.5	70.3	44.1
$HgSO_4$ (cr)	−743.1	−625.8	200.7	132.0
Hg_2Cl_2 (cr)	−265.2	−210.7	192.5	—
I_2 (cr)	0.0	0.0	116.1	54.4
I_2 (g)	62.4	19.3	260.7	36.9
HI (g)	26.5	1.7	206.6	29.2
K (cr)	0.0	0.0	63.6	29.2
KCl (cr)	−436.7	−409.1	82.6	51.3
KI (cr)	−327.9	−324.9	106.3	52.9
$KClO_3$ (cr)	−391.2	−289.1	143.0	100.2
$KMnO_4$ (cr)	−813.4	−713.8	171.7	119.2
Mg (cr)	0.0	0.0	32.7	24.89
$MgCl_2$ (cr)	−641.3	−591.8	89.6	71.38
MgO (cr)	−601.8	−569.6	26.8	37.4
$Mg(OH)_2$ (cr)	−924.5	−833.5	63.2	77.0
$MgCO_3$ (cr)	−1113	−1029	65.7	75.5
$MgSO_4$ (cr)	−1278.2	−1165.2	95.4	96.3
MnO (cr)	−384.9	−362.8	59.7	44.1
MnO_2 (cr)	−520.9	−466.1	53.1	54.0
Na (cr)	0.0	0.0	51.2	28.24
NaCl (cr)	−411.2	−384.1	72.1	50.50
Na_2O (cr)	−414.2	−375.5	75.1	—
NaOH (cr)	−425.6	−379.5	64.5	59.54
$NaCO_3$ (cr)	−1130.7	−1044.4	135.0	112.3
Na_2SO_4 (cr, 正交)	−1387.0	−1270.2	149.6	128.2
HNO_3 (l)	−174.1	−80.7	155.6	109.8
N_2 (g)	0.0	0.0	191.6	29.1
NH_3 (g)	−46.1	−16.4	192.4	35.1
NH_4Cl (cr)	−314.4	−202.9	94.6	84.1
NH_4NO_3 (cr)	−365.6	−183.9	151.1	171.5
$(NH_4)_2SO_4$ (cr)	−1180.9	−910.7	220.1	187.6

物　　质	$\Delta_f H_m^\ominus/(\text{kJ/mol})$	$\Delta_f G_m^\ominus/(\text{kJ/mol})$	$S_m^\ominus/[\text{J}/(\text{mol} \cdot \text{K})]$	$C_{p,m}^\ominus/[\text{J}/(\text{mol} \cdot \text{K})]$
NO（g）	90.3	86.6	210.8	29.8
NO$_2$（g）	33.2	51.3	240.1	37.2
N$_2$O（g）	82.1	104.2	219.8	38.5
N$_2$O$_4$（g）	9.16	97.9	304.3	77.3
N$_2$H$_4$（l）	50.6	149.3	121.2	98.9
O$_3$（g）	142.7	163.2	238.9	39.2
O$_2$（g）	0.0	0.0	205.1	29.4
H$_2$O（l）	−285.83	−237.13	69.91	75.3
H$_2$O（g）	−241.8	−228.6	188.8	33.6
H$_2$O$_2$（l）	−187.8	−120.4	109.6	89.1
P（cr，白）	0.0	0.0	41.1	23.8
P（cr，红）	−17.6	−12.1	22.8	21.2
PCl$_3$（l）	−287.0	−267.8	311.8	71.8
PCl$_5$（g）	−374.9	−305.0	364.6	112.8
PbO（cr）	−219.2	−189.3	67.9	49.3
PbO$_2$（cr）	−276.6	−219.0	76.6	64.4
H$_2$S（g）	−20.6	−33.6	205.8	34.2
H$_2$SO$_4$（l）	−814.0	−690.0	156.9	138.9
SO$_2$（g）	−296.8	−300.1	228.2	39.9
SO$_3$（g）	−395.7	−371.1	256.8	50.7
Si（cr）	0.0	0.0	18.8	20.0
SiO$_2$（cr，α-石英）	−910.9	−856.6	41.8	44.4
SiCl$_4$（l）	−687.0	−619.8	239.7	145.3
Zn（cr）	0.0	0.0	41.6	25.4
ZnO（cr）	−348.3	−318.3	43.6	40.3
ZnCl$_2$（cr）	−415.1	−369.4	111.5	71.3
CH$_4$(g)　　　　甲烷	−74.8	−50.7	186.3	35.3
C$_2$H$_6$（g）　　　乙烷	−84.7	−32.8	229.6	52.6
C$_2$H$_4$（g）　　　乙烯	52.4	68.2	219.6	43.6
C$_2$H$_2$（g）　　　乙炔	226.7	209.2	200.9	43.9
CH$_3$OH　　　　　甲醇	−238.7	−166.3	126.8	81.6
CH$_3$OH　　　　　甲醇	−200.7	−162.0	239.8	43.9
C$_2$H$_5$OH（l）　　乙醇	−277.7	−174.8	160.7	111.5
C$_2$H$_5$OH(g)　　乙醇	−235.1	−168.5	282.7	65.4
(CH$_2$OH)$_2$（l）　乙二醇	−454.8	−323.1	166.9	149.8

续表

物　　　　质		$\Delta_f H_m^{\ominus}/(kJ/mol)$	$\Delta_f G_m^{\ominus}/(kJ/mol)$	$S_m^{\ominus}/[J/(mol \cdot K)]$	$C_{p,m}^{\ominus}/[J/(mol \cdot K)]$
$(CH_3)_2O$ (l)	二甲醚	−184.1	−112.6	266.4	64.4
$HCHO(g)$	甲醛	−108.6	−102.5	218.8	35.4
CH_3CHO (g)	乙醛	−166.2	−128.9	250.3	57.3
$HCOOH(l)$	甲酸	−424.7	−361.4	129.0	99.0
$CH_3COOH(l)$	乙酸	−484.5	−389.9	159.8	124.3
$CH_3COOH(g)$	乙酸	−432.3	−374.0	282.5	66.53
$(CH_2)_2O$ (l)	环氧乙烷	−77.8	−11.7	153.8	87.9
$(CH_2)_2O$ (g)	环氧乙烷	−52.6	−13.0	242.5	47.9
$CHCl_3$ (l)	氯仿	−134.5	−73.7	201.7	113.8
$CHCl_3$ (g)	氯仿	−103.1	−70.3	295.7	65.7
C_2H_5Cl (l)	氯乙烷	−136.5	−59.3	190.8	104.3
C_2H_5Cl (g)	氯乙烷	−112.2	−60.4	276.0	62.8
C_2H_5Br (l)	溴乙烷	−92.01	−27.70	198.7	100.8
$C_2H_5Br(g)$	溴乙烷	−64.52	−26.48	286.71	64.52
$CH_2CHCl(g)$	氯乙烯	35.6	51.9	263.99	53.72
CH_3COCl (l)	氯乙酰	−273.80	−207.99	200.8	117
CH_3COCl (g)	氯乙酰	−243.51	−205.80	295.1	67.8
C_4H_6 (g)　1,3.丁二烯		110.2	150.7	278.8	79.5
C_4H_8 (g)　1.丁烯		−0.13	71.4	305.7	85.6
$n\text{-}C_4H_{10}$ (g)　正丁烷		−126.2	−17.0	310.2	97.5
C_6H_6 (l)	苯	49.0	124.1	173.3	135.1
C_6H_6 (g)	苯	82.9	129.1	269.7	81.7
CH_3NH_2 (g)	甲胺	−23.0	32.2	243.41	53.1
$(NH_3)_2CO$ (cr)	尿素	−333.5	−197.3	104.6	93.14

注：表中"cr"表示固体；表中"aq"表示水溶液。

附录5　某些有机化合物的标准摩尔燃烧焓（298K）

（标准压力 $p^{\ominus} = 100kPa$）

物　　　质		$-\Delta_c H_m^{\ominus}/$ (kJ/mol)	物　　　质		$-\Delta_c H_m^{\ominus}/$ (kJ/mol)
CH_4 (g)	甲烷	890.31	C_2H_5CHO (l)	丙醛	1816.3
C_2H_6 (g)	乙烷	1559.8	$(CH_3)_2CO$ (l)	丙酮	1790.4
C_3H_8 (g)	丙烷	2219.9	$CH_3COC_2H_5$ (l)	甲乙酮	2444.2
C_4H_{10} (g)	正丁烷	2878.3	$HCOOH$ (l)	甲酸	254.6

物　　质		$-\Delta cH_m^\ominus/$ (kJ/mol)	物　　质		$-\Delta cH_m^\ominus/$ (kJ/mol)
C_5H_{12} (l)	正戊烷	3509.5	CH_3COOH (l)	乙酸	874.54
C_5H_{12} (g)	正戊烷	3536.1	C_2H_5COOH (l)	丙酸	1527.3
C_6H_{14} (l)	正己烷	4163.1	$CH_2CHCOOH$ (l)	丙烯酸	1368.4
C_2H_4 (g)	乙烯	1411.0	C_3H_7COOH (l)	正丁酸	2183.5
C_2H_2 (g)	乙炔	1299.6	$CH_2(COOH)_2$ (s)	丙二酸	861.15
C_3H_6 (g)	环丙烷	2091.5	$(CH_2COOH)_2$ (S)	丁二酸	1491.0
C_4H_8 (l)	环丁烷	2720.5	$(CH_3CO)_2O$ (s)	乙酸酐	1806.2
C_5H_{10} (l)	环戊烷	3290.9	$HCOOCH_3$ (l)	甲酸甲酯	979.5
C_6H_{12} (l)	环己烷	3919.9	C_6H_5OH (s)	苯酚	3053.5
C_6H_6 (l)	苯	3267.5	C_6H_5CHO (l)	苯甲醛	3527.9
$C_{10}H_8$ (s)	萘	5153.9	$C_6H_5COCH_3$ (l)	苯乙酮	4148.9
CH_3OH (l)	甲醇	726.51	C_6H_5COOH (s)	苯甲酸	3226.9
C_2H_5OH (l)	乙醇	1366.8	$C_6H_4(COOH)_2$ (s)	邻苯二甲酸	3223.5
C_3H_7OH (l)	正丙醇	2019.8	$C_6H_5COOCH_3$ (l)	苯甲酸甲酯	3957.6
C_4H_9OH (l)	正丁醇	2675.8	$C_{12}H_{22}O_{11}$ (s)	蔗糖	5640.9
$CH_3OC_2H_5$ (g)	甲乙醚	2107.4	CH_3NH_2 (l)	甲胺	1060.6
$(C_2H_5)_2O$ (l)	二乙醚	2751.1	$C_2H_5NH_2$ (l)	乙胺	1713.3
$HCHO$ (g)	甲醛	570.78	$(NH_3)_2CO$ (s)	尿素	631.66
CH_3CHO (g)	乙醛	1166.4	C_5H_5N (l)	吡啶	2782.4

注：数据摘自 Handbook of Chemistry and Physics，55th ed.，并按 1 cal=4.148J 加以换算。

附录6　在 298K 和标准压力（$p^\ominus$＝100kPa）下，一些电极的标准

（氢标还原）电极电势表

酸性溶液

电极	电极反应	E/V
Ag	$AgBr+e\longrightarrow Ag+Br^-$	+0.07133
	$AgCl+e\longrightarrow Ag+Cl^-$	+0.22233
	$Ag_2CrO_4+2e\longrightarrow 2Ag+CrO_4{}^{2-}$	+0.4470
	$Ag^++e\longrightarrow Ag$	+0.7996
Al	$Al^{3+}+3e\longrightarrow Al$	−1.662
As	$HAsO_2+3H^++3e\longrightarrow As+2H_2O$	+0.248
	$H_3AsO_4+2H^++2e\longrightarrow HAsO_2+2H_2O$	+0.560
Bi	$BiOCl+2H^++3e\longrightarrow Bi+H_2O+Cl^-$	+0.1583
	$BiO^++2H^++3e\longrightarrow Bi+H_2O$	+0.320

电极	电 极 反 应	E/V
Br	$Br_2 + 2e \longrightarrow 2Br^-$	+1.066
	$2BrO_3{}^- + 12H^+ + 10e \longrightarrow Br_2 + 6H_2O$	+1.482
Ca	$Ca^{2+} + 2e \longrightarrow Ca$	−2.868
Cl	$ClO_4{}^- + 2H^+ + 2e \longrightarrow ClO_3{}^- + H_2O$	+1.230
	$Cl_2 + 2e \longrightarrow 2Cl^-$	+1.35827
	$ClO^{3-} + 6H^+ + 6e \longrightarrow Cl^- + 3H_2O$	+1.451
	$2ClO^- + 12H^+ + 10e \longrightarrow Cl_2 + 6H_2O$	+1.47
	$2HClO + 2H^+ + 2e \longrightarrow Cl_2 + 2H_2O$	+1.611
	$ClO^- + 3H^+ + 2e \longrightarrow HClO_2 + H_2O$	+1.214
	$ClO_2 + H^+ + e \longrightarrow HClO_2$	+1.275
	$HClO_2 + 2H^+ + 2e \longrightarrow HClO + H_2O$	+1.645
Co	$Co^{3+} + e \longrightarrow Co^{2+}$	+1.92/1.808
	$Co^{2+} + 2e \longrightarrow Co$	−0.28
Cr	$Cr_2O_7{}^{2-} + 14H^+ + 6e \longrightarrow 2Cr^{3+} + 7H_2O$	+1.232
Cu	$Cu^{2+} + e \longrightarrow Cu^+$	+0.158
	$Cu^{2+} + 2e \longrightarrow Cu$	+0.3419
	$Cu^+ + e \longrightarrow Cu$	+0.521
Fe	$Fe^{2+} + 2e \longrightarrow Fe$	−0.447
	$Fe(CN)_6{}^{3-} + e \longrightarrow Fe(CN)_6{}^{4-}$	+0.358
	$Fe^{3+} + e \longrightarrow Fe^{2+}$	+0.771
H	$2H^+ + 2e \longrightarrow H_2$	0.00000
Hg	$HgCl_2 + 2e \longrightarrow 2Hg + 2Cl^-$	+0.26808
	$Hg_2{}^{2+} + 2e \longrightarrow 2Hg$	+0.7973
	$Hg^{2+} + 2e \longrightarrow Hg$	+0.851
	$Hg^{2+} + 2e \longrightarrow Hg_2{}^{2+}$	+0.920
I	$I_2 + 2e \longrightarrow 2I^-$	+0.5355
	$I_3^- + 2e \longrightarrow 3I^-$	+0.536
	$2IO_3^- + 12H^+ + 10e \longrightarrow I_2 + 6H_2O$	+1.195
	$2HIO + 2H^+ + 2e \longrightarrow I_2 + 2H_2O$	+1.439
K	$K^+ + e \longrightarrow K$	−2.93
Mg	$Mg^{2+} + 2e \longrightarrow Mg$	−2.372
Mn	$Mn^{2+} + 2e \longrightarrow Mn$	−1.185
	$MnO_4{}^- + e \longrightarrow MnO_4{}^{2+}$	+0.558
	$MnO_2 + 4H^+ + 2e \longrightarrow Mn^{2+} + 2H_2O$	+1.224
	$MnO_4{}^- + 8H^+ + 5e \longrightarrow Mn^{2+} + 4H_2O$	+1.507
	$MnO_4{}^- + 4H^+ + 3e \longrightarrow MnO_2 + 2H_2O$	+1.679

续表

电极	电极反应	E/V
Na	$Na^+ + e \longrightarrow Na$	-2.71
N	$NO_3^- + 4H^+ + 3e \longrightarrow NO + 2H_2O$	$+0.957$
	$2NO_3^- + 4H^+ + 2e \longrightarrow N_2O_4 \ (g) + 2H_2O$	$+0.803$
	$HNO_2 + H^+ + e \longrightarrow NO + H_2O$	$+0.983$
	$N_2O_4 + 4H^+ + 4e \longrightarrow 2NO + 2H_2O$	$+1.035$
	$NO_3^- + 3H^+ + 2e \longrightarrow HNO_2 + H_2O$	$+0.934$
	$N_2O_4 + 2H^+ + 2e \longrightarrow 2HNO_2$	$+1.065$
O	$O_2 + 2H^+ + 2e \longrightarrow H_2O_2$	$+0.695$
	$H_2O_2 + 2H^+ + 2e \longrightarrow 2H_2O$	$+1.776$
P	$O_2 + 4H^+ + 4e \longrightarrow 2H_2O$	$+1.229.$
	$H_3PO_4 + 2H^+ + 2e \longrightarrow H_3PO_3 + H_2P$	-0.276
Pb	$PbI_2 + 2e \longrightarrow Pb + 2I^-$	-0.365
	$PbSO_4 + 2e \longrightarrow Pb + SO_4^{2-}$	-0.3588
	$PbCl_2 + 2e \longrightarrow Pb + 2Cl^-$	-0.2675
	$Pb^{2+} + 2e \longrightarrow Pb$	-0.1262
	$PbO_2 + 4H^+ + 2e \longrightarrow Pb^{2+} + 2H_2O$	$+1.455$
	$PbO_2 + SO_4^{2-} + 4H^+ + 2e \longrightarrow PbSO_4 + 2H_2O$	$+1.6913$
S	$H_2SO_3 + 4H^+ + 4e \longrightarrow S + 3H_2O$	$+0.449$
	$S + 2H^+ + 2e \longrightarrow H_2S$	$+0.142$
	$SO_4^{2-} + 4H^+ + 2e \longrightarrow H_2SO_3 + H_2O$	$+0.172$
	$S_4O_4^{2-} + 2e \longrightarrow 2S_2O_3^{2-}$	$+0.08$
	$S_2O_8^{2-} + 2e \longrightarrow 2SO_4^{2-}$	$+2.010$
	$S_2O_8^{2-} + 2H^+ + 2e \longrightarrow 2HSO_4^-$	$+2.123$
Sb	$Sb_2O_3 + 6H^+ + 6e \longrightarrow 2Sb + 3H_2O$	$+0.152$
	$Sb_2O_5 + 6H^+ + 4e \longrightarrow 2SbO^+ + 3H_2O$	$+0.581$
Sn	$Sn^{4+} + 2e \longrightarrow Sn^{2+}$	$+0.151$
V	$V(OH)_4^+ + 4H^+ + 5e \longrightarrow V + 4H_2O$	0.254
	$VO^{2+} + 2H^+ + e \longrightarrow V^{3+} + H_2O$	$+0.337/0.359$
	$V(OH)_4^+ + 2H^+ + e \longrightarrow VO^{2+} + 3H_2O$	$+1.00$
Zn	$Zn^{2+} + 2e \longrightarrow Zn$	-0.7618

碱性溶液

电极	电极反应	E/V
Ag	$Ag_2S + 2e \longrightarrow 2Ag + S^{2-}$	-0.691
	$Ag_2O + H_2O + 2e \longrightarrow 2Ag + 2OH^-$	$+0.342$
Al	$H_2AlO_3^- + H_2O + 3e \longrightarrow Al + 4OH^-$	$+0.4470$
	$Al(OH)_4^- + 3e \longrightarrow Al + 4OH^-$	-2.328

电极	电 极 反 应	E/V
As	$AsO_2^- + 2H_2O + 3e \longrightarrow As + 4OH^-$	-0.675
	$AsO_4^{3-} + 2H_2O + 2e \longrightarrow AsO_2^- + 4OH^-$	-0.71
Br	$BrO_3^- + 3H_2O + 6e \longrightarrow Br^- + 6OH^-$	$+0.61$
	$BrO^- + H_2O + 2e \longrightarrow Br^- + 2OH^-$	$+0.761$
Cl	$ClO_3^- + H_2O + 2e \longrightarrow ClO_2^- + 2OH^-$	$+0.33$
	$ClO_4^- + H_2O + 2e \longrightarrow ClO_3^- + 2OH^-$	$+0.36$
	$ClO_2^- + H_2O + 2e \longrightarrow ClO^- + 2OH^-$	$+0.66$
	$ClO^- + H_2O + 2e \longrightarrow Cl^- + 2OH^-$	$+0.89$
Co	$Co(OH)_2 + 2e \longrightarrow Co + 2OH^-$	-0.73
	$Co(NH_3)_6^{3+} + e \longrightarrow Co(NH_3)_6^{2+}$	$+0.108$
	$Co(OH)_3 + e \longrightarrow Co(OH)_2 + OH^-$	$+0.17$
Cr	$Cr(OH)_3 + 3e \longrightarrow Cr + 3OH^-$	-1.48
	$CrO_2^- + 2H_2O + 3e \longrightarrow Cr + 4OH^-$	-1.2
	$CrO_4^{2-} + 4H_2O + 3e \longrightarrow Cr(OH)_3 + 5OH^-$	-0.13
Cu	$Cu_2O + H_2O + 2e \longrightarrow 2Cu + 2OH^-$	-0.358
Fe	$Fe(OH)_3 + e \longrightarrow Fe(OH)_2 + OH^-$	-0.56
H	$2H_2O + 2e \longrightarrow H_2 + 2OH^-$	-0.8277
Hg	$HgO + H_2O + 2e \longrightarrow 2Hg + 2OH^-$	$+0.0977$
I	$IO_3^- + 3H_2O + 6e \longrightarrow I^- + 6OH^-$	$+0.26$
	$IO^- + H_2O + 2e \longrightarrow I^- + 2OH^-$	$+0.485$
Mg	$Mg(OH)_2 + 2e \longrightarrow Mg + 2OH^-$	-2.690
Mn	$Mn(OH)_2 + 2e \longrightarrow Mn + 2OH^-$	-1.55
	$MnO_4^- + 2H_2O + 3e \longrightarrow MnO_2 + 4OH^-$	$+0.595$
	$MnO_4^{2-} + 2H_2O + 2e \longrightarrow MnO_2 + 4OH^-$	$+0.60$
N	$NO_3^- + H_2O + 2e \longrightarrow NO_2^- + 2OH^-$	$+0.01$
O	$O_2 + 2H_2O + 2e \longrightarrow 4OH^-$	$+0.401$
S	$S + 2e \longrightarrow S^{2-}$	-0.447
	$SO_4^{2-} + H_2O + 2e \longrightarrow SO_3^{2-} + 2OH^-$	-0.93
	$2SO_3^{2-} + 3H_2O + 4e \longrightarrow S_2O_3^{2-} + 6OH^-$	-0.571
	$S_4O_2^{2-} + 2e \longrightarrow 2S2O_3^{2-}$	$+0.08$
Sb	$SbO_2^- + 2H_2O + 3e \longrightarrow Sb + 4OH^-$	-0.66
	$Sn(OH)_6^{2-} + 2e \longrightarrow HSnO_2^- + H_2O + 3OH^-$	-0.93
	$HSnO_2^- + H_2O + 2e \longrightarrow Sn + 3OH^-$	-0.909

摘自 CRC Handbook of Chemistry and Physics, 82 ed. (2001~2002), 8.21~8.26。

主要参考文献

蔡炳新. 2001. 基础物理化学. 北京：科学出版社.

邓景发，范康年. 1993. 物理化学. 北京：高等教育出版社.

范康年. 2005. 物理化学（第二版）. 北京：高等教育出版社.

傅献彩，沈文霞，姚天杨. 2005. 物理化学（第五版）. 北京：高等教育出版社.

高职高专化学教材编写组. 2000. 物理化学（第二版）. 北京：高等教育出版社.

高职高专教材编写组. 2000. 物理化学（第二版）. 北京：高等教育出版社.

关荐伊，崔一强. 2005. 物理化学. 北京：化学工业出版社.

韩德刚，高执棣. 1997. 化学热力学. 北京：高等教育出版社.

胡英. 1999. 物理化学（第四版）. 北京：高等教育出版社.

李吕焯. 1994. 物理化学（第二版）. 北京：高等教育出版社.

李素婷. 2007. 物理化学. 北京：化学工业出版社.

梁玉华，白守礼，王世权，等. 1996. 物理化学. 北京：化学工业出版社.

刘振河. 2007. 化工生产技术. 北京：高等教育出版社.

天津大学物理化学教研室. 2001. 物理化学（下册）（第四版）. 北京：高等教育出版社.

童元彦，李宝华，路福缓. 2006. 物理化学学习指导. 北京：科学出版社.

万洪文. 2002. 物理化学. 北京：高等教育出版社.

王桂茹. 2007. 催化剂与催化作用（第三版）. 大连：大连理工大学出版社.

王振琪，吴晓明，杨一平. 2002. 物理化学. 北京：化学工业出版社.

王正烈. 2000. 物理化学. 北京：化学工业出版社.

肖衍繁. 2004. 物理化学. 天津：天津大学出版社.

徐彬，邬宪伟. 1991. 物理化学. 北京：化学工业出版社.

印永嘉，奚正楷，李大珍. 1992. 物理化学简明教程. 北京：高等教育出版社.

张坤玲. 2007. 物理化学. 大连：大连理工大学出版社.

张子锋. 2006. 合成氨生产技术. 北京：化学工业出版社.

郑广俭，张志华. 2006. 无机化工生产技术. 北京：化学工业出版社.

周鲁. 2006. 物理化学教程. 北京：科学出版社.